CC2530 单片机应用技术

主　编◎曾　妍　张凤仪

参　编◎　苏　云　黄　琳　季　美　曾运坤

谢　珊　胡　勇　张良玺　刘婷婷

主　审◎曾宝国

新形态一体化教材　活页式　习题及答案解析　课件

西南交通大学出版社

·成　都·

图书在版编目（CIP）数据

CC2530 单片机应用技术 / 曾妍，张凤仪主编. —成都：西南交通大学出版社，2022.8

ISBN 978-7-5643-8682-5

Ⅰ. ①C… Ⅱ. ①曾… ②张… Ⅲ. ①单片微型计算机–高等职业教育–教材 Ⅳ. ①TP368.1

中国版本图书馆 CIP 数据核字（2022）第 081164 号

CC2530 Danpianji Yingyong Jishu
CC2530 单片机应用技术

主 编 / 曾 妍 张凤仪

责任编辑 / 穆 丰
封面设计 / 何东琳设计工作室

西南交通大学出版社出版发行
（四川省成都市金牛区二环路北一段 111 号西南交通大学创新大厦 21 楼 610031）
发行部电话：028-87600564 028-87600533
网址：http://www.xnjdcbs.com
印刷：四川玖艺呈现印刷有限公司

成品尺寸 185 mm × 260 mm
印张 19.5 字数 451 千
版次 2022 年 8 月第 1 版 印次 2022 年 8 月第 1 次

书号 ISBN 978-7-5643-8682-5
定价 59.00 元

课件咨询电话：028-81435775
图书如有印装质量问题 本社负责退换

前　言

PREFACE

为解决传统单片机教材重理论轻实践、重知识轻应用的问题，成都工业职业技术学院信息工程学院联合相关院校，对接物联网企业岗位需求，深挖智慧工厂建设项目，结合高职学生特点并根据物联网应用技术专业建设现状，编写了本书。

本书以广泛应用于物联网应用技术中的 CC2530 芯片作为单片机学习和研究的对象，结合智慧工厂建设项目，将内容整合为 6 个项目共计 19 个任务。项目一智慧工厂灯光控制系统包括警示灯闪烁控制功能开发、按键扫描控制照明灯功能开发两个任务，项目二智慧工厂门禁考勤系统包括 INT0 按键中断考勤功能开发、人员考勤系统综合功能开发两个任务，项目三智慧工厂停车管理系统包括基于 T1 实现入场计时功能开发、基于 T3 控制停车照明灯功能开发、基于 PWM 实现灯亮度控制功能开发、基于看门狗定时器实现紧急复位功能开发、基于睡眠定时器唤醒功能开发、基于按键唤醒系统睡眠功能开发六个任务，项目四智慧工厂信息发布系统包括基于串口通信上报信息功能开发、基于串口通信下发信息功能开发、基于串口通信实现信息交互功能开发三个任务，项目五智慧工厂环境监测系统包括基于 A/D 采集外部电压值测量功能开发、基于 A/D 采集 CO 浓度功能开发、基于单总线采集厂区温湿度功能开发和基于火焰及人体红外感知功能开发四个任务，项目六智慧工厂无线监测系统包括基于 BasicRf 的控制报警系统开发、基于 BasicRf 的温湿度数据采集系统开发两个任务。

本书主要有以下特点：

（1）以实际项目入手，理论学习。作为一本理实一体化教材，书中每个项目都以实际开发项目为载体，在进行项目分析后，再进行必需基本知识学习和任务实施。

（2）以岗位需求为标杆，设定教材内容。本教材采用 C 语言编程，以广泛应用的 CC2530 芯片为主要学习对象，对接物联网工程技术人员岗位实际需求。

（3）以高标准编写，配套资源完善。本书实践操作性强，配套资源丰富，提供了 42 个数字资源（微课、动画、课堂教学等）以及 19 个任务（含拓展练习）的全部源代码工程文件。

本书由成都工业职业技术学院信息工程分院物联网教研室组编写，曾妍和张凤仪担任主编并统稿，其中项目一由张凤仪、曾运坤编写，项目二由曾运坤、曾妍编写，项目三任务 3.1、任务 3.3 由季美、曾妍编写，任务 3.2、任务 3.4 由苏云编写，任务 3.5、任务 3.6 由黄琳编写，项目四由曾妍、胡勇、张良玺编写，项目五由曾妍编写，项目六由张凤仪编写，附录由谢珊、张凤仪编写。“思政小课堂”由刘婷婷编写，并邀请她进行全书课程思政的指导。全书由曾宝国教授主审。

在本书编写过程中参考了相关的文献与资料，吸收和听取了行业中许多资深人士的宝贵经验和建议，在此向相关人员表示感谢。由于编者水平有限，书中疏漏之处在所难免，恳请各位读者批评指正。

编　者

2022 年 2 月

数字资源索引

项目五	28	动画 项目五 智慧工厂环境监测系统	视频	181
	29	微课 5.1 A/D 转换基础知识	视频	183
	30	微课 5.2 A/D 转换编程方法	视频	187
	31	微课 5.3 光照强度采集	视频	187
	32	实训教学 照明灯+传感器自动控制开发	视频	234
	33	微课 5.4 人体传感器控灯	视频	236
项目六	34	动画 项目六 智慧工厂无线监测系统	视频	247
	35	实训教学 基于 Basic RF 的控制报警系统开发	视频	247
	36	微课 6.1 无线通信基础知识	视频	248
	37	微课 6.2 点对点通信控灯案例	视频	252
	38	动画 千里之堤，毁于蚁穴	视频	253
	39	微课 6.3 光照传感器远程控灯	视频	260
	40	微课 6.4 基于 Basic RF 实现监测信息发布	视频	279
附录二	41	微课 7.1 IAR 软件安装	视频	293
	42	微课 7.2 基于 IAR 在线调试技术	视频	301

目录
CONTENT

项目一　智慧工厂灯光控制系统

动画 项目一 智慧工厂灯光控制系统

任务 1.1　警示灯闪烁控制功能开发

学习型任务单	任务 1.1　警示灯闪烁控制功能开发

【任务描述】

某工厂灯光控制系统充分考虑了工厂照明的实际状况，采用单片机控制技术对灯光进行动态智能化管理，实现灯光照明人性化。可通过内在编程器根据不同车间照明实况、人流情况，人为强制性设定照度等级，设定强弱照度时间长度比控制，LED 灯便可按照设定周期性地执行程序，即实现了工厂灯光照明个性化。还可以通过对灯具设定，在繁忙的时段使 LED 灯保持较强的照度，在人少时开始自动调光，使 LED 灯保持较低照度的照明，达到节能的目的。

【任务目标】

通过 4 只发光二极管闪烁亮灭的例子，进一步熟悉 CC2530 的结构及资源，熟悉 I/O 口的配置方法，掌握编程技巧，主要目标包括：

（1）理解 CC2530 单片机 I/O 口的特点，掌握寄存器配置方法。

（2）综合运用相关知识，完成流水灯程序的编程及调试。

【素养目标】

（1）培养学生在工作现场的 6S 意识和用电安全意识。

（2）爱惜工具，注意场地整洁。

（3）具备积极、主动的探索精神。

【任务要求】

（1）通过学习，掌握以下知识点：

① 进一步熟悉 CC2530 的基本逻辑结构图。

② 进一步熟悉 CC2530 单片机的 I/O 口。

③ 熟悉 CC2530 单片机 I/O 口的配置寄存器，能根据需要配置相关寄存器。

（2）通过学习，掌握以下技能点：

基于 IAR 和 CC2530 开发板，编程实现自动流水灯效果，要求如下：

状态 1：某 LED 灯亮，保持 1 s。

状态 2：该 LED 灯灭。

注意，该 LED 灯状态 2 执行时，相邻的下一个 LED 灯进入状态 1 继续执行，周而复始。

（3）拓展训练。

【学习总结】

一、相关知识

（一）单片机的基本知识

1. 单片机的概念

当今社会的生活和生产中，对信息化技术、自动化技术和智能化技术的应用无所不在，这些技术的发展和运用都依靠计算机技术的发展与进步。例如，人们生活中使用的微波炉、自动洗衣机和智能手机等都是依靠内部的计算机系统来进行控制的。而通用计算机由于体积、成本和功耗的限制，无法直接安装到很多设备中使用。可以想象一台普通计算机安装到智能手机中的景象，这将导致手机的体积、成本、重量等指标变得令人无法接受。因此，单片机技术应运而生。

单片机（Single Chip）也叫微控制器（Microcontrollers），是一种集成电路芯片，它通过超大规模集成电路技术把具有数据处理能力的中央处理器（CPU）、随机存储器（RAM）、只读存储器（ROM）、输入输出（I/O）端口、中断控制系统、定时/计数器和通信等多种功能部件集成到一块硅片上，从而构成一个体积小但功能完善的微型计算机系统。简单来说，单片机就是一个将计算机系统集成在一个电路芯片的微型计算机，如图 1.1.1 所示。

图 1.1.1　单片机芯片

2. 单片机的特点

单片机与通用计算机相比具备以下特点：

1）体积小、重量轻

单片机作为集成了微型计算机系统的单一电路芯片，其体积小、重量轻，非常适合嵌入到其他电子产品中去实现数据处理和控制。

2）结构简单、可靠性高

单片机把各种功能部件集成在一个芯片上，内部使用总线结构，减少了外围器件和连线，方便外部采取屏蔽措施，大大提高了单片机的可靠性与抗干扰能力，使其非常适用于复杂环境中。

3）工作电压低、功耗低

不同型号的单片机可以采用 0.9 ~ 5 V 的供电电压，功耗很低，用电池供电就能实现长期工作，因此可将单片机用在各种便携设备中。

4）价格低廉、性价比高

单片机的价格相对普通计算机来说相当低廉，最便宜的一般功能单片机不到一元钱就能买到，而百元左右的单片机已是功能和性能都非常优异的产品了。在选用单片机的时候可根据实际需求，选择功能够用的单片机即可，在实现自动化、智能化控制的同时不会增加过多成本，利于产品的推广。

3. 单片机的分类

单片机是计算机发展的一个重要分支，根据不同的情况可以从不同角度对单片机进行分类，其中主要包括以下两种分类方式。

1）按用途进行分类

按用途可将单片机分为通用型单片机和专用型单片机。通用型单片机不是为某种特殊应用设计的，它具有良好的通用性，在使用时只需要变更外围电路和应用程序就能适合各种应用场合。人们通常使用和学习的单片机绝大多数都是通用型单片机。专用型单片机是为了某一种或某一类应用而专门设计、生产的单片机。例如，数字电视机顶盒中具有多媒体功能的专用型单片机。

2）按数据处理位数进行分类

计算机处理的是二进制数据，每次运算处理的数据量是字节（Byte）的整数倍，而1个字节由8位二进制数构成。因此，目前的单片机按照数据处理位数分类主要有8位、16位和32位单片机。

很明显，单片机的位数越高，表示其单次处理的数据量越大，性能也就越好，但价格也会相对高一些。在实际应用中应根据需求选择合适运算位数的单片机即可。

4. 单片机的运行条件

单片机是一个高度集成的芯片，要让它在一个应用系统中能够工作就必须为其提供一定的软硬件条件。

1）硬件条件

所谓硬件条件，即单片机通电后能够进入工作状态所需的必要电路设计。一般包括两种电路：时钟电路和复位电路，与单片机一起构成单片机最小系统。不同型号的单片机对最小系统的要求并不一样。目前许多型号的单片机产品已经在芯片内部集成了时钟电路和复位电路，可不用再单独设计。在实际应用中，参照各自的芯片说明手册进行设计即可。

2）软件条件

普通计算机没有安装任何软件时是不能工作的，单片机也是一样，只有将编写好的程序代码安装到单片机中去，它才能实现具体的功能。要写入到单片机的程序称为“下位机程序”或“闪存镜像”，为单片机安装程序的过程通常称为“烧写程序”或“下载程序”。

（二）CC2530 单片机介绍

CC2530 是用于 2.4 GHz IEEE 802.15.4、ZigBee 和 RF4CE 应用的一个真正的片上系统（System on Chip，SoC）解决方案，它能够以非常低的总材料成本建立功能强大的网络节点。

微课 1.1　初识单片机

1. SoC 与单片机

SoC 是 System on Chip 的缩写，可翻译为“芯片级系统”或“片上系统”。可以这样来理解 SoC 与单片机的区别：一个应用系统除了包括单片机还包括其他外围电子器件，例如，要实现无线通信功能，电路板上需要有单片机芯片和无线收发芯片才能构成无线通信系统，若将整个电路板集成到一个芯片中，那么这个高度集成的芯片就可以称为 SoC。

SoC 是为了专门的应用而将单片机和其他特定功能器件集成在一个芯片上，但单片机仍然是这个片上系统的控制核心，从使用的角度来说人们还是在操作一款单片机。

2. CC2530 单片机内部结构

CC2530 单片机内部使用业界标准的增强型 8051CPU，结合了领先的 RF（射频）收发器，具有 8 KB 容量的 RAM 以及 32/64/128/256 KB 四种不同容量的系统内可编程闪存和其他许多强大的功能。CC2530 单片机根据内部闪存容量的不同分为 4 种不同型号：CC2530F32/64/128/256，F 后面的数值即表示该型号芯片具有的闪存容量级别。

CC2530 单片机内部结构如图 1.1.2 所示。从信号处理方面来划分，图中白色部分表示处理数字信号部分，深色部分表示处理模拟信号部分，对数字信号和模拟信号都进行处理的使用浅色框表示。

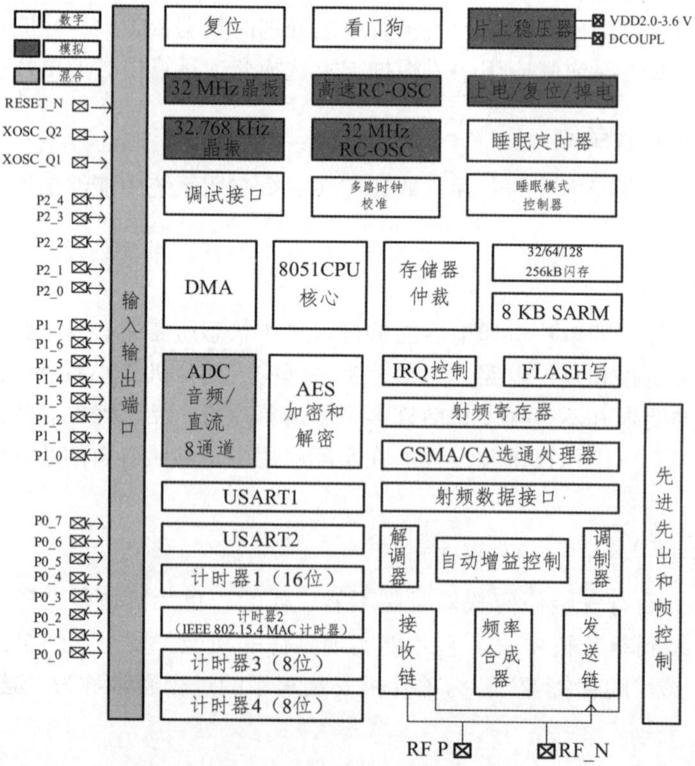

图 1.1.2　CC2530 内部结构

3. CC2530 单片机的外设

CC2530 单片机包括许多不同的外设，允许设计者用来开发先进的应用，主要包括：

21 个通用 I/O 引脚；

闪存控制器；

具有 5 个通道的 DMA 控制器；

4 个定时器；

1 个睡眠定时器；

2 个串行通信接口；

8 通道 12 位 ADC；

1 个随机数发生器；

1 个看门狗定时器；

AES 安全协处理器。

我们将在后续的任务中逐个学习这些外设的相关知识和使用方法。

（三）I/O 口相关寄存器配置

微课 1.2　I/O 寄存器配置

PxSEL：功能选择寄存器，决定 I/O 口是普通 I/O 口还是外设 I/O 口。

PxDIR：输入/输出模式选择寄存器，当配置为普通 I/O 口后，通过 PxDIR 设置输入模式和输出模式。

PxINP：上拉/下拉/高阻选择寄存器，当配置为普通 I/O 口后，通过 PxINP 设置上拉/下拉/高阻状态。

CC2530 单片机 I/O 口相关寄存器配置如图 1.1.3 所示。

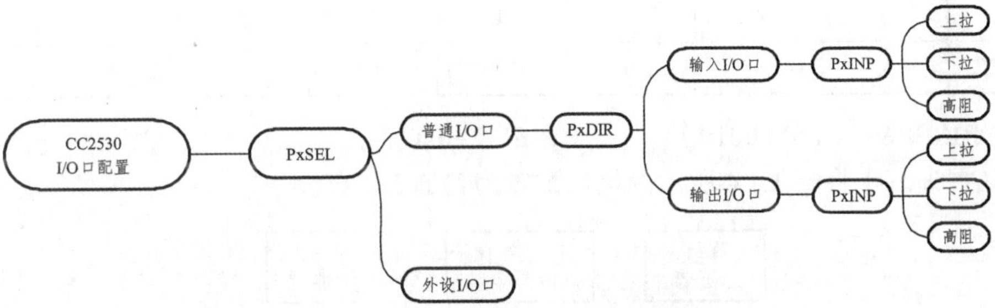

图 1.1.3　CC2530 单片机 I/O 口相关寄存器配置

1. PxSEL 的配置

PxSEL 端口 x 的功能选择如表 1.1.1 所示。

表 1.1.1　PxSEL 端口 x 的功能选择

位	位名称	复位值	操作	描述
7:0	SELPx_[7:0]	0x00	R/W	Px_7 到 Px_0 功能选择： 0：通用 I/O； 1：外设功能

这里的 *x* 是指要使用的端口编号。

1）案例 1.1.1：配置 P1_0 口为普通 I/O 口

此时，表 1.1.1 中的 x=1，因此配置见表 1.1.2：

表 1.1.2　案例 1 的 P1SEL 配置

P1	P1_7	P1_6	P1_5	P1_4	P1_3	P1_2	P1_1	P1_0
位	7	6	5	4	3	2	1	0
P1SEL	x	x	x	x	x	x	x	0

故 P1SEL&=（1111 1110）$_2$　　P1SEL&=0xFE

2）案例 1.1.2：配置 P1.0、P1.3、P1.4、P1.5 口为普通 I/O 口

配置结果见表 1.1.3：

表 1.1.3　案例 2 的 P1SEL 配置表

P1	P1_7	P1_6	P1_5	P1_4	P1_3	P1_2	P1_1	P1_0
位	7	6	5	4	3	2	1	0
P1SEL	x	x	0	0	0	x	x	0

故 P1SEL&=（1100 0110）$_2$　　P1SEL&=0xC6

3）案例 1.1.3：配置 P1.0、P1.2、P1.3、P1.4、P1.5 口为普通 I/O 口

配置结果见表 1.1.4：

表 1.1.4　案例 3 的 P1SEL 配置表

P1	P1_7	P1_6	P1_5	P1_4	P1_3	P1_2	P1_1	P1_0
位	7	6	5	4	3	2	1	0
P1SEL	x	x	0	0	0	0	x	0

故 P1SEL&=（1100 0010）$_2$　　P1SEL&=0xC2

【拓展训练】将图 1.1.4 所示的接口配置为普通 I/O 口。

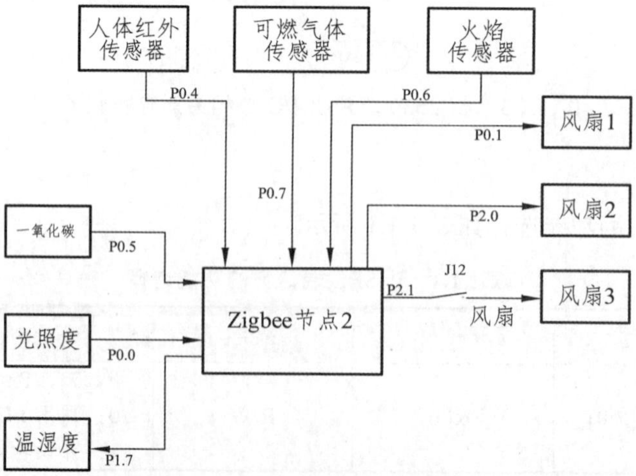

图 1.1.4　ZigBee 节点框图

2. PxDIR 的配置

表 1.1.5　PxDIR（0xFD）端口 x 的方向选择

位	位名称	复位值	操作	描述
7:0	DIRPx_[7:0]	0x00	R/W	Px_7 到 Px_0 的 I/O 方向： 0：输入； 1：输出

1）案例 1.1.4：配置 P0_0 口为输出 I/O 口

此时，表 1.1.5 中的 x=0，因此配置结果见表 1.1.6：

表 1.1.6　案例 1 的 P0DIR 配置

P0	P0_7	P0_6	P0_5	P0_4	P0_3	P0_2	P0_1	P0_0
位	7	6	5	4	3	2	1	0
P1SEL	x	x	x	x	x	x	x	1

故 P0DIR |=（0000 0001）$_2$　　P0DIR |=0x01

【拓展训练】将图 1.1.4 所示的接口配置为普通 I/O 口，并根据其所接传感器/执行器配置合适的输入/输出方向。

二、任务实施

（一）功能要求

微课 1.3　警示灯闪烁案例

编程实现流水灯，具体要求如下：

状态 1：某 LED 灯亮，保持 1 s。

状态 2：该 LED 灯灭。

注意，该 LED 灯状态 2 执行时，相邻的下一个 LED 灯进入状态 1 继续执行，周而复始。

（二）设计思路

1. 警示灯闪烁功能

警示灯闪烁功能流程如图 1.1.5 所示。

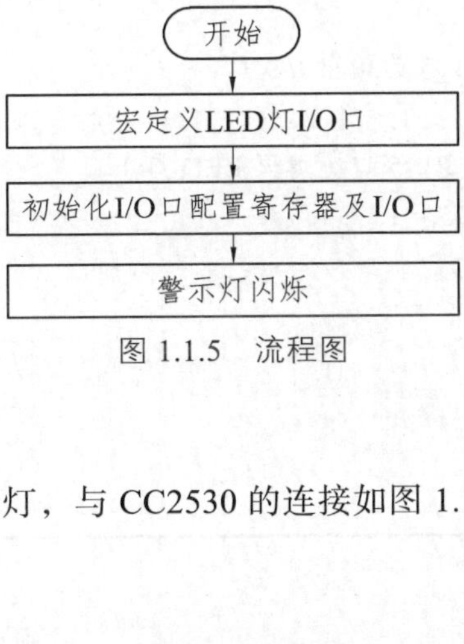

图 1.1.5　流程图

2. 警示灯闪烁电路分析

实验板上共有 4 个 LED 灯，与 CC2530 的连接如图 1.1.6 所示，LED1～LED4 的正极端连接到 Vcc（高电平），它们的负极端分别连接到 CC2530 的 P1_3，P1_0，P1_4，P1_5 端口。

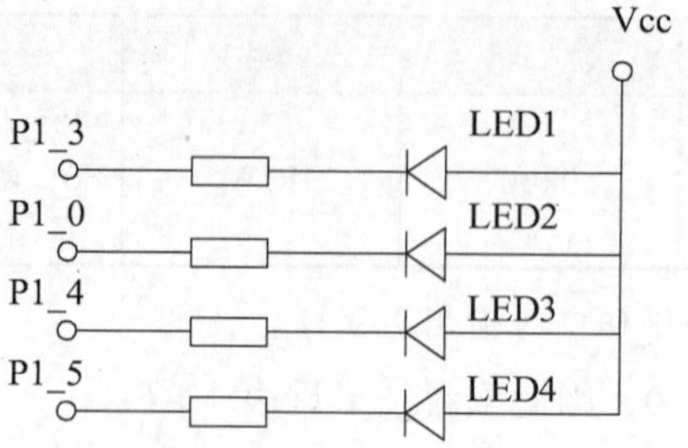

图 1.1.6　警示灯闪烁电路

（三）关键代码

```
//引用头文件
#include "ioCC2530.h"

//宏定义 LED 灯
#define D4 P1_3
#define D3 P1_0
#define D6 P1_4
#define D5 P1_5

//延时 1 s 函数
void delay1s()
{
   int i, j;
   for(i=0;i<500;i++)
      for(j=0;j<500;j++)
}
void main()
{
   //配置 P1_3、P1_0、P1_4、P1_5 为普通 I/O 口
   P1SEL &= ;
   //配置 P1_3、P1_0、P1_4、P1_5 为输出 I/O 口
   P1DIR |= ;
   //初始化 P1_3、P1_0、P1_4、P1_5 口（熄灭 LED 灯）
   D4 = 1;   D3 = 1;   D6 = 1;   D5 = 1;
   while(1)
   {
         //流水灯
   }
}
```

三、考核与评价

警示灯闪烁控制功能开发任务训练的评分表如表 1.1.7 所示。

表 1.1.7　警示灯闪烁控制功能开发任务训练的评分表

一级指标	二级指标	分值	内容及扣分点	单项分值	得分
训练过程（80%）	计划与准备	10	做好测试前的准备，不进行清点接线、设备、材料等操作每次扣除 2 分	5	
			带电拔插元器件扣除 1 分	5	
	电路分析	20	CC2530 的基本逻辑结构图	5	
			CC2530 单片机的 I/O 口	5	
			正确配置相关寄存器	5	
			正确进行电路功能的分析	5	
	代码设计	30	正确建立工程	5	
			编写流程图	5	
			程序设计，包括引用头文件、设计延时程序、初始化 I/O、主程序设计等	20	
	职业素养	10	编程过程中及结束后，桌面及地面不符合 7S 基本要求的每项扣除 3～5 分	10	
		10	对耗材浪费，不爱惜工具，扣除 3 分；损坏工具、设备扣除本大项的 20 分；发生严重违规操作或作弊，取消成绩	10	
训练结果（20%）	实作结果及质量	20	工艺和功能验证	10	
			撰写考核记录报告	10	
总计		100			

四、任务小结

（1）CC2530 单片机具有 21 个数字 I/O 引脚，分为 P0、P1 两个完全的 8 位端口和具有 5 位的 P2 端口。

（2）CC2530 单片机的 I/O 端口根据实际需要，可配置成通用 I/O 端口、外设 I/O 端口和外部中断输入口。

（3）当 CC2530 单片机的 I/O 端口作为通用输入口时，有上拉、下拉和三态三种不同的模式可供配置，需要根据实际情况进行选择。P1_0 口和 P1_1 口不支持上拉、下拉模式。

（4）要将 CC2530 单片机的 I/O 端口作为通用 I/O 来使用，需要配置相关特殊功能寄存器来为其设定工作方式、传输方向，如果用作输入还要根据需要配置输入模式。

【思政小课堂】

华为“断芯之痛”，厚植家国情怀

2020年5月15日，美国商务部发布禁令，任何企业将含有美国技术的半导体产品给华为，必须先取得美国政府的出口许可，禁令实施前有120天的缓冲期，9月14日为缓冲期的最后一天。9月15日，美国特朗普政府切断了华为从商业渠道获得芯片的能力。美国一声令下，扼住了国产手机的“咽喉”，为何一个小小的芯片，成了国内手机制造业最大的痛？原因是中国没有独立的高端芯片设计和制造能力，美国技术在全球芯片行业有不可替代的地位。

华为CEO余承东曾表示，华为在芯片设计领域开拓了十几年，从严重落后、到有点落后、到赶上来、再到领先，研发投入巨大，过程也很艰难。但是在芯片制造这样的重资产领域，华为并没有参与，9月15日后，旗舰芯片无法生产了，这是我们非常大的损失。美国“卡脖子”战略之下，华为“芯片”陷入断芯困境之时，一方面让我们看清了我国的科技短板，另一方面也说明中国科技研发的快速发展给美国造成了紧张感，当前更需要我们加快科技研发，突破困难瓶颈，尽早发展中国芯片，实现去美化，这才是实现科技发展、强国崛起的关键路径。

同学们理解并掌握CC2530单片机“芯片”大脑枢纽、控制核心、一“芯”多能的应用特点，学以致用、知行合一，拥有扎实的理论功底和知识技能是当代青年壮志报国、不负韶华、实现“中国芯”伟大梦想的坚实基础。我们作为新时代的青年，要肩负重任、志存高远，锤炼“技能报国”本领，树立“大国工匠”愿景，坚定“中国芯”的初心使命，做有远大理想抱负的青年、有深厚家国情怀的青年、有伟大创造力的青年，发扬劳模精神、工匠精神和科学家精神。正如习近平总书记2018年7月13日在中央财经委员会第二次会议上的重要讲话所说，关键核心技术是国之重器，对推动我国经济高质量发展、保障国家安全都具有十分重要的意义，必须切实提高我国关键核心技术创新能力，把科技发展主动权牢牢掌握在自己手里，为我国发展提供有力科技保障。突破关键核心技术，关键在于有效发挥人的积极性。教育引导广大科技工作者强化责任意识，弘扬科学精神，坚定自信，潜心研究，既要培养优秀的带头人，也要有好的团队，要发挥年轻科学家作用，使优秀青年人才脱颖而出。

五、参考代码

```
//引用头文件
#include "ioCC2530.h"

//宏定义 LED 灯
#define D4 P1_3
#define D3 P1_0
#define D6 P1_4
#define D5 P1_5

//延时 1 s 函数
void delay1s()
{
   int i, j;
```

```
  for(i=0;i<500;i++)
    for(j=0;j<500;j++);
}
void main()
{
  //配置 P1_3、P1_0、P1_4、P1_5 为普通 I/O 口
  P1SEL &= 0xC6;
  //配置 P1_3、P1_0、P1_4、P1_5 为输出 I/O 口
  P1DIR |=  ~0xC6;
  //初始化 P1_3、P1_0、P1_4、P1_5 口(熄灭 LED 灯)
  D4 = 1;   D3 = 1;   D6 = 1;   D5 = 1;
  while(1)
  {
    D4 = 0;   D3 = 1;   D6 = 1;   D5 = 1;   delay1s();      // D4 亮 1 s
    D4 = 1;   D3 = 0;   D6 = 1;   D5 = 1;   delay1s();      // D3 亮 1 s
    D4 = 1;   D3 = 1;   D6 = 0;   D5 = 1;   delay1s();      // D6 亮 1 s
    D4 = 1;   D3 = 1;   D6 = 1;   D5 = 0;   delay1s();      // D5 亮 1 s
  }
}
```

六、拓展训练

LED 控制拓展练习。编写程序控制实验板上的 LED1 和 LED2 的亮、灭状态，使它们以下述方式工作：

（1）通电后 LED1 和 LED2 都点亮。

（2）延时一段时间后 LED2 熄灭。

（3）延时一段时间后 LED1 熄灭。

（4）延时一段时间后 LED1 点亮。

（5）延时一段时间后 LED2 点亮。

（6）返回步骤（2）循环执行。

七、启发与思考

程序烧写进单片机后只能观看到单片机执行程序的效果，但无法了解程序究竟是怎样一步一步执行的。可以使用 IAR 软件的在线调试功能（详见附录二），手动控制单片机单步执行程序，以便分析代码的运行过程。

任务 1.2　按键扫描控制照明灯功能开发

学习型任务单	任务 1.2　按键扫描控制照明灯功能开发
【任务描述】 某工厂灯光控制系统充分考虑了工厂照明的实际状况,采用单片机控制技术对灯光进行动态智能化管理，实现灯光照明人性化。控制代码通过从单片机 I/O 端口读取按键的状态，然后判断按键的状态，使 LED 灯切换亮/灭状态来达到灯光控制的目的。	
【任务目标】 （1）理解 CC2530 单片机通用 I/O 口输入模式的特点及配置方法。 （2）掌握按键的扫描方法及消抖方法。 （3）综合运用相关知识，完成“按键扫描控制 LED 亮灭”程序的编程及调试。	
【素养目标】 （1）培养学生在工作现场的 6S 意识和用电安全意识。 （2）爱惜工具，注意场地整洁。 （3）具备积极、主动的探索精神。	
【任务要求】 （1）通过学习，掌握以下知识点： ① 按键的类型，以及识别与消抖方法。 ② CC2530 单片机 I/O 口配置寄存器的配置方法。 （2）通过学习，掌握以下技能点： 使用实验板上的 SW1（连接在 P1_2 口）控制 LED1（连接在 P1_0 口），每按下一次按键，LED 就切换一次亮/灭状态。 （3）拓展训练。	
【学习总结】	

一、相关知识

（一）CC2530 的引脚

CC2530 单片机采用 QFN40 封装，外观上是一个边长为 6 mm 的正方形，每个边上有 10 个引脚，总共 40 个引脚。CC2530 的引脚布局如图 1.2.1 所示。

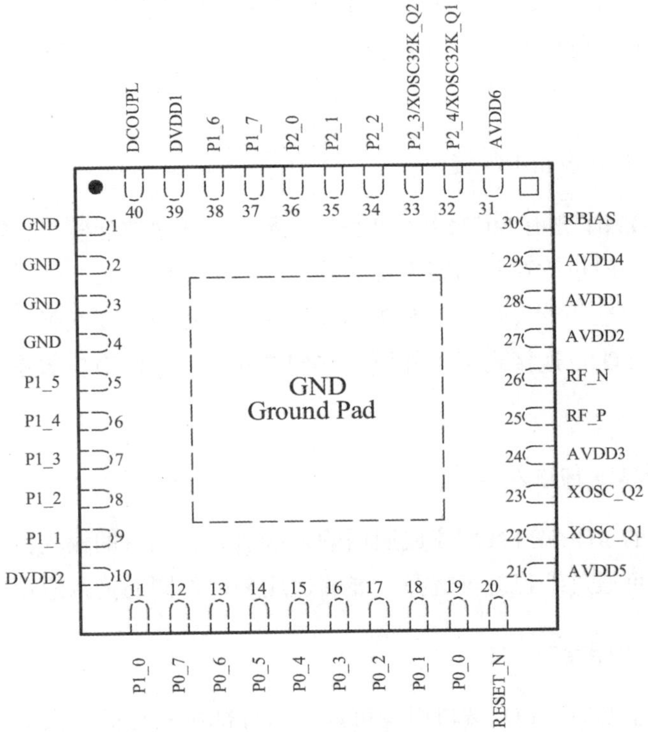

图 1.2.1　CC2530 芯片引脚

可按表 1.2.1 将 CC2530 的 40 个引脚按功能进行分类。

表 1.2.1　引脚类型划分

引脚类型	包含引脚	功能简介
电源类引脚	AVDD1 ~ AVDD6、DVDD1 ~ DVDD2、GND、DCOUPL	为芯片内部供电
数字 I/O 引脚	P0_0 ~ P0_7、P1_0 ~ P1_7、P2_0 ~ P2_4	数字信号输入/输出
时钟引脚	XOSC_Q1、XOSC_Q2	时钟信号输入
复位引脚	RESET_N	芯片复位
RF 引脚	RF_N、RF_P	外接无线收发天线
其他引脚	RBIAS	外接偏置电阻

（二）I/O 引脚

CC2530 总共具有 21 个数字 I/O 引脚，这些引脚可以组成 3 个端口，分别为端口 0、端口 1 和端口 2，通常表示为 P0、P1 和 P2。其中，P0 和 P1 是完全的 8 位端口，而 P2 仅有 5 位可以使用。21 个 I/O 引脚可以通过编程配置赋以特性。

1. 可配置为通用 I/O 端口

通用 I/O 端口可以对外输出逻辑值 0（低电平）或 1（高电平），也可以读取从 I/O 引脚输入的逻辑值（低电平为 0，高电平为 1）。可以通过编程来将 I/O 端口设置成输出或输入方式。

2. 可配置为外部设备 I/O 端口

CC2530 内部除了含有 8051CPU 核心外，还具有其他功能模块，如 ADC、定时器和串行通信模块，一般也称这些功能模块为外设。可通过编程将 I/O 端口与这些外设建立起连接关系，以便这些外设与 CC2530 芯片外界电路进行信息交换。需要注意的是，不能随意指定某个 I/O 口连接到某个外设，它们之间有一定的对应关系，具体知识将在后续任务中学习。

3. 输入口具备 3 种输入模式

当 CC2530 的 I/O 端口被配置成通用输入端口时，端口的输入模式有上拉、下拉和三态 3 种选择，可通过编程进行选择，能够适应多种不同的输入应用。

4. 具有外部中断能力

当使用外部中断时，I/O 端口引脚可以作为外部中断源的输入口，这使得电路设计变得更加灵活。

（三）I/O 端口的相关寄存器

在单片机内部，有一些具有特殊功能的存储单元，这些存储单元用来存放控制单片机内部器件的命令、数据或是运行过程中的一些状态信息。这些寄存器统称为“特殊功能寄存器（SFR）”，操作单片机本质上就是对这些特殊功能寄存器进行读写操作，并且某些特殊功能寄存器可以位寻址。例如，通过已配置好的 P1_1 口向外输出高电平可用以下代码实现：

P1=0x02; 或者 P1_1=1;

P1 是特殊功能寄存器的名字，P1_1 是 P1 中 1 号位的名字，为了便于使用，每个特殊功能寄存器都会起一个名字。与 CC2530 的 I/O 端口有关的主要特殊功能寄存器如表 1.2.2 所示，其中，x 取值为 0 ~ 2，分别对应 P0、P1 和 P2 口。

表 1.2.2 与 I/O 口相关寄存器功能表

名称	功能描述
Px	端口数据，用来控制端口的输出或获取端口的输入
PERCFG	外设控制，用来选择外设功能在 I/O 端口上的位置
APCFG	模拟外设 I/O 配置，用来配置 P0 都作为模拟 I/O 端口使用
PxSEL	端口功能选择，用来设置端口是通用 I/O 还是外设 I/O
PxDIR	端口方向，当端口为通用 I/O 端时，用来设置数据传输方向
PxINP	端口输入模式，当端口为通用输入口时，用来选择输入模式
PxIFG	端口中断状态标志，使用外部中断时，用来表示是否有中断
PICTL	端口中断控制，使用外部中断时，用来配置端口中断触发类型
PxIEN	端口中断屏蔽，用来选择是否使用外部中断功能
PMUX	掉电信号，用来输出 32 kHz 时钟信号或内部数字稳压状态

由表 1.2.2 可以看到 I/O 端口的相关寄存器有很多，在实际运用时只需根据需要使用其中的部分寄存器即可。同时需要注意，特殊功能寄存器中的各位数据都是有操作约定的。具体操作约定如表 1.2.3 所示。

表 1.2.3 寄存器位操作约定

符号	访问模式
R/W	可读取也可写入
R	只能读取
R0	读出的值始终为 0
R1	读出的值始终为 1
W	只能写入
W0	写入任何值都变成 0
W1	写入任何值都变成 1
H0	硬件自动将其变成 0
H1	硬件自动将其变成 1

（四）常用概念

在使用单片机的 I/O 端口时经常会接触到上拉、下拉和三态这几个概念。

1. 上拉和下拉

上拉是指单片机的引脚通过一个电阻连接到电源（高电平），当外界没有信号输入到引脚时，引脚被上拉电阻固定在高电平（逻辑值 1）。

下拉是指单片机的引脚通过一个电阻连接到地（低电平），当外界没有信号输入到引脚时，引脚被下拉电阻固定在低电平（逻辑值 0）。

单片机的 I/O 引脚通过引脚上电平的高、低来判断输入信号是逻辑值 1 还是逻辑值 0。接近电源电压值的电平信号被认为是逻辑值 1，如 3. 0 ~ 3.3 V 的电压。接近 0 V 电压的电平信号被认为是逻辑值 0，如 0 ~ 0.3 V 的电压。如果单片机的 I/O 引脚没有外接器件或者外接器件没有为单片机提供输入信号，那么单片机引脚上的电压就变得不确定，为 0 ~ 3. 3 V，单片机就无法正确判断引脚上的状态。所以，在实际应用中需要使用上拉或下拉来将单片机引脚上的电平固定到一个确定的值。

2. 三态

三态也叫高阻，即 I/O 引脚既没有上拉到电源，也没有下拉到地，呈现高阻值状态。三态模式一般用于引脚的输出功能，特别是在单片机的引脚接在多个设备公用的通信总线上时。当单片机不发送信号时，采用三态工作模式可以保证不干扰其他设备之间的通信。三态模式用于输入引脚时，引脚必须外接其他器件，此时由于不存在上拉或下拉电阻，还能降低单片机的功耗。

3. CC2530 I/O 端口的输入模式

CC2530 的 I/O 端口作为通用 I/O 功能使用时，可以配置成输出方式或输入方式。输入方式用来从外界器件获取输入的电信号，当 CC2530 的 I/O 端口被配置成通用输入端口时，这些端口能够提供“上拉”“下拉”和“三态”三种输入模式，可通过编程进行设置，以满足外接电路设计的要求。需要注意，P1_ 0 和 P1_ 1 端口没有上拉/下拉功能，只能工作在三态模式。

CC2530 的 I/O 引脚如果没有外接设备，应当将这些引脚配置成带上拉或下拉的通用输入方式，也可以配置成通用输出方式，不能让引脚悬空。如果 I/O 引脚连接了外部设备，且作为输入方式时外部设备能提供有效的电信号，则可选取上拉、下拉和三态中的任何一种模式来使用。

（五）按键的类型

按键分为独立按键和矩阵键盘两类，连接示意图如图 1.2.2 所示。

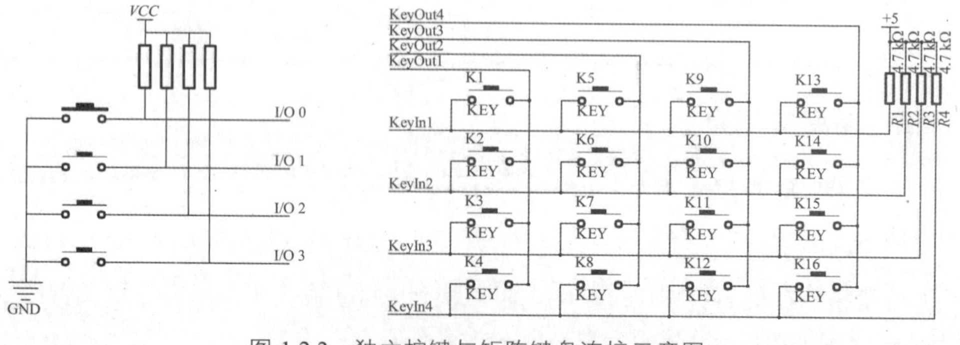

图 1.2.2　独立按键与矩阵键盘连接示意图

（六）按键的识别方法

微课 1.4　按键电平扫描方法

1. 电平扫描识别

按下按键后，单片机 I/O 电平跳变，利用电平跳变可识别按键按下和弹起。

1）独立按键识别方法

单个独立按键电路连接如图 1.2.3 所示。

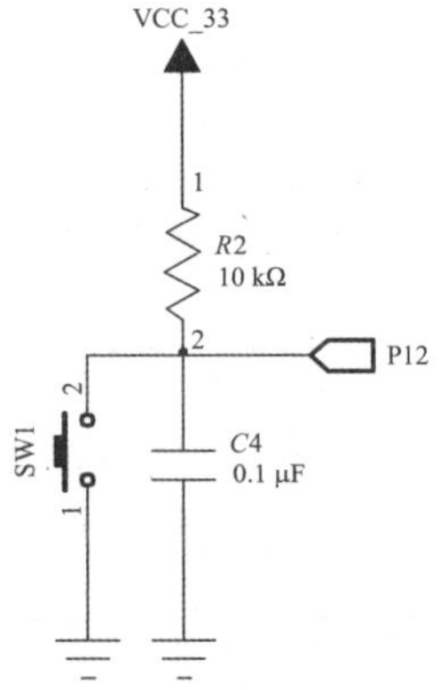

图 1.2.3　单个独立按键电路连接图

（1）SW1 按下动作的扫描识别流程如图 1.2.4 所示。

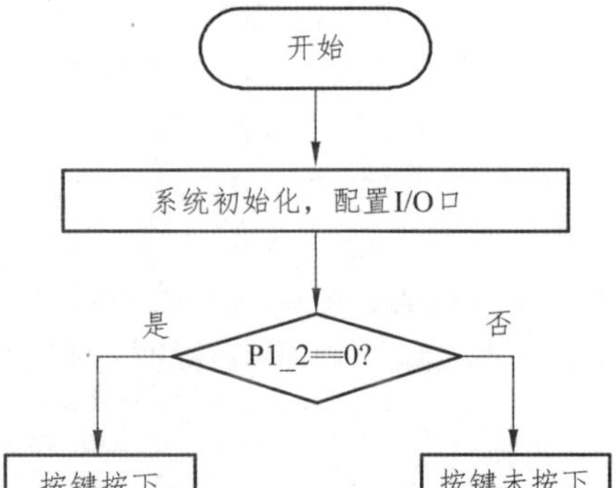

图 1.2.4　SW1 按下动作的扫描识别流程图

代码实现：

```
#define SW1 P1_2
if(SW1==0)
{
   if(SW1==0)
   {
      //按键按下
   }
   else
   {
      //按键未按下
   }
}
```

（2）SW1 按下后弹起动作的扫描识别流程如图 1.2.5 所示。

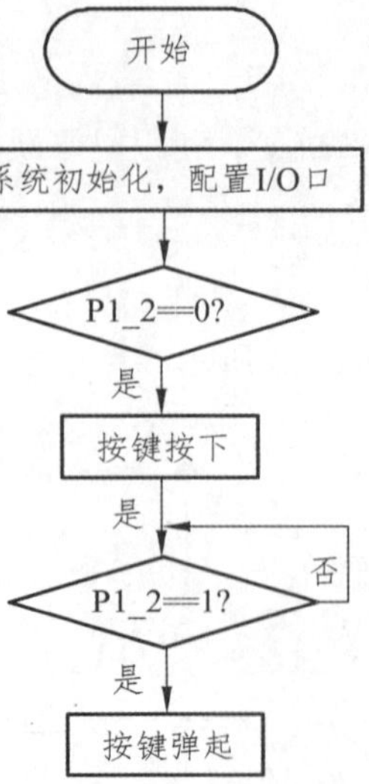

图 1.2.5　SW1 按下后弹起动作的扫描识别流程图

代码实现：

```
#define SW1 P1_2
if(SW1==0)
{
    if(SW1==0)
    {
        //按键按下
        //等待按键释放
        while(!SW1);
    }
}
```

2）矩阵键盘的行线/列线端口电平组合扫描

确定列：行线全部清 0，读取列线，电平为 0 的列则有按键按下。

确定行：列线全部清 0，读取行线，电平为 0 的行则有按键按下。

2. 按键中断识别

根据键盘的不同，也有两种识别方法。

1）独立按键

触发中断后，直接识别。

2）矩阵键盘

行线（或列线）触发中断后，再扫描列线（或行线）。

（七）按键的消抖方法

1. 硬件消抖

硬件消抖是指通过电路硬件设计的方法来过滤按键输出信号，将抖动信号过滤成理想信号后传输给单片机。

2. 软件消抖

软件消抖是指通过程序检测到按键动作后，延时 10 ~ 20 ms 再次检测按键状态，如果延时前后按键的状态一致，则按键正常执行动作，否则认为是按键抖动。

1）SW1 按下动作的软件消抖

其流程如图 1.2.6 所示。

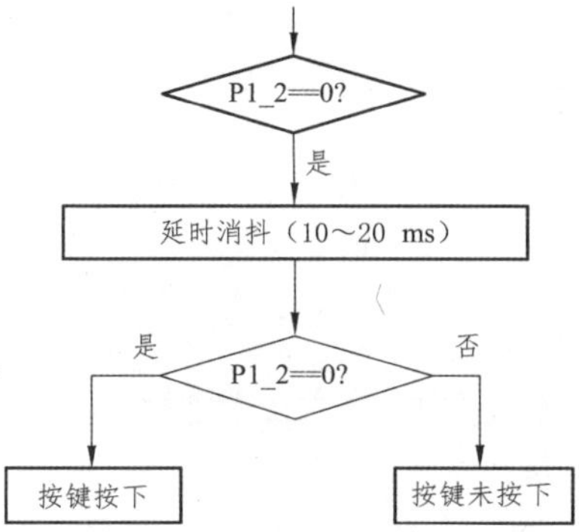

图 1.2.6　SW1 按下动作的软件消抖流程图

代码实现：

```
#define SW1 P1_2
if(SW1==0)
{
   delay10ms();
   if(SW1==0)
   {
      //按键按下
   }
   else
   {
      //按键未按下
   }
}
```

2）SW1 按下后弹起动作的按键消抖

其流程如图 1.2.7 所示。

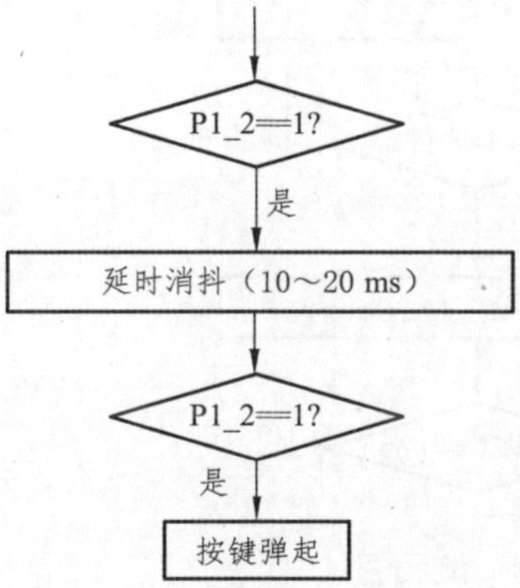

图 1.2.7　SW1 按下后弹起动作的按键消抖流程图

代码编写：

```
#define SW1 P1_2
if(SW1==1)
{
   delay();
   if(SW1==1)
   {
     //按键弹起
   }
}
```

二、任务实施

（一）功能要求

使用实验板上的 SW1（连接在 P1_2 口）控制 LED1（连接在 P1_0 口），每按下一次按键，LED 就切换一次亮/灭状态。

（二）设计思路

按键扫描控制照明灯功能如图 1.2.8 所示。

微课 1.5　按键点灯案例

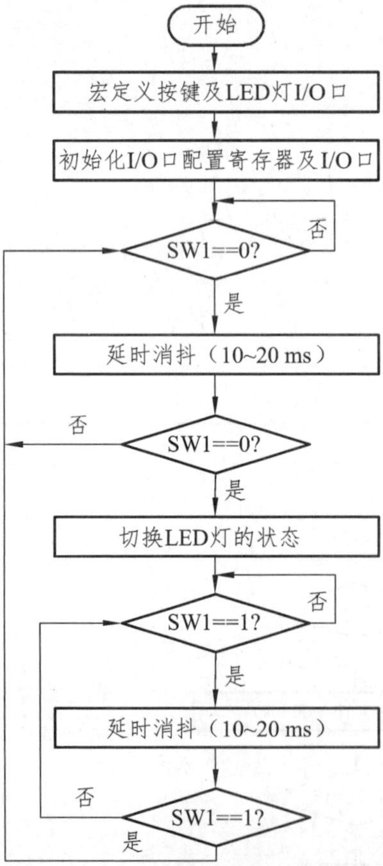

图 1.2.8　流程图

（三）关键代码

```
#define SW1      P1_2
#define LED1    P1_0
if(SW1 == 0)
{
        delay();
        if(SW1 == 0)
        {
            LED1 = ~LED1;
            //等待按键释放
            while(!SW1);
        }
}
```

三、考核与评价

按键扫描控制照明灯功能开发任务训练的评分表如表 1.2.4 所示。

表 1.2.4　按键扫描控制照明灯功能开发训练任务的评分表

一级指标	二级指标	分值	内容及扣分原因	单项分值	得分
训练过程（80%）	计划与准备	10	做好测试前的准备，不进行清点接线、设备、材料等操作每项扣除 2 分，扣完为止	5	
			带电拔插元器件扣除 1 分	5	
	电路分析	20	CC2530 的基本逻辑结构图	5	
			CC2530 单片机的 I/O 口	5	
			正确配置相关寄存器	5	
			正确进行电路功能的分析	5	
	代码设计	30	正确建立工程	5	
			编写流程图	5	
			程序设计，包括引用头文件、设计延时程序、初始化 I/O、按键扫描程序、主程序设计等	20	
	职业素养	10	编程过程中及结束后，桌面及地面不符合 7S 基本要求的每项扣除 3～5 分	10	
		10	浪费耗材，不爱惜工具，每项扣除 3 分；损坏工具、设备扣除本大项的 20 分；发生严重违规操作或作弊，取消成绩	10	
训练结果（20%）	实作结果及质量	20	工艺和功能验证	10	
			撰写考核记录报告	10	
总计		100			

四、任务小结

（1）使用特殊功能寄存器能够控制单片机内部器件的工作，能够获取单片机内部器件的状态，能够为单片机内部器件提供数据。

（2）对单片机内部器件的操作本质是对相关特殊功能寄存器进行读/写操作。

（3）在使用单片机驱动外界器件时，需要注意驱动电流的大小。

（4）使用宏定义可以提高代码的可读写和可维护性。

（5）机械按键动作时存在抖动，会影响单片机对按键状态的判断，需要进行消抖，有硬件消抖和软件消抖两种方法。

【思政小课堂】

扣好人生的第一粒扣子

青年的价值取向决定了未来整个社会的价值取向，而青年又处在价值观形成和确立的时期，抓好这一时期的价值观养成十分重要。这就像穿衣服扣扣子一样，如果第一粒扣子扣错了，剩余的扣子都会扣错。人生的扣子从一开始就要扣好。

——习近平总书记在北京大学师生座谈会上的讲话，2014 年 5 月 4 日

同学们了解到配置单片机 CC2530 的 I/O 口为普通 I/O 口和外设 I/O 是单片机资源配置的基础，如同习总书记强调的青少年要扣好人生的第一粒扣子，树立正确价值观，培养健全人格，走好人生路。人生的“第一粒扣子”怎么扣，青年时代的第一步怎么走，决定着一个人能否走好一生的路，同时也是每一代青年都必须答好的一道人生考题。

“非学无以广才，非志无以成学”，青年要养成正确价值观，必须要勤学；“国无德不兴，人无德不立”，青年要养成正确价值观，必须要修德；“是非明则方向清，方向清则路子正”，青年要养成正确价值观，必须要明辨；“道不可坐论，德不能空谈”，青年要养成正确的价值观，必须要笃实。青年一代要从扣好第一粒扣子开始，由易到难、由近及远，从现在做起，从自己做起，做到勤学、修德、明辨、笃实，养成社会主义核心价值观，为实现中华民族伟大复兴的中国梦贡献力量。

五、参考代码

```
//引用头文件
#include "ioCC2530.h"

//宏定义按键和 LED 灯
#define SW1 P1_2
#define LED1 P1_0

//延时 10 ms 函数
void delay()
{
   int i, j;
   for(i=0;i<1;i++)
```

```
    for(j=0;j<10;j++);
}

void main()
{
  //I/O 口的配置
  P1SEL &= ~0x05;//配置 P1_0，P1_2 为普通 I/O 口
  P1DIR |= ~0x01;//配置 P1_0 为输出
  P1DIR &= ~0x04;//配置 P1_2 为输入
  P1INP &=~0x04;
  LED1 =0;LED2 =0;LED3 =0;LED4 =0;
  while(1)
  {
   if(SW1==0)
   {
     delay();//延时消抖
     if(SW1==0)
     {
        LED1 = ~LED1;//LED 切换状态
        while(!SW1);//判断按键弹起
     }
   }
  }
}
```

六、拓展训练

（1）结合项目一所学的内容，使用按键控制 LED1 和 LED2 的流水灯效果，具体要求如下：

① 系统复位后 LED 1 和 LED2 以流水灯方式进行工作。

② 当按下 SW1 按键时，流水灯暂停运行，保持按键按下时的状态。

③ 当松开 SW 1 按键后，流水灯继续之前的运行。

提示：可以在延时函数中添加代码，使 SW 1 按键按下时执行循环，等待 SW1 松开。

（2）使用按键控制 LED1 的闪烁效果，具体要求如下：

① 系统复位后 LED1 熄灭。

② 按下一次 SW1 按键后，LED1 开始闪烁。

③ 再按下一次 SW1 按键后，LED1 停止闪烁并熄灭。

提示：可定义一个标志位变量，用 SW 1 按键来改变该标志位变量的值。对标志位变量的值进行判断：当其为 1 时，LED1 能够闪烁；当其为 0 时，LED1 停止闪烁并熄灭。

七、启发与思考

如何通过控制按键来实现改变标志位变量的值，并对标志位变量的值进行判断，当其为 1 时，LED 能够闪烁，当其为 0 时，LED 停止闪烁并熄灭。

项目二　智慧工厂门禁考勤系统

动画　项目二　智慧工厂门禁考勤系统

任务 2.1　INT0 按键中断考勤功能开发

<table>
<tr><td>学习型任务单</td><td>任务 2.1　INT0 按键中断考勤功能开发</td></tr>
<tr><td colspan="2">

【任务描述】

每一个企业都有相应的规章制度，员工必须要遵循才能够让企业有良好的秩序，按时上下班就是每一个企业对于员工要求遵守的基本规章制度之一。以前采用人工检查，效率低下，为了准确、方便知道员工有没有按时上下班，目前不少企业都在门前安装了考勤机，员工只需在上下班按一下按键“打卡”即可。本任务用按键控灯模拟员工打卡。

程序中使用 SW1（INT0）按键控制 CC2530 板上 LED1、LED2、LED3 的亮/灭状态，模拟员工打卡的情况，即 CC2530 电路板通电后三个发光二极管以下述方式工作：

① 通电后 LED1、LED2 和 LED3 都熄灭。
② SW1 按一下表示正常上班，LED1 点亮。
③ SW1 连击两下表示请假，LED2 点亮。
④ SW1 连击三下表示旷工，LED3 点亮。

</td></tr>
<tr><td colspan="2">

【任务目标】

通过基于 INT0 控制 LED 亮灭的例子，进一步熟悉 CC2530 的结构及资源。对比前期按键扫描控制程序，分析中断方式的主要优点，掌握中断编程技巧，主要目标包括：

（1）理解中断、中断源、中断请求、中断响应等基本概念。
（2）了解 CC2530 的中断源，理解相关寄存器的配置方法及中断响应过程。
（3）能编写程序，实现 CC2530 通过 INT0 按键中断方式控制 LED 亮灭。

</td></tr>
<tr><td colspan="2">

【素养目标】

（1）培养学生在工作现场的 6S 意识和用电安全意识。
（2）爱惜工具，注意场地整洁。
（3）具备积极、主动的探索精神。

</td></tr>
<tr><td colspan="2">

【任务要求】

（1）通过学习，掌握以下知识点：
① 了解中断相关概念、CC2530 中断源及相关寄存器、CC2530 中断请求与中断响应过程。
② 熟悉 CC2530 单片机中断配置寄存器，能根据需要配置相关寄存器。
（2）通过学习，掌握以下技能点：
① 根据实际应用将 I/O 端口配置成外部中断输入功能。
② 能够编写外部中断的中断处理函数。
（3）拓展训练。

</td></tr>
<tr><td colspan="2">

【学习总结】

</td></tr>
</table>

一、相关知识

（一）中断介绍

动画　中断的概念　　微课 2.1　中断的概念

1. 中断的概念

“中断”即打断，是指 CPU 在执行当前程序时，由于系统中出现了某种急需处理的情况，CPU 暂停正在执行的程序转而去执行另一段特殊程序来处理出现的紧急事务，处理结束后 CPU 自动返回到原来暂停的程序中去继续执行。这种程序在执行过程中由于外界的原因而被中间打断的情况称为中断。

2. 中断的作用

中断使得计算机系统具备应对突发事件能力，提高了 CPU 的工作效率。如果没有中断系统，则 CPU 就只能按照程序编写的先后次序，对各个外设依次进行查询和处理，即轮询工作方式。轮询工作方式貌似公平，但实际工作效率却很低，且不能及时响应紧急事件。

中断技术可以为计算机系统带来以下好处：

1）实现分时操作

速度较快的 CPU 和速度较慢的外设可以各自完成工作，外设可以在完成工作后再与 CPU 进行交互，而不需要 CPU 等待外设完成工作，能够有效提高 CPU 的工作效率。

2）实现实时处理

在控制过程中，CPU 能够根据当时情况及时做出反应，实现实时控制的要求。

3）实现异常处理

系统在运行过程中往往会出现一些异常情况，中断系统能够保证 CPU 及时知道出现的异常，以便 CPU 去解决这些异常，避免整个系统出现更大的问题。

3. 中断系统中的相关概念

在中断系统的工作过程中，还有以下几个与中断相关的概念需要了解。

1）主程序

主程序指在发生中断前，CPU 正常执行的处理程序。

2）中断源

中断源指引起中断的原因，或是发出中断申请的来源。单片机一般具有多个中断源，如外部中断、定时/计数器中断或 ADC 中断等。

3）中断请求

中断请求指中断源要求 CPU 提供服务的请求。例如，ADC 中断在进行 ADC 转换结束后，会向 CPU 提出中断请求，要求 CPU 读取 A/D 转换结果。中断源会使用某些特殊功能寄存器中的位来表示是否有中断请求，这些特殊位叫作中断标志位，当有中断请求出现时，对应标志位会被置位。

4）断　点

断点指 CPU 响应中断后主程序被打断的位置。当 CPU 处理完中断事件后，会返回到断点位置继续执行主程序。

5）中断服务函数

中断服务函数指 CPU 响应中断后所执行的相应处理程序。例如，ADC 转换完成中断被响应后，CPU 执行相应的中断服务函数，该函数实现的功能一般是从 ADC 结果寄存器中取走并使用转换好的数据。

6）中断向量

中断向量指中断服务程序的入口地址，当 CPU 响应中断请求时，会跳转到该地址执行代码。

4. 中断嵌套和中断优先级

当有多个中断源向 CPU 提出中断请求时，中断系统采用中断嵌套的方式来依次处理各个中断源的中断请求，如图 2.1.1 所示。

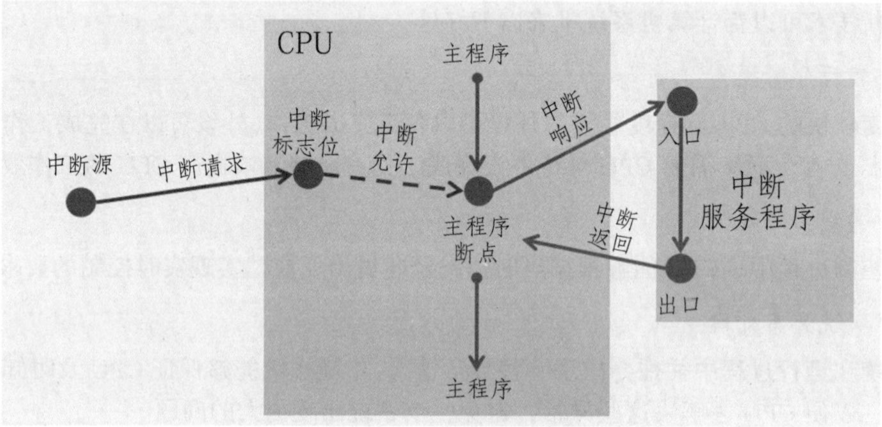

图 2.1.1　中断运行流程

在中断嵌套过程中，CPU 通过中断源的中断优先级来判断优先为哪个中断源服务。中断优先级高的中断源可以打断优先级低的中断源的处理过程，而同级别或低级别的中断源请求不会打断正在处理的中断服务函数，要等到 CPU 处理完当前的中断请求，才能继续响应后续中断请求。为便于灵活运用，单片机各个中断源的优先级通常可以通过编程设定。

（二）CC2530 的中断源

CC2530 具有 18 个中断源，每个中断源都由各自的一系列特殊功能寄存器来进行控制，如表 2.1.1 所示。18 个中断源可以根据需要来决定是否让 CPU 对其进行响应，只需要编程设置相关特殊功能寄存器便可，在后续学习过程中会逐步接触各个中断源的使用方法。

表 2.1.1　CC2530 的中断源

中断号	中断名称	描述	中断向量
0	RFERR	RF 发送完成或接收完成	03H
1	ADC	ADC 转换结束	QBH
2	URXQ	USART0 接收完成	13H
3	URX1	USART1 接收完成	1BH
4	ENC	AES 加密/解密完成	23H
5	ST	睡眠计时器比较	2BH
6	P2INT	I/O 端口 2 外部中断	33H
7	UTXO	USART0 发送完成	3BH
8	DMA	DMA 传输完成	43H
9	T1	定时器 1 捕获/比较/溢出	4BH
10	T2	定时器 2 中断	53H
11	T3	定时器 3 捕获/比较/溢出	5BH
12	T4	定时器 4 捕获/比较/溢出	63H
13	P0INT	I/O 端口 0 外部中断	6BH
14	UTX1	USART1 发送完成	73H
15	P1INT	I/O 端口 1 外部中断	7BH
16	RF	RF 通用中断	83H

（三）初始化外部中断

外部中断，即从单片机的 I/O 口向单片机输入电平信号，当输入电平信号的改变符合设置的触发条件时，中断系统便会向 CPU 提出中断请求。使用外部中断可以方便地监测单片机外接器件的状态或请求。例如，按键按下、信号出现或通信请求等。

CC2530 的 P0、P1 和 P2 端口中的每个引脚都具有外部中断输入功能，要配置某些引脚具有外部中断功能一般遵循图 2.1.2 所示的操作步骤。

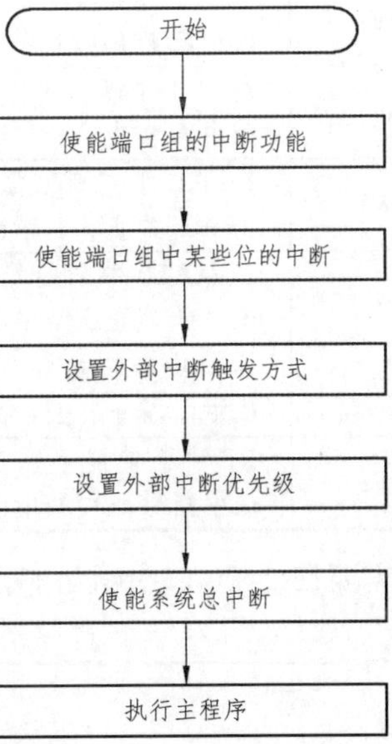

图 2.1.2　CC2530 中断配置流程

微课 2.2　中断的编程方法

1. 使能端口组中断功能

CC2530 中的每个中断源都有一个中断功能开关，要使用某个中断源的中断功能，必须要使能其中断功能。要使能 P0、P1 或 P2 端口上的外部中断功能，需要通过 IEN1 和 IEN2 特殊功能寄存器来实现，其相关描述如表 2.1.2、表 2.1.3 所示。

表 2.1.2 IEN1 寄存器的描述

位	位名称	复位值	操作	描述
7:6		00	R0	不使用，读为 0
5	P0IE	0	R/W	端口 0 中断使能 0:中断禁止；1:中断使能
4	T4IE	0	R/W	定时器 4 中断使能 0:中断禁止；1:中断使能
3	T3IE	0	R/W	定时器 3 中断使能 0:中断禁止；1:中断使能
2	T2IE	0	R/W	定时器 2 中断使能 0:中断禁止；1:中断使能
1	T1IE	0	R/W	定时器 1 中断使能 0:中断禁止；1:中断使能
0	DMAIE	0	R/W	DMA 中断使能 0:中断禁止；1:中断使能

表 2.1.3 IEN2 寄存器的描述

位	位名称	复位值	操作	描述
7:6		00	R0	不使用，读为 0
5	WDTIE	0	R/W	看门狗定时器中断使能 0:中断禁止；1:中断使能
4	P1IE	0	R/W	端口 1 中断使能 0:中断禁止；1:中断使能
3	UTX1IE	0	R/W	USTRA1 中断使能 0:中断禁止；1:中断使能
2	UTX0IE	0	R/W	USART0 中断使能 0:中断禁止；1:中断使能
1	P2IE	0	R/W	端口中断使能 0:中断禁止；1:中断使能
0	PFIE	0	R/W	RF 中断使能 0:中断禁止；1:中断使能

本任务使用 SW1 按键连接在 P0_1 口，需要使能 P0 口中断功能，将 IEN2 寄存器设置为 1。

```
IEN1 |= 0x20;      //使能 P0 口中断
```

2. 端口中断屏蔽

使能端口组的中断功能后，还需要设置当前端口组中具体哪几个端口具有外部中断功能，将不需要使用外部中断的端口屏蔽掉。屏蔽 I/O 口中断使用 PXIEN 寄存器，P0IEN 和 P1IEN 寄存器的描述如表 2.1.4 所示。

表 2.1.4　P0IEN 和 P1IEN 寄存器的描述

位	位名称	复位值	操作	描述
7:0	Px_[7:0]IEN	0x00	R/W	端口 Px_7 到 Px_0 中断使能 0：中断禁止；1：中断使能

P2IEN 寄存器的描述如表 2.1.5 所示。

表 2.1.5　P2IEN 寄存器的描述

位	位名称	复位值	操作	描述
7:6	Px_[7:0]IEN	00	R/W	未使用
5	DPIEN	0	R/W	USB D+中断使能
4:0	P2_[4:0]IEN	0.0000	R/W	端口 Px_7 到 Px_0 中断使能 0：中断禁止；1：中断使能

使能 P0_1 端口中断，需将 P0IEN 寄存器的第 1 位置 1:

```
P0IEN |= 0x02;        //使能 P0_1 口中断
```

3. 设置中断触发方式

触发方式，即输入到 I/O 口信号满足什么样的信号变化形式才会引起中断请求，单片机中常见的触发方式有电平触发和边沿触发两类。

1）电平触发

高电平触发——输入信号为高电平时会引起中断请求。

低电平触发——输入信号为低电平时会引起中断请求。

电平触发引起的中断，在中断处理完成后，如果输入电平仍旧保持有效状态，则会再次引发中断请求，适用于连续信号检测，如外接设备故障信号检测。

2）边沿触发

上升沿触发——输入信号出现由低电平到高电平的跳变时会引起中断请求。

下降沿触发——输入信号出现由高电平到低电平的跳变时会引起中断请求。

边沿触发方式只在信号发生跳变时才会引起中断，是常用的外部中断触发方式，适用不突发信号检测，如按键检测。

CC2530 的 I/O 口提供了上升沿触发和下降沿触发两种外部触发方式，使用 PICTL 寄存器进行选择，其描述如表 2.1.6 所示。

表 2.1.6　PICTL 寄存器的描述

位	位名称	复位值	操作	描述
7	PADSC	0	R/W	控制 I/O 口的引脚输出模式下的驱动能力
6:4		0	R0	未使用
3	P2TCON	0	R/W	P2_4 到 P2_0 中断触发方式选择 0：上升沿触发；1：下降沿触发
2	P1TCONH	0	R/W	P1_7 到 P1_4 中断触发方式选择 0：上升沿触发；1：下降沿触发
1	P1TCONL	0	R/W	P1_3 到 P1_0 中断触发方式选择 0：上升沿触发；1：下降沿触发
0	P0TCONL	0	R/W	P0_7 到 P0_0 中断触发方式选择 0：上升沿触发；1：下降沿触发

本任务要求按键按下一次后执行暂停或继续流水灯显示，SW1 在按下过程中电信号产生下降沿跳变，松开过程中电信号产生上升沿跳变。由于要求流水灯保存按键按下时的状态，故应选择将 P0_1 口设置为下降沿触发方式：

```
PICTL |= 0x01;  //P0_7 到 P0_0 下降沿触发中断
```

4. 设置外部中断优先级

本任务中只用到一个中断，可不进行优先级的设置。在实际应用中，如果系统中使用到多个中断源，应根据其重要程度分别设置好中断优先级。

5. 使能系统总中断

除了各个中断源有自己的中断开关，中断系统还有一个总开关。如果说各个中断源的开关相当于楼层各个房间的电闸，则中断总开关相当于楼宇的总电闸。

中断总开关控制位是 EA 位，在 IEN0 寄存器中，如表 2.1.7 所示。

表 2.1.7　IEN0 寄存器的描述

位	位名称	复位值	操作	描述
7	EA	0	R/W	中断系统使能控制位 0：禁止所有中断； 1：允许中断功能，但究竟哪些中断被允许还要看各中断源自身的使能控制设置
6		0	R0	未使用
5	STIE	0	R/W	睡眠定时器中断使能 0：中断禁止；1：中断使能
4	ENCIE	0	R/W	AEC 加密/解密中断使能 0：中断禁止；1：中断使能
3	URX1IE	0	R/W	URX1 接收中断使能 0：中断禁止；1：中断使能
2	URX0IE	0	R/W	URX0 接收中断使能 0：中断禁止；1：中断使能
1	ADCIE	0	R/W	ADC 中断使能 0：中断禁止；1：中断使能
0	RFERRIE	0	R/W	RF 发送/接收中断使能 0：中断禁止；1：中断使能

中断总开关控制位是 EA 位。

IEN0 寄存器可以进行位寻址，因此要使能总中断，可以直接采用如下方法：

```
EA= 1;      //使能总中断
```

CC2530 中断源中断使能控制如图 2.1.3 所示。

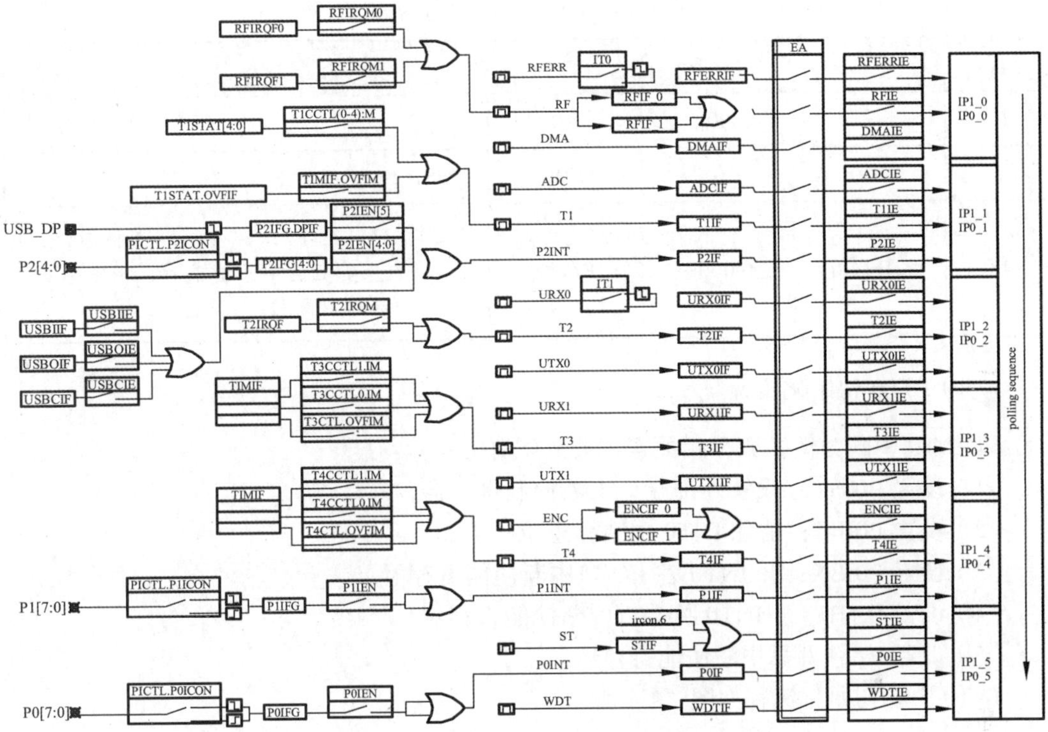

图 2.1.3　CC2530 中断源中断使能控制图

6. 识别触发外部中断的端口

P0、P1 和 P2 口分别使用 P0IF、P1IF 和 P2IF 作为中断标志位，任何一个端口组 I/O 口产生的外部中断时，会将对应端口组的外部中断标志位自动置位。例如，任务中当 SW1 在 P0IF 会变成 1，此时 CPU 将进入 P0 口中断处理函数中处理事件。外部中断标志位不影响中断位，因此必须在中断处理函数中手工清除该中断标志位，否则 CPU 将反复进入中断过程，P0 口外部中断标志位的方法如下：

```
P0IF=0;      //清除 P0 口中断标志位
```

CC2530 中有 P0IFG、P1IFG 和 P2IFG 共 3 个端口状态标志寄存器，分别对应 P0，P1 和 P2，各位的中断触发状态。当被配置成外部中断的某个 I/O 口触发中断请求时，对应标志位会被置位，在进行中断处理时，可通过判断相应寄存器的值来确定是哪个端口引起的中断。P0IFG 和 P1IFG 寄存器的描述如表 2.1.8 所示，P2IFG 寄存器的描述如表 2.1.9 所示。

表 2.1.8　P0IFG 和 P1IFG 寄存器的描述

位	位名称	复位值	操作	描述
7:0	PxIF[7:0]	0	R/W0	端口 Px_7 到 Px_0 的中断状态标志，当输入端口有未响应的中断请求时，相应标志位置 1，需要软件复位

表 2.1.9　P2IFG 寄存器的描述

位	位名称	复位值	操作	描述
7:6		00	R0	未使用
5	DPIF	0	R/W0	USB D+中断标志位
4:0	P2IF[4:0]	0.0000	R/W0	端口 P2_4 到 P2_0 的中断状态标志，当输入端口有未响应的中断请求时，相应标志位置 1，需要软件复位

（四）INT0 初始化步骤

以 INT0 中断为例，介绍相关寄存器的配置方法。

（1）设置 PICTL：设置外部端口中断控制寄存器；

（2）设置 P0IFG：清除 INT0 中断标志位；

（3）设置 P0IEN：开 INT0 各 I/O 口中断使能寄存器；

（4）设置 IEN1：开 INT0 总端口中断使能寄存器；

（5）设置 EA：开总中断使能寄存器。

INT0 中断初始化流程如图 2.1.4 所示。

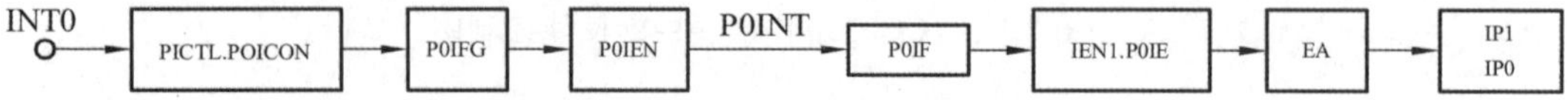

图 2.1.4　INT0 中断初始化流程

典型案例：

```
//初始化中断相关寄存器
PICTL |= 0x01;   //设置中断触发方式：1——上升沿触发
P0IFG = 0;        //清除中断标志位
P0IEN |= 0x02;   //开 P0_1 口中断
IEN1 |= 0x20;    //开 P0 口中断
EA = 1;           //开总中断
```

二、任务实施

（一）功能要求

通过按键 SW1（连接在 P0_1 口）产生外部中断，切换 LED1～LED3 的亮灭状态。

（二）设计思路

微课 2.3　中断控灯案例

1）主函数流程

（1）宏定义 LED1～LED3；

（2）配置 LED1～LED3 为普通、输出 I/O 口；

（3）配置 INT0（P0_1）中断相关寄存器；

（4）初始化 LED1～LED3，开 INT0；

（5）循环等待 INT0 中断。

2）中断服务函数流程

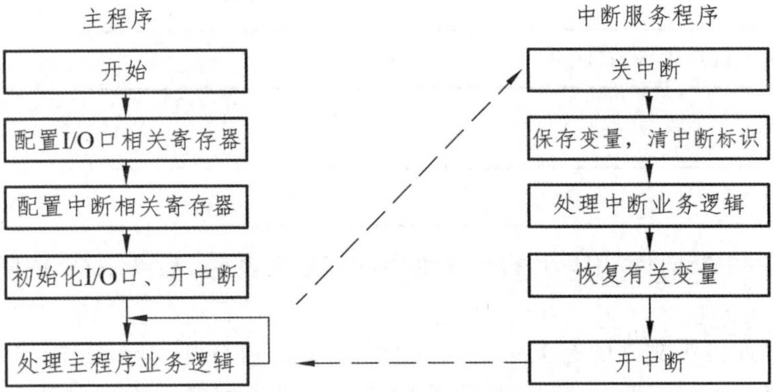

图 2.1.5　主程序和中断服务程序

（三）关键代码

1. 主程序

```
void main()
{
  //初始化 I/O 口相关寄存器
  //初始化 I/O 口
  //初始化中断相关寄存器
  PICTL |= 0x01;   //设置中断触发方式：1——上升沿触发
  P0IFG = 0;         //清除中断标志位
  P0IEN |= 0x02;   //开 P0_1 口中断
  IEN1 |= 0x20;     //开 P0 口中断
  EA = 1;             //开总中断
  while(1);
}
```

2. 中断服务程序

CPU 响应中断后，会中断正在执行的主程序代码，转而执行相应的中断处理函数。因此，要使用中断功能，还必须编写中断处理函数。

1）中断处理函数的编写格式

中断服务函数与一般自定义函数不同，在 IAR 编程环境中有特定的书写格式。中断服务处理的编写格式具体如下：

```
#pragma vector = <中断向量>
__interrupt void  函数名称(void)
{
  /*此处编写中断处理程序*/
}
```

在每一个中断处理函数之前，都要加上一行起始语句：

```
#pragma vector = <中断向量>
```

<中断向量>表示接下来要写的中断处理函数是为哪个中断源进行服务的。该语句有两种写法，比如为任务所需的 P0 口中断编写中断处理函数时：

```
#pragma vector = P0INT_VECTOR
```

或

```
#pragma vector = 0x7B
```

前者是将<中断向量>用单片机头文件中的宏定义表示，后者是将<中断向量>用具体的值表示。

要查看单片机头文件中有关中断向量的宏定义，可打开“ioCC2530.h”头文件，查找“Interrupt Vectors” 部分，便可以看到 18 个中断源所对应的中断向量定义，如图 2.1.6 所示。

“__interrupt”表示函数是一个中断处理函数，“<函数名称>”可以随便取名，函数带参数或有返回值。注意：“interrupt”前面的“__”是由两个短下划线构成的。

```
/* ------------------------------------------------------------------------------------------------
 *                                      Interrupt Vectors
 * ------------------------------------------------------------------------------------------------
 */
#define  RFERR_VECTOR    VECT(  0, 0x03 )   /*  RF TX FIFO Underflow and RX FIFO Overflow    */
#define  ADC_VECTOR      VECT(  1, 0x0B )   /*  ADC End of Conversion                        */
#define  URX0_VECTOR     VECT(  2, 0x13 )   /*  USART0 RX Complete                           */
#define  URX1_VECTOR     VECT(  3, 0x1B )   /*  USART1 RX Complete                           */
#define  ENC_VECTOR      VECT(  4, 0x23 )   /*  AES Encryption/Decryption Complete           */
#define  ST_VECTOR       VECT(  5, 0x2B )   /*  Sleep Timer Compare                          */
#define  P2INT_VECTOR    VECT(  6, 0x33 )   /*  Port 2 Inputs                                */
#define  UTX0_VECTOR     VECT(  7, 0x3B )   /*  USART0 TX Complete                           */
#define  DMA_VECTOR      VECT(  8, 0x43 )   /*  DMA Transfer Complete                        */
#define  T1_VECTOR       VECT(  9, 0x4B )   /*  Timer 1 (16-bit) Capture/Compare/Overflow    */
#define  T2_VECTOR       VECT( 10, 0x53 )   /*  Timer 2 (MAC Timer)                          */
#define  T3_VECTOR       VECT( 11, 0x5B )   /*  Timer 3 (8-bit) Capture/Compare/Overflow     */
#define  T4_VECTOR       VECT( 12, 0x63 )   /*  Timer 4 (8-bit) Capture/Compare/Overflow     */
#define  P0INT_VECTOR    VECT( 13, 0x6B )   /*  Port 0 Inputs                                */
#define  UTX1_VECTOR     VECT( 14, 0x73 )   /*  USART1 TX Complete                           */
#define  P1INT_VECTOR    VECT( 15, 0x7B )   /*  Port 1 Inputs                                */
#define  RF_VECTOR       VECT( 16, 0x83 )   /*  RF General Interrupts                        */
#define  WDT_VECTOR      VECT( 17, 0x8B )   /*  Watchdog Overflow in Timer Mode              */
```

图 2.1.6 “ioCC2530.h”头文件中中断向量宏定义

2）中断标志位的识别

在外部中断处理函数时，也应将触发中断的相应外部中断标志位状态采用编程方式清零。

识别 P0_1 端口上按键中断的方法如下：

```
if ( P0IFG&0X02 ) //如果 P0_1 端口中断标志位置位
{
    P0IFG &=  ~0X02; //清除 P0_1 端口中断标志位
    /*此处填写按键功能代码*/
}
P0IF=0;//清除端口 P0 的标志位
```

3）按键次数的处理

本任务将 20 ms 内完成单击、双击、三连击视为有效按键事件，针对不同按键事件点亮不同指示灯。需要通过全局变量来实现主程序与中断服务子程序之间的计数关联。在这里设置 pflag、kcount、time 三个全局变量。其中，pflag 作为是否处理键击事件的标志位，kcount 作为记录单击、双击、三连击按键次数标志位。time 初值给 20000，用以实现大约 20 ms 的时间记录。

```
//定义有关全局变量
long int time=20000;
int pflag = 0;   //是否处理按键击发事件：0——不响应；1——响应
int kcount = 0; //按键按下次数
```

中断服务子程序里，中断核心业务逻辑是改变按键的次数。

```
//按键按下，按键标志位修改状态
if(P0IFG & 0x02)
{
    kcount++;//有效按键
}
```

在主程序里，实现 20 ms 内的识别按键的次数是否有效，如果是有效按键，再识别单击、双击、三连击按键事件，根据任务要求点亮 LED 灯。

```
if( kcount && time >= 1)
    time--;
if(time <= 0)
{
    pflag = 1;//在 20ms 内，完成单击、双击、三击工作
}
//处理按键击发事件
if(pflag == 1)
{
    if(kcount == 1)
    {
        LED1 = 0; LED2 = 1;LED3 = 1;
    }
    else if(kcount == 2)
    {
        LED1 = 1; LED2 = 0; LED3 = 1;
    }
    else if(kcount == 3)
    {
        LED1 = 1; LED2 = 1; LED3 = 0;
```

```
    }

    kcount=0;
    pflag = 0;
    time = 20000;
}
```

三、考核与评价

INT0 按键中断考勤功能开发任务训练的评分表如表 2.1.10 所示。

表 2.1.10　INT0 按键中断考勤功能开发任务训练的评分表

一级指标	二级指标	分值	扣分及扣分原因	单项分值	得分
训练过程（80%）	计划与准备	10	做好测试前的准备，不进行清点接线、设备、材料等操作扣除 2 分	5	
			带电拔插元器件扣除 1 分	5	
	电路分析	20	CC2530 引脚功能	5	
			LED 灯与 CC2530 引脚的关系	5	
			LED 灯与电平的关系	5	
			中断优先级的分析	5	
	代码设计	30	正确建立工程	5	
			编写流程图	5	
			程序设计，包括引用头文件、设计延时程序、初始化 I/O、中断处理函数、主程序设计等	20	
	职业素养	10	编程过程中及结束后，桌面及地面不符合 7S 基本要求的扣除 3～5 分	10	
		10	对耗材浪费，不爱惜工具，扣除 3 分；损坏工具、设备扣除本大项的 20 分；发生严重违规操作或作弊，取消成绩	10	
训练结果（20%）	实作结果及质量	20	工艺和功能验证	10	
			撰写考核记录报告	10	
总计		100			

四、任务小结

按键中断开启顺序：时序（PICTL）→引脚或位（P0IEN）→端口组（IEN1）→总开关 EA。

按键中断关闭顺序：中断标志位（与 P0IFG）→引脚（与非 P0IFG）→端口组（P0IF=0）。

中断服务函数是为处理中断源请求而编写的一段特殊代码。与一般函数写法不同，中断服务函数不能传递参数和返回值。要以“__interrupt”作为函数定义的前缀，且在

IAR 开发环境中要在函数之前使用“#pragam vector = <中间向量>”指明函数所指向的中断向量。

PITCL 进行 P0、P1、P2 触发方式设置，注意是“I”，非“1”。PXIEN 表示中断使能，PXIFG 表示中断标志。向量英文小写，向量名英文大写。

CC2530 的 I/O 口都能配置成外部中断功能，提供了上升沿触发和下降沿触发两种触发方式。要使用中断功能，必修使能中断总开关 EA，同时使能各个中断源自身的控制开关。当某个中断源向 CPU 提出中断请求时，会将自身的中断标志位自动置位。对于外部中断来说，需要在中断处理函数中清除中断标志位，以免 CPU 重复响应中断请求。在外部中断中，可根据外部中断状态寄存器判断引起中断的具体引脚是哪一个，同时也应在中断处理函数中清除相应的标志位。

【思政小课堂】

了解应急响应机制

今天同学们首次接触到“中断”这个概念。所谓中断，即是当 CPU 在执行当前任务的时候，有紧急情况需要马上处理，于是 CPU 就会暂停当前的工作，运行它的“应急响应机制”去处理紧急事件。应急响应机制是由政府推出的针对各种突发公共事件而设立的各种应急方案，通过该方案使损失减到最小。应急响应机制强度由一级至四级依次减弱。突发公共事件主要分自然灾害、事故灾难、公共卫生事件、社会安全事件等 4 类。另外，应急响应机制包括防汛抗旱、高速公路、禽流感疫情、公共卫生、突发灾害的应急响应机制。应急响应机制非常重要，正如习总书记在中央政治局第十九次集体学习所说，要发挥我国应急管理体系的特色和优势，借鉴国外应急管理有益做法，积极推进我国应急管理体系和能力现代化。

五、参考代码

```
//包含头文件
#include   "ioCC2530.h"
//宏定义有关 I/O 口
#define LED1     P1_0        //定义 LED1 为 P10 口控制  共阳极
#define LED2     P1_1        //定义 LED2 为 P11 口控制
#define LED3     P0_4        //定义 LED3 为 P04 口控制
#define KEY1     P0_1        //定义按键为 P01 口控制

//定义有关全局变量
long int time=20000;
int pflag = 0;  //是否处理按键击发事件：0-不响应；1-响应
int kcount = 0; //按键按下次数

/******************************
KEY 初始化程序——外部中断方式
******************************/
void InitKey()
{
    P0IEN |= 0X02;    //P01 设置为中断方式
    PICTL |= 0X02;    //下降沿触发
    IEN1   |= 0X20;    //允许 P0 口中断;
```

```
    P0IFG   = 0x00;   //初始化中断标志位
    EA = 1;
}

void main()
{
    //配置 I/O 口
    P1DIR |= 0x13; //P10、P11 定义为输出
    P0DIR |= 0x10; //P04 定义为输出

    InitKey();//初始化按键——外部中断 0 配置

    //初始化 LED1 和 LED2
    LED1 = 1;
    LED2 = 1;
    LED3 = 1;

    //等待
    while(1)
    {
      if( kcount && time >= 1)
        time--;
      if(time <= 0)
      {
        pflag = 1;//在 20ms 内，完成单击、双击、三击工作
      }
      //处理按键击发事件
      if(pflag == 1)
       {
          if(kcount == 1)
          {
            LED1 = 0; LED2 = 1;LED3 = 1;
          }
          else if(kcount == 2)
          {
            LED1 = 1; LED2 = 0; LED3 = 1;
          }
          else if(kcount == 3)
          {
            LED1 = 1; LED2 = 1; LED3 = 0;
          }

          kcount=0;
          pflag = 0;
          time = 20000;
       }

    }

}
```

```
/****************************
        中断处理函数
******************************/
#pragma vector = P0INT_VECTOR   //格式：#pragma vector = 中断向量，紧接着是中断处理程序
__interrupt void P0_ISR(void)
{
    //*编写中断服务子程序*/
    P0IEN &=~0X02;//1.关中断 0.禁止中断

    //2.中断处理代码---按键按下，按键标志位修改状态
    if(P0IFG & 0x02)
    {
      kcount++;//有效按键


    }
    //3.清除中断标志位
    P0IFG = 0;//位清零
    P0IF = 0;//端口清零


    //4.开 INTI 中断
    P0IEN |= 0X02;
}
```

六、拓展训练

课堂教学 INT0 按键中断考勤功能开发任务

（1）使用 SW1（P0_1）按键作为外部中断输入来控制流水灯效果的启停，即实验板通电后两个发光二极管以下述方式工作：

① 通电后 LED1 和 LED2 都熄灭；

② 延时一段时间后 LED1 点亮；

③ 延时一段时间后 LED2 点亮；

④ 延时一段时间后 LED1 熄灭；

⑤ 延时一段时间后 LED2 熄灭；

⑥ 返回步骤②循环执行。

⑦ 在任何时间，当按下一次 SW1 按键后，便暂停流水灯效果，即两个 LED 灯保持 SW1 按键按下时的亮/灭状态；直到再按下一次 SW1 按键后，流水灯效果从暂停状态继续执行。

（2）编写程序使用 SW1（INT0）按键控制 CC2530 板上 LED1、LED2、LED3 的亮/灭状态，使它们以跑马灯方式工作，即 CC2530 电路板通电后三个发光二极管以下述方式工作。

① 通电后 LED1、LED2 和 LED3 都熄灭。

② 延时一段时间后 LED1 点亮。

③ 延时一段时间后 LED2 点亮，此时其他灯都处于熄灭状态。

④ 延时一段时间后 LED3 点亮，此时其他灯都处于熄灭状态。

⑤ 返回步骤②循环执行。

⑥ 在任何时间，当按下一次 SW1 按键后，便暂停跑马灯效果。直到再按下一次 SW1 按键后，跑马灯效果从暂停状态继续执行。

（3）上电后，LED1 ~ LED3 实现流水灯效果；通过按键 SW1（连接在 P2_1 口）产生外部中断，实现 LED1 ~ LED3 的流水灯暂停和启动。

七、启发与思考

拓展练习第二题中要实现跑马灯启停功能，为了产生暂停的效果，我们可以在整个程序中定义一个全局变量作为跑马灯的标志位，如：

unsigned char flag_ Pause=0;　　//跑马灯运行标志位，1 为暂停，0 为运行

将此标志位放到延时函数 delay( )中，使用 while（flag_Pause）;语句判断 flag_Pause 的值，当其为 1 时，while 语句会循环执行，起到暂停的效果。修改后的延时函数如下：

```
void delay(uint time)
{
    uint i;
    uchar j;
    for(i = 0; i < time; i++)
    {
        for(j = 0; j < 240; j++)
        {
            asm("NOP");      // asm 是内嵌汇编，NOP 是空操作，执行一个指令周期
            asm("NOP");
            Asm("NOP");
            while(flag_Pause);      //根据 flag_Pause 的值确定是否在此循环
        }
    }
}
```

最后，在外部中断处理函数中的 P0_1 端口识别代码中，修改 flag_Pause 标志位的值即可实现任务的功能。完整的 P0 口外部中断处理函数如下：

```
/******************方法一**************************/
#pragma vector = P0INT_VECTOR
__interrupt void P0_INT(void)
{

    P0IEN &=  ~0x02;            //关中断
    If(P0IFG & 0x02)          //如果 P0_1 口中断标志位置位
    {
      If(flag_Pause ==0)
      {
          flag_Pause =1;
      }
      else
      {
          flag_Pause =0;
```

```
        }
        P0IFG &=  ~0x02;      //清除 P0_1 口中断标志位
    }
    P0IF=0;               //清除 P0 口中断标志位
    P0IEN |= 0x02;   //开中断
}
```

```
/******************方法二*************************/
__interrupt void P0_INT(void)
{
    P0IEN &=  ~0x02;              //关中断
    if(P0IFG & 0x02)            //如果 P0_1 口中断标志位置位
    {
      flag_Pause = !flag_Pause;   //改变暂停标志位状态
      P0IFG &=  ~0x02;            //清除 P0_1 口中断标志位
    }
    P0IF=0;                //清除 P0 口中断标志位
    P0IEN |= 0x02;         //开中断
}
```

参考代码：

```
#include "ioCC2530.h"

#define LED1 P1_0
#define LED2 P1_1
#define LED3 P0_4

#define uint unsigned int
#define uchar unsigned char
uchar flag_Pause=0;//暂停 全局变量

void delay(uint time)
{
      uint i;
      uchar j;
      for(i = 0; i < time; i++)
      {
            for(j = 0; j < 250; j++)
            {
                  asm("NOP");     // asm 是内嵌汇编，NOP 是空操作，执行一个指令周期
                  asm("NOP");
                  asm("NOP");
                  while(flag_Pause);      // 根据 flag_Pause 的值确定是否在此循环
            }
      }
}
void Init(void)
{
```

```
    P1SEL &= ~0x03;        //设置 P1_0、P1_1 为普通 I/O
    P1DIR |=0x03;          //设置 P1_0、P1_1 为输出口
    P0SEL &= ~0X10;        //设置 P0_4 为普通 I/O
    P0DIR |=0X10;          //设置 P0_4 为输出口
    LED1=LED2=LED3=1;  //全部熄灭 LED
}
void LSD(void)
{
    LED1=0; LED2=1; LED3=1;    delay(1200);    //点亮 LED1 ，熄灭 LED2、LED3
    LED1=1; LED2=0; LED3=1;    delay(1200);    //点亮 LED2 ，熄灭 LED1、LED3
    LED1=1; LED2=1; LED3=0;    delay(1200);    //点亮 LED3 ，熄灭 LED2、LED1
}

void main(void)
{
    Init();  //初始化
    /***********************新增外部中断初始化*****************/
    PICTL |= 0x01;    //设置中断触发方式：1-上升沿触发
    P0IFG = 0;        //清除中断标志位
    P0IEN |= 0x02;  //开 P0_1 口中断
    IEN1 |= 0x20;    //开 P0 口中断
    EA = 1;          //开总中断
    /*********************************************************/
    while(1)       //程序主循环
    {
        LSD();
    }
}
/***********INT0 中断服务子程序*****************************/
#pragma vector = P0INT_VECTOR
__interrupt void P0_INT(void)
{

    P0IEN &= ~0x02;           //关中断
    if(P0IFG & 0x02)          //如果 P0_1 口中断标志位置位
    {
        if(flag_Pause ==0)
        {
            flag_Pause =1;
        }
        else
        {
            flag_Pause =0;
        }
        P0IFG &= ~0x02;    //清除 P0_1 口中断标志位
    }
    P0IF=0;                   //清除 P0 口中断标志位
    P0IEN |= 0x02;//开中断
}
```

任务 2.2　人员考勤系统综合功能开发

学习型任务单	任务 2.2　人员考勤系统综合功能开发
【任务描述】 某工厂在人员考勤时，有补打卡现象。用按键模拟任务需求。利用 SW1（P0_1）和 SW2（P2_0）中断控制 LED 流水灯实现不同效果，要求如下： （1）系统复位：LED 灯全部熄灭。 （2）按下 SW1，LED 以 LED1～LED3 循环方式流水亮灭。 （3）按下 SW1 后，若按下 SW2，LED1～LED3 闪烁 2 次，然后回到按下 SW1 状态下继续执行。	
【任务目标】 通过对 CC2530 中断系统的学习，进一步熟悉 CC2530 的中断系统结构，掌握 CC2530 单片机外部中断的使用方法。主要目标包括： （1）掌握 CC2530 外部中断的配置方法。 （2）掌握中断处理函数的编写方法。 （3）能够根据实际需要将 CC2530 的 I/O 端口配置成外部中断输入功能。 （4）能够配置中断优先级。	
【素养目标】 （1）培养学生在工作现场的 6S 意识和用电安全意识。 （2）爱惜工具，注意场地整洁。 （3）具备积极、主动的探索精神。	
【任务要求】 （1）通过学习，掌握以下知识点： ① 掌握 CC2530 中断源优先级的分组以及配置。 ② 熟悉 CC2530 单片机中断配置寄存器，能根据需要配置相关寄存器。 （2）基于 IAR 和 CC2530 开发板，编程实现通过中断优先级控制两个外部按键。通过学习，掌握以下技能点： ①根据实际需求，配置中断优先级。 ②能够编写外部中断的中断处理函数。 （3）拓展训练。	
【学习总结】	

一、相关知识

（一）中断嵌套概念

当有多个中断源向 CPU 提出中断请求时，中断系统采用中断嵌套的方式来依次处理各个中断源的中断请求，如图 2.2.1 所示。

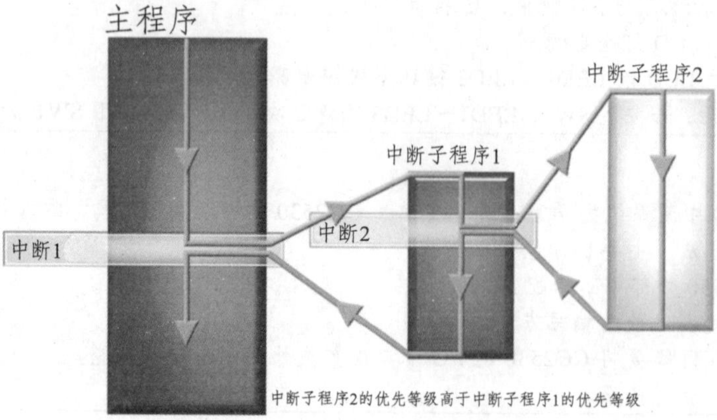

图 2.2.1　中断嵌套

（二）中断优先级的配置

中断嵌套过程中，CPU 通过中断源的中断优先级来判断优先为哪个中断源服务。中断优先级高的中断源可以打断优先级低的中断源的处理过程，而同级别或低级别的中断源请求不会打断正在处理的中断服务函数，要等到 CPU 处理完当前的中断请求，才能继续响应后续中断请求。为便于灵活运用，单片机各个中断源的优先级通常是可以通过编程设定的。

（三）CC2530 的中断优先级

CC2530 将 18 个中断源划分成 6 个中断优先级组 IPG0 ~ IPG5，每组包含 3 个中断源，如表 2.2.1 所示。

表 2.2.1　CC2530 中断源的优先级分组

组	中断源		
IPG0	RFEER	RF	DMA
IPG1	ADC	T1	P2INT
IPG2	URX0	T2	UTX0
IPG3	URX1	T3	UTX1
IPG4	ENC	T4	P1INT
IPG5	ST	P0INT	WDT

6 个中断优先级组可以分别被设置成 0～3 级，即由用户指定中断优先级，其中 0 级属于最低优先级，3 级为最高优先级。同时，为保证中断系统正常工作，CC2530 的中断系统还存在自然优先级，即：

（1）如果多个组被设置成相同级别，则组号小的要比组号大的优先级高。

（2）同一组中所包含的 3 个中断源，最左侧的优先级最高，最右侧的优先级最低。

（3）要将 6 个中断优先级组设置成不同优先级别，使用的是 IP0 和 IP1 两个寄存器，其定义如表 2.2.2 所示。

表 2.2.2　IPX 寄存器的定义

位	位名称	复位值	操作	描述
7:6	--	00	R/W	不使用
5	IPx_IPG5	0	R/W	中断组 5 优先级控制位
4	IPx_IPG4	0	R/W	中断组 4 优先级控制位
3	IPx_IPG3	0	R/W	中断组 3 优先级控制位
2	IPx_IPG2	0	R/W	中断组 2 优先级控制位
1	IPx_IPG1	0	R/W	中断组 1 优先级控制位
0	IPx_IPG0	0	R/W	中断组 0 优先级控制位

要为优先级组设置优先级别，可参照表 2.2.3 来配置 IP0 和 IP1。

表 2.2.3　优先级设置

IP1_X	IP0_X	优先级
0	0	0——最低优先级
0	1	1
1	0	2
1	1	3——最高优先级

案例 2.2.1：设置 P0INT > P1INT>P2INT。

解：如图 2.2.2 所示，设置 P0INT 优先级为 3，P1INT 为 2，P2INT 为 1，其余为 0。

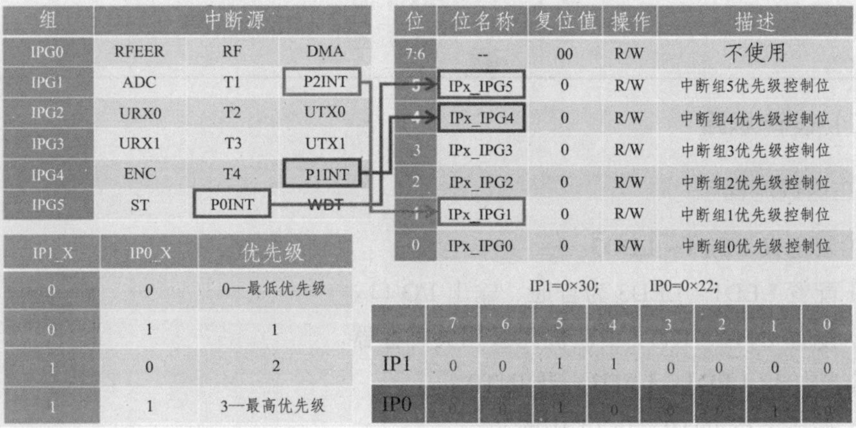

图 2.2.2　优先级设置

使用以下代码可以实现。

```
IP1 = 0X30; //IPG5 级别为 3，IPG4 级别为 2，IPG1 级别为 1
IP0 = 0X22; //其他组级别为 0
```

二、任务实施

微课 2.4 中断优先级

（一）功能要求

利用 SW1 和 SW2 中断控制 LED 流水灯实现不同效果，要求如下：

（1）系统复位：LED 灯全部熄灭。

（2）按下 SW1，LED 以 LED1 ~ LED3 循环方式流水亮灭。

（3）按下 SW1 后，若按下 SW2，LED1 ~ LED3 闪烁 2 次，然后回到按下 SW1 状态下继续执行。

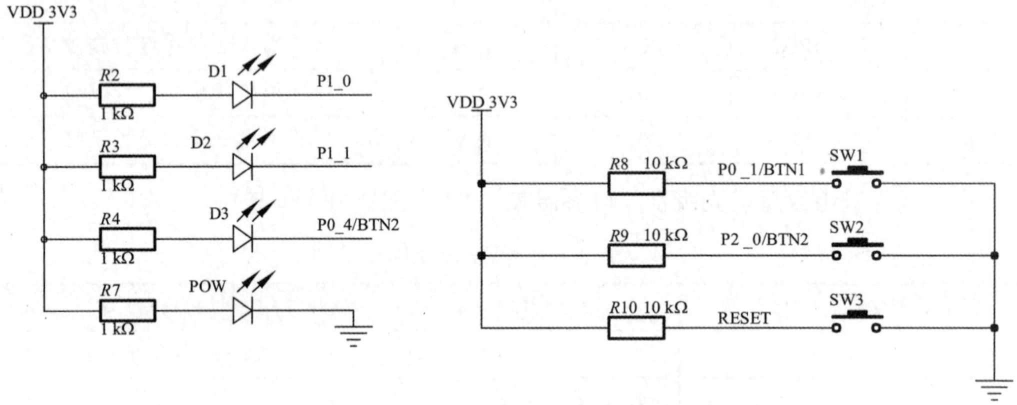

图 2.2.3　按键和 LED 电路图

本任务要求在 SW1（P0_1）按下后，被 SW2（P2_0）抢断，故 P0_1 和 P2_0 端口都可以采用中断处理方式。可以根据 CC2530 系统中断优先级的要求，配置 IP1 和 IP0 寄存器。经配置后，使得 SW2（P2_0）的 P2INT 优先级高于 SW1（P0_1）的 P0INT。

```
IP1 = 0x02;
IP0 = 0x02;
```

（二）设计思路

1. 主函数流程

（1）宏定义 LED1 ~ LED3。

（2）配置 LED1 ~ LED3 为普通、输出 I/O 口。

（3）配置 INT0、INT2 中断优先级相关寄存器。

（4）初始化 LED1 ~ LED3，开 INT0。

（5）循环等待 INT0、INT1 中断。

2. 中断服务函数流程

1）INT2 中断服务程序

（1）关闭 INT1 中断。

（2）清中断标志位。

（3）流水控制 LED 亮灭。

（4）使能 INT2 中断。

（5）中断返回。

2）INT0 中断服务程序

（1）关闭 INT0 中断。

（2）清中断标志位。

（3）LED 灯亮灭两次。

（4）使能 INT0 中断。

（5）中断返回。

（三）关键代码

1. INT0 中断初始化程序

可参考项目二任务 2.1 相关代码。

2. INT0 中断服务程序

根据任务需求，按下 SW1，LED 以 LED1～LED3 循环方式流水亮灭。这里采用 switch-case 语句实现流水灯三种方式的显示。

```
#pragma vector = P0INT_VECTOR
__interrupt void P0_ISR()
{
  //关中断
  P0IEN &=  ~0x02;
  //清除中断标志位
  P0IF = 0;
  P0IFG = 0;
  while(1)//倒计数延时
  {
    dcount--;
    if(dcount ==0)
    {
      ++lcount;
      dcount = 30000;
    }
```

```
    switch(lcount)
    {
      case 1:LED3 = 0;   LED2 = 1; LED1 = 1; break;
      case 2:LED3 = 1;   LED2 = 0; LED1 = 1; break;
      case 3:LED3 = 1;   LED2 = 1; LED1 = 0; lcount=0;   break;
    }
  }
  P0IEN|=0x02;
}
```

3. INT2 中断初始化程序

配置 P2_0 的中断初始化需要的寄存器有：PICTL、P2IFG、P2IEN、IEN2。其中，PICTL 的第 3 位设置 P2_4 到 P2_0 中断触发方式选择；P2IFG 为 P2 口的中断标志位；P2IEN 的第 0 位设置 P2_0（SW2）的中断使能；IEN2 第 1 位设置 P2 端口的中断使能。

```
void InitP2INT()//SW2（P2_0）中断初始化相关寄存器
{
  PICTL |= 0x08; //设置 INT0 触发方式
  P2IFG &=0x00;
  P2IEN |=0x01;//p2_0 开中断
  IEN2   |=0x02;//P2 开中断
}
```

4. INT2 中断服务程序

```
#pragma vector = P2INT_VECTOR
__interrupt void P2_ISR()
{
    //关中断
    P2IEN &= ~ 0x01; // p2_0 关中断
    //清除中断标志位
    P2IFG &= ~ 0x01;
    P2IF=0;
    //切换 LED 灯的状态：闪烁两次
    LED1 = 0;   LED2 = 0;   LED3 = 0;   delay();
    LED1 = 1;   LED2 = 1;   LED3 = 1;   delay();
    LED1 = 0;   LED2 = 0;   LED3 = 0;   delay();
    LED1 = 1;   LED2 = 1;   LED3 = 1;   delay();
    P2IEN |=0x01;//p2_0 开中断
}
```

三、考核与评价

人员考勤系统综合功能开发任务训练的评分表如表 2.2.4 所示。

表 2.2.4　人员考勤系统综合功能开发任务训练的评分表

一级指标	二级指标	分值	扣分点及扣分原因	单项分值	得分
训练过程（80%）	计划与准备	10	做好测试前的准备，不进行清点接线、设备、材料等操作扣除 2 分	5	
			带电插拔元器件扣除 1 分	5	
	电路分析	20	CC2530 引脚功能	5	
			LED 灯与 CC2530 引脚的关系	5	
			LED 灯与电平的关系		
			中断优先级的分析	10	
	代码设计	30	正确建立工程	5	
			编写流程图	5	
			程序设计，包括引用头文件、设计延时程序、初始化 I/O、中断处理函数、主程序代码设计等	20	
	职业素养	10	编程过程中及结束后，桌面及地面不符合 7S 基本要求的扣除 3～5 分	10	
		10	对耗材浪费，不爱惜工具，扣除 3 分；损坏工具、设备扣除本大项的 20 分；发生严重违规操作或作弊，取消成绩	10	
训练结果（20%）	实作结果及质量	20	工艺和功能验证	10	
			撰写考核记录报告	10	
总计		100			

四、任务小结

（1）CPU 在某一时刻只能处理一件事情，为满足多个中断源的中断请求，中断系统采用中断嵌套和中断优先级来管理中断处理过程。高优先级中断能打断低优先级中断处理过程。

（2）CC2530 的 18 个中断源以 3 个为一组，共分为 6 组，可为每组单独设定中断优先级，共有 4 级可以选择。属于同级的中断源，还存在自然优先级。

（3）CC2530 的 I/O 口都能配置成外部中断功能，提供了上升沿触发和下降沿触发两种触发方式。

（4）要使用中断功能，必须使能中断总开关 EA，同时使能各个中断源的自身控制开关。

（5）当某个中断源向 CPU 提出中断请求时，会将自身的中断标志位自动置位。对于外部中断来说，需要在中断服务函数中手工清除中断标志位，以免 CPU 重复响应中断请求。

（6）在外部中断中，可根据外部中断状态寄存器来判断引起中断的具体引脚是哪一个，同时也应在中断服务函数中清除相应的标志位。

【思政小课堂】

轻重缓急 无为而有为

马克思主义哲学唯物辩证法认为，主要矛盾在事物发展中起决定作用，我们办事情要抓主要矛盾，坚持两点论与重点论相结合的方法，要抓关键、抓中心、抓重点。同学们了解到中断优先级需在自然优先级的基础上进行程序配置，要等到 CPU 处理完当前的中断请求，才能继续响应后续中断请求。这告诉我们一个道理，做事要讲究轻重缓急、分清主次，注重抓关键、抓中心、抓重点的方法论，择其重者先为之，其不重者而后为之。只有确定了事情的轻重缓急，才能找到正确的做事顺序，把有限的时间和精力集中到最有价值的工作中，有序提高工作效率，做好职业规划。也如《孟子》所说“人有不为也，而后可以有为”，一定要舍弃一些事不做，然后才能成就大事。

五、参考代码

```
/*****************************************************************************
* 文 件 名: main.c
* 描    述: 利用 SW1 和 SW2 中断控制 LED 流水灯实现不同效果，要求如下:
  (1)系统复位：LED 灯全部熄灭。
  (2)按下 SW1，LED 以 LED1～LED3 循环方式流水亮灭。
  (3)按下 SW1 后，若按下 SW2，LED1～LED3 闪烁 2 次，然后回到按下 SW1 状态下继续执行。
*****************************************************************************/
//包含头文件
#include "ioCC2530.h"
//宏定义有关 I/O 口
#define SW2     P2_0
#define SW1     P0_1
#define LED1    P1_0
#define LED2    P1_1
#define LED3    P0_4

//定义流水灯标识符
int flag = 0;
int ledstate = 0;
int lcount = 1;
long int dcount = 30000;
/****************************************************************************/
void delay()
{
  int i, j;
  for(i=0;i<100;i++)
     for(j=0;j<1000;j++);
```

```
}
/***************************************************************************/
void InitLED()
{
  //初始化 I/O 口相关寄存器
  P1SEL &=  ~0xC2;   //配置 LED1, LED2
  P1DIR |= 0x03;

  P0SEL &=  ~0x10;//配置 LED3
  P0DIR |= 0x10;

  //初始化 I/O 口
  LED1 = 1;
  LED2 = 1;
  LED3 = 1;
}
/***************************************************************************/
void InitP2INT()//SW2（P2_0）中断初始化相关寄存器
{
  PICTL |= 0x08; //设置 INT0 触发方式
  P2IFG &=0x00;
  P2IEN |=0x01;//p2_0 开中断
  IEN2   |=0x02;//P2 开中断
}
/***************************************************************************/
void InitP0INT()//SW1（P0_1）中断初始化相关寄存器
{
  PICTL |= 0x01;   //设置中断触发方式：1——下降沿触发
  P0IFG = 0;         //清除中断标志位
  P0IEN |= 0x02;   //开 P0_1 口中断
  IEN1 |= 0x20;    //开 P0 口中断
  EA = 1;//使能全局中断
}
/***************************************************************************/
void main()
{
  InitLED();//初始化 LED
  InitP2INT();//SW2（P2_0）中断初始化相关寄存器
  InitP0INT();//SW1（P0_1）中断初始化相关寄存器
  IP1 = 0x02;   //设置 SW2（P2_0）优先级高于 SW1（P0_1）
  IP0 = 0x02;
  while(1);
}

#pragma vector = P2INT_VECTOR
__interrupt void P2_ISR()
{
  //关中断
```

```
  P2IEN &=~0x01; // p2_0 关中断
  //清除中断标志位
  P2IFG &=~0x01;
  P2IF=0;
  //切换 LED 灯的状态：闪烁两次
  LED1 = 0;   LED2 = 0;   LED3 = 0;   delay();
  LED1 = 1;   LED2 = 1;   LED3 = 1;   delay();
  LED1 = 0;   LED2 = 0;   LED3 = 0;   delay();
  LED1 = 1;   LED2 = 1;   LED3 = 1;   delay();
  P2IEN |=0x01;//p2_0 开中断
}

#pragma vector = P0INT_VECTOR
__interrupt void P0_ISR()
{
  //关中断
  P0IEN &=  ~0x02;
  //清除中断标志位
  P0IF = 0;
  P0IFG = 0;
  while(1)//倒计数延时
  {
    dcount--;
    if(dcount ==0)
    {
      ++lcount;
      dcount = 30000;
    }
    switch(lcount)
    {
      case 1:LED3 = 0;   LED2 = 1; LED1 = 1; break;
      case 2:LED3 = 1;   LED2 = 0; LED1 = 1; break;
      case 3:LED3 = 1;   LED2 = 1; LED1 = 0; lcount=0;   break;
    }
  }
  P0IEN|=0x02;   //开 SW1 中断
}
```

六、拓展训练

利用 SW1 和 SW2 中断控制 LED 流水灯实现不同效果，要求如下：

（1）系统复位：LED 灯全部熄灭。

（2）按下 SW2，LED 以 LED1 ~ LED4 循环方式流水亮灭。

（3）按下 SW2 后，若按下 SW1，LED1 ~ LED4 闪烁 2 次，然后回到按下 SW2 状态下继续执行。

七、启发与思考

若任务里 SW2 是 INT1 触发，中断优先抢断如何实现？参考代码如下：

```
//包含头文件
#include  "ioCC2530.h"
//宏定义有关 I/O 口
#define SW2     P0_1
#define SW1     P1_2
#define LED1    P1_0
#define LED2    P1_5
#define LED3    P1_3
#define LED4    P1_4
//定义流水灯标识符
int flag = 0;
int ledstate = 0;
int lcount = 1;
long int dcount = 30000;

void delay()
{
    int i,j;
    for(i=0;i<1000;i++)
      for(j=0;j<1000;j++);
}

void main()
{
    //初始化 I/O 口相关寄存器
    P1SEL &= 0xC2;
    P1DIR |= ~0xC2;
    P1DIR &= 0xFB;
    P0SEL &= 0xFD;
    P0DIR |= ~0xFD;
    //初始化 I/O 口
    LED1 = 0;
    LED2 = 0;
    LED3 = 0;
    LED4 = 0;
    //初始化中断相关寄存器
```

```
    PICTL &= 0x00;  //设置中断触发方式：0-上升沿触发
    P0IFG = 0;        //清除中断标志位
    P0IEN |= 0x02;  //开 P0_1 口中断
    IEN1 |= 0x20;   //开 P0 口中断
    P1IFG = 0;        //清除中断标志位
    P1IEN |= 0x04;  //开 P1_2 口中断
    IEN2 |= 0x10;   //开 P1 口中断
    IP1 = 0x20;      //设置中断优先级
    IP0 = 0x20;
    EA = 1;           //开总中断
    while(1);
}

#pragma vector = P0INT_VECTOR
__interrupt void P0_ISR()
{
    //关中断
    P0IEN &= ~0x02;
    //清除中断标志位
    P0IF = 0;
    P0IFG = 0;
    //切换 LED 灯的状态
    LED1 = 1;
    LED2 = 1;
    LED3 = 1;
    LED4 = 1;
    delay();
    //开中断
    P0IEN |= 0x02;
}

#pragma vector = P1INT_VECTOR
__interrupt void P1_ISR()
{
    P1IEN &= ~0x04;
    //清除中断标志位
    P1IF = 0;
    P1IFG = 0;
    LED3 = 1;  LED4 = 1; LED1 = 1; LED2 = 1;
```

```
    while(1)
    {
      dcount--;
      if(dcount ==0)
      {
        ++lcount;
        dcount = 30000;
      }
      switch(lcount)
      {
        case 1:LED3 = 0;   LED4 = 1; LED1 = 1; LED2 = 1; break;
        case 2:LED3 = 1;   LED4 = 0; LED1 = 1; LED2 = 1; break;
        case 3:LED3 = 1;   LED4 = 1; LED1 = 0; LED2 = 1; break;
        case 4:LED3 = 1;   LED4 = 1; LED1 = 1; LED2 = 0; lcount=0;   break;
      }
    }
    P1IEN |= 0x04;
}
```

项目三　智慧工厂停车管理系统

动画 项目三 智慧工厂停车管理系统

课堂教学 基于 T1 实现入场计时功能开发

任务 3.1　基于 T1 实现入场计时功能开发

<table>
<tr><td>学习型任务单</td><td>任务 3.1 基于 T1 实现入场计时功能开发</td></tr>
<tr><td colspan="2">【任务描述】
当今社会停车场都具有计算停车时间功能，这样便于计算停车所需要的费用。本任务就是通过 LED1 周期性闪烁模拟车辆入场开启闸门的场景功能。假设岗亭放行一辆轿车时间为 2 s，其中读取车牌是 0.5 s，开启闸门和车辆通行时间为 1.5 s。开发板上效果为：
（1）通电后 LED1 每隔 2 s 闪烁一次。
（2）LED1 每次闪烁点亮时间为 0.5 s，熄灭时间为 1.5s。</td></tr>
<tr><td colspan="2">【任务目标】
通过车辆入场开始计时的例子，熟悉 CC2530 单片机内部定时/计数器，熟悉定时器 T1 功能的设置与使用，掌握编程技巧，主要目标包括：
（1）理解 CC2530 单片机定时器/计数器的概念，掌握定时器/计数器的工作原理。
（2）综合运用相关知识，完成车辆入场计时功能程序的编程及调试。</td></tr>
<tr><td colspan="2">【素养目标】
（1）培养学生在工作现场的 6S 意识和用电安全意识。
（2）爱惜工具，注意场地整洁。
（3）具备积极、主动的探索精神。</td></tr>
<tr><td colspan="2">【任务要求】
（1）通过学习，掌握以下知识点：
① 进一步熟悉 CC2530 的基本逻辑结构图。
② 进一步熟悉 CC2530 单片机的 I/O 口。
③ 熟悉 CC2530 单片机定时器/计数器的配置寄存器，能根据需要配置相关寄存器。
（2）通过学习，掌握以下技能点：
根据实际应用对定时器/计数器进行定时或计数
（3）拓展训练。</td></tr>
<tr><td colspan="2">【学习总结】</td></tr>
</table>

一、相关知识

微课 3.1 定时器/计数器概念

（一）定时器/计数器

定时器/计数器是一种对时钟信号或外部输入信号进行计数，当计数值达到设定要求时便向 CPU 提出处理请求，从而实现定时或计数功能的外设。在单片机中，一般使用 Timer 表示定时/计数器。

1. 定时器/计数器的作用

定时器/计数器的基本功能是实现定时和计数，且在整个工作过程中不需要 CPU 进行过多的参与，它的出现将 CPU 从相关任务中解放出来，提高了 CPU 的使用效率。例如，之前实现 LED 灯闪烁采用的是软件延时方法，在延时过程中，CPU 通过执行循环指令来消耗时间，在整个延时过程中会一直占用 CPU，降低了 CPU 的工作效率。若使用定时器/计数器来实现延时，则在延时过程中 CPU 可以执行其他工作任务。CPU 与定时器/计数器之间的交互关系如图 3.1.1 所示。

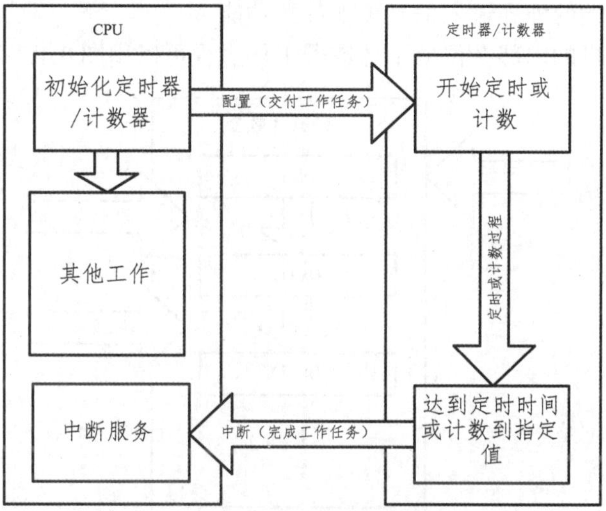

图 3.1.1　CPU 与定时器/计数器交互

1）定时器功能

对规定时间间隔的输入信号的个数进行计数，当计数值达到指定值时，说明定时时间已到。其输入信号一般使用内部的时钟信号。

2）计数器功能

对任意时间间隔的输入信号的个数进行计数，一般用来对外界事件进行计数。其输入信号一般来自单片机外部开关型传感器，可用于生产线产品计数、信号数量统计和转速测量等方面。

3）捕获功能

对规定时间间隔的输入信号的个数进行计数，当外界输入有效信号时，捕获计数器的计数值。该功能通常用来测量外界输入脉冲的脉宽或频率，需要在外界输入信号的上升沿和下降沿进行两次捕获，通过计算两次捕获的差值可以计算出脉宽或周期等信息。

4）比较功能

当计数值与需要进行比较的值相同时，向 CPU 提出中断请求或改变 I/O 口输出控制信号。该功能一般用来控制 LED 灯亮度或电机转速。

5）PWM（脉冲宽度调制）功能

对规定时间间隔的输入信号的个数进行计算，根据设定的周期和占空比从 I/O 端口输出控制信号。一般用来控制 LED 灯亮度或电动机的转速。

动画 定时器/计数器的工作原理

2. 定时器/计数器的基本工作原理

无论使用定时器/计数器的哪种功能，其最基本的工作原理是计数。定时器/计数器的核心是一个计数器，可以进行加 1（或减 1）计数，每出现一个计数信号，计数器就自动加 1（或自动减 1）。当计数值从 0 变成最大值（或从最大值变成 0）溢出时，定时器/计数器便向 CPU 提出中断请求。计数信号的来源可选择周期性的内部时钟信号（如定时功能）或非周期性的外界输入信号（如计数功能）。

一个典型单片机的内部 8 位减 1 计数器工作过程可以用图 3.1.2 表示。

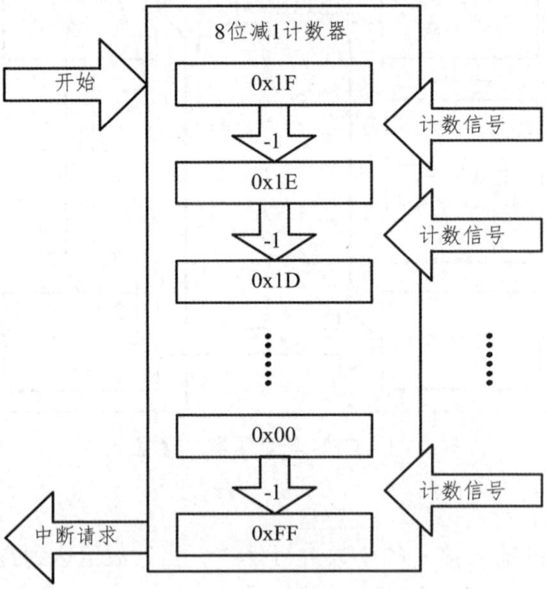

图 3.1.2　8 位减 1 计数器工作过程

（二）定时器/计数器的分类

CC2530 包括 5 个定时器/计数器，分别是定时器 1、定时器 2、定时器 3、定时器 4 和睡眠定时器。

1. 定时器 1

定时器 1 是一个 16 位定时器，是功能最全的定时器/计数器。主要具有以下功能：

（1）支持输入捕获功能，可选择上升沿、下降沿或任何边沿进行输入捕获。

（2）支持输出比较功能，输出可选择设置、清除或切换。

（3）支持 PWM 功能。

（4）具有 5 个独立的捕获/比较通道，每个通道使用一个 I/O 引脚。

（5）具有自由运行、模、正计数/倒计数 3 种不同的工作模式。

（6）具有可被 8、32 或 128 整除的时钟分频器，为计数器提供计数信号。

（7）能在每个捕获/比较和最终计数上产生中断请求。

（8）能触发 DMA 功能。

2. 定时器 2

定时器 2 主要用于为 IEEE 802.15.4 CSMA/CA 算法提供定时，以及为 IEEE 802.15.4 MAC 层提供一般的计时功能，也称为 MAC 定时器。用户一般不使用该定时器。

3. 定时器 3 和定时器 4

定时器 3 和定时器 4 都是 8 位定时器，可用于 PWM 控制。主要具有以下功能：

（1）支持输入捕获功能，可选择上升沿、下降沿或任何边沿进行输入捕获。

（2）支持输出比较功能，输出可选择设置、清除或切换。

（3）具有两个独立的捕获/比较通道，每个通道使用一个 1/O 引脚。

（4）具有自由运行、模、正计数/倒计数、倒计数 4 种不同的工作模式。

（5）具有可被 1、2、4、8、16、32、64 或 128 整除的时钟分频器，为计数器提供计数信号。

（6）能在每个捕获/比较和最终计数上产生中断请求。

（7）能触发 DMA（直接存储器访问）功能。

4. 睡眠定时器

睡眠定时器是一个 24 位正计数定时器，运行在 32 kHz 的时钟频率下，支持捕获/比较功能，能够产生中断请求和 DMA 触发。睡眠定时器主要用于设置系统进入和退出低功耗睡眠方式的周期，还用于低功耗睡眠模式时维持定时器 2 的定时。

（三）工作模式

微课 3.2 定时器/计时器的工作模式

CC2530 的定时器 1 只具备“自由运行”“模”和“正计数/倒计数”3 种不同的工作模式。定时器 3 和定时器 4 还具有单独的倒计数模式。此处以定时器 1 为例进行介绍。

1. 自由运行模式

在自由运行模式下，计数器从 0x0000 开始，在每个活动时钟边沿增加 1，当计数器达到 0xFFFF 时溢出，计数器重新载入 0x0000 并开始新一轮的递增计数，如图 3.1.3 所示。

自由运行模式的计数周期是固定值 0xFFFF，当计数器达到最终计数值 0xFFFF 时，系统自动设置标志位 IRCON.T1IF 和 T1STAT.OVFIF。如果用户设置了相应的中断屏蔽位 TIMIF.T1OVFIM 和 IEN1.T1EN，将产生一个中断请求。

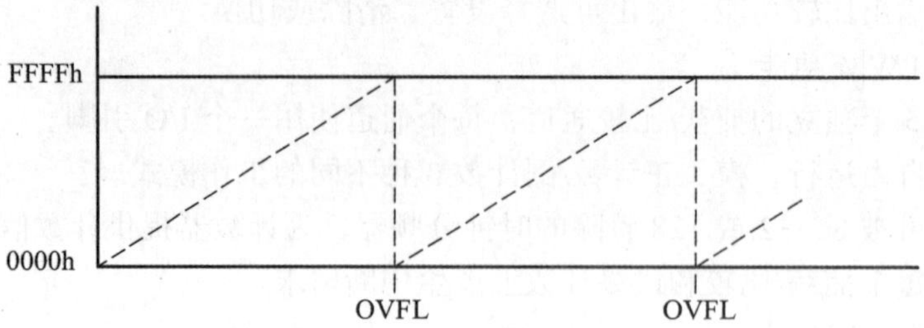

图 3.1.3　自由运行模式

2. 模模式

在模模式下，计数器从 0x0000 开始，在每个活动时钟边沿增加 1，当计数器达到 T1CC0 寄存器保存的值时溢出，计数器将复位到 0x0000 并开始新一轮递增计数，如图 3.1.4 所示。

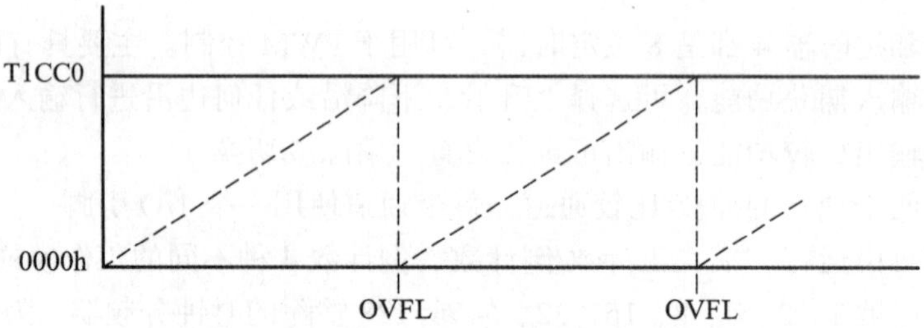

图 3.1.4　模模式

计数溢出后，将置位相应标志位。如果设置了相应的中断使能，则会产生一个中断请求。T1CC0 由两个寄存器 T1CC0H 和 T1CC0L 构成，分别用来保存最终计数值的高 8 位和低 8 位。模模式的计数周期不是固定值，可由用户自行设定，以便获取不同时长的定时时间。

定时器 3 和定时器 4 的倒计数模式类似于模模式，只不过计数值是从最大计数值向 0x00 倒序计数。

3. 正计数/倒计数模式

在正计数/倒计数模式下，计数器反复从 0x0000 开始，正计数到 T1CC0 保存的最终计数值，然后倒计时返回 0x0000，如图 3.1.5 所示。

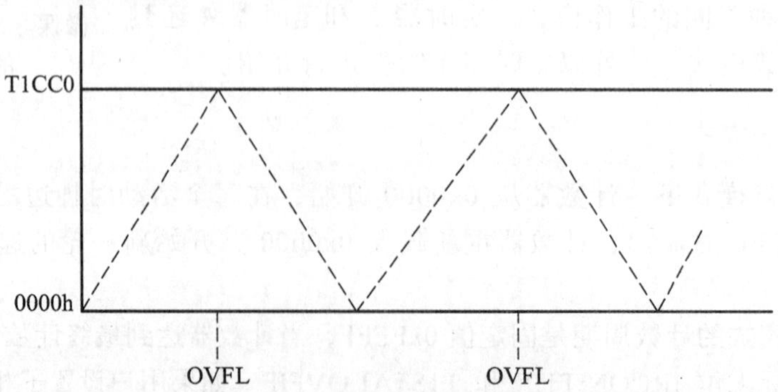

图 3.1.5　正计数/倒计数模式

在正计数/倒计数模式下，计数器在达到最终溢出，并置位相关标志位后，若用户已使能相关中断，则会产生中断请求。这种模式用来进行 PWM 控制时可以实现中心对称的 PWM 输出。

注意：自由运行模式的溢出值为 0xFFFF，是不可变的，而其他两种模式则可以通过对 T1CC0 赋值，精确控制定时器的溢出值。

（四）CC2530 单片机 T1 定时器相关寄存器

T1CTL：分频设定寄存器，决定定时器 1 的分频系数。

T1CCxH：最大计数值高位寄存器，x 代表定时器 1 通道号，取值 0 ~ 4。

T1CCxL：最大计数值低位寄存器，x 代表定时器 1 通道号，取值 0 ~ 4。

T1CNTH：读取定时器 1 当前计数值高位寄存器。

T1CNTL：读取定时器 1 当前计数值低位寄存器。

IEN1：定时器中断使能寄存器，IEN1 中 T1IE 位用来设定定时器 1 的使能。

二、任务实施

（一）功能要求

本任务就是通过 LED1 周期性闪烁模拟车辆入场开启闸门的场景功能：通电后 LED1 每次闪烁点亮时间为 0.5 s，即模拟闸机读取车牌时间；LED1 每次闪烁熄灭时间为 1.5 s，即模拟闸机开启和放行车辆的时间。

微课 3.3 基于 T1 定时 1 s 周期 LED 灯闪烁

（二）设计思路

选用定时器 1，让其每隔固定时间产生一次中断请求，在定时器 1 的服务处理函数中判断时间是否达到 1.5 s，如果达 1.5 s 则直接在服务处理函数中点亮 LED1，当达到 2 s 时再熄灭 LED1。CC2530 单片机 T 1 定时器配置如图 3.1.6 所示。

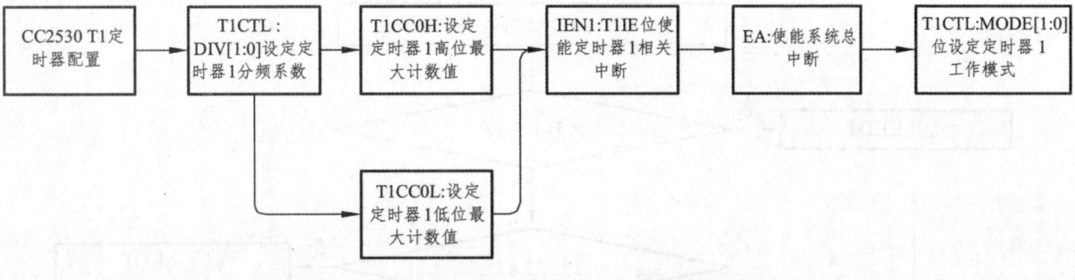

图 3.1.6　CC2530 单片机 T1 定时器配置

在中断方式下，对定时器 1 进行初始化配置可参照图 3.1.7 所示步骤。

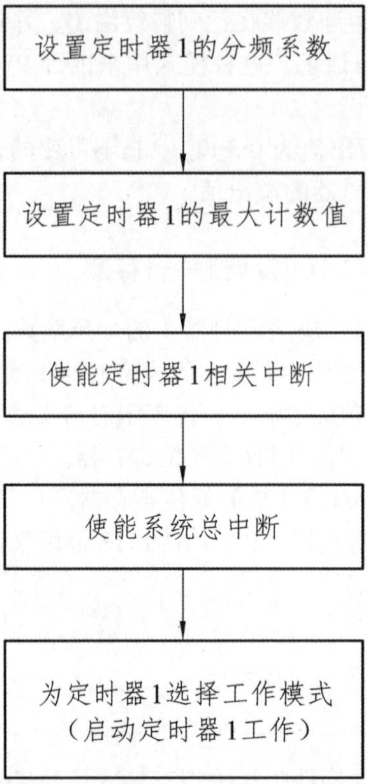

图 3.1.7　CC2530 单片机 T1 初始化步骤

如果采用查询方式实现，则只需要对定时器 1 进行初始化配置的编写。此时只需要设置定时器 1 的分频系数，选择工作模式（即对 T1CTL 寄存器的值进行设置）即可。定时器 1 中断处理函数的处理流程如图 3.1.8 所示。

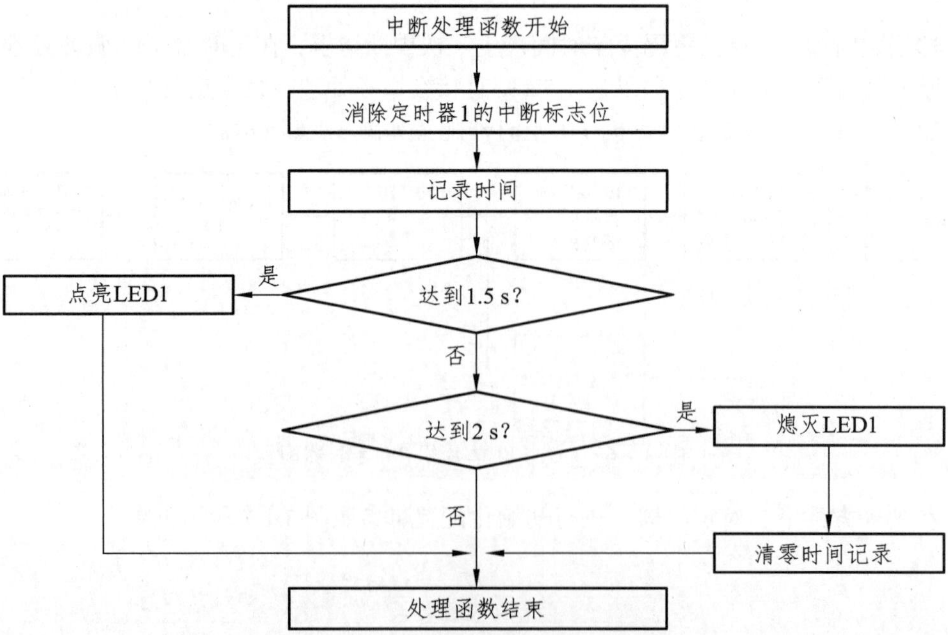

图 3.1.8　T1 中断处理函数处理流程

（三）关键代码

1. 初始化定时器 T1

1）设置定时器 1 分频系数

定时器 1 的计数信号来自 CC2530 内部系统时钟信号的分频，可选择 1、8、32 或 128 分频。CC2530 上电后，默认使用内部频率为 16 MHz 的 *RC* 振荡器，也可以使用外接的晶体振荡器，一般为 32 MHz 频率的晶振。

定时器 1 采用 16 位计数器，最大计数值为 0xFFFF，即 65535。当使用 16 MHz 的 *RC* 振荡器时，如果使用最大分频 128 分频，则定时器 1 的最大定时的时长为 524.28 ms。

设置定时器 1 的分频系数需要使用 TICTL 寄存器，通过设置 DIV[0:1]两位的值为定时器选择分频系统，T1CTL 寄存器描述如表 3.1.1 所示。

表 3.1.1　T1CTL 寄存器——定时器 1 控制与状态

位	位名称	复位键	操作	描述
7:4	——	0000	R0	未使用
3:2	DIV[1:0]	00	R/W	定时器 1 分频设置： 00：1 分频； 01：8 分频； 10：32 分频； 11：128 分频
1:0	MODE[1:0]	00	R/W	定时器 1 工作模式设置： 00：暂停运行； 01：自由模式运行； 10：模模式； 11：正计数/倒计数模式

设定定时器 1 选择 128 分频，代码设置如下：

```
T1CTL | = 0x0c;   //定时器 1 时钟频率 128 分频
```

2）配置定时器 1 最大计数值

根据 CC2530 时钟源的选择和定时器 1 的分频选择可知定时器 1 最大定时时长为 0.524 28 s。为了便于计算，可设置定时器 1 的定时时长为 0.25 s，并计算出计数最大值，如下式：

$$\text{最大计数值}=\frac{\text{定时时长}}{\text{定时器计数周期}}=\frac{0.25\ \text{s}}{\dfrac{1}{16\ \text{MHz}}\times 128}=31\,250=0\text{x}7\text{A}12$$

使用定时器 1 的定时功能时，使用 T1CC0H 和 T1CC0L 两个寄存器存储最大计数值的高 8 位和低 8 位。T1CCxH 和 T1CCxL 共 5 对，分别对应定时器 1 的通道 0～4，这两个寄存器的功能描述如表 3.1.2 和表 3.1.3 所示。

表 3.1.2　T1CCxH 寄存器

位	位名称	复位值	操作	描述
7:0	T1CCx[15:8]	0x00	R/W	定时器 1 通道 0 到通道 4 比较值到高位字节

表 3.1.3　T1CCxL 寄存器

位	位名称	复位值	操作	描述
7:0	T1CCx[7:0]	0x00	R/W	定时器 1 通道 0 到通道 4 比较值到低位字节

在程序设计中，应先写低位寄存器，再写高位寄存器。例如，设置定时器 1 计数初值 0x7A12 代码如下：

```
T1CC0L=0x12;            //设置最大计数值的低 8 位
T1CC0H=0x7A;            //设置最大计数值的高 8 位
```

3）使能定时器中断功能

通过查询或者中断方式可以使能定时器 1。

（1）查询方式。

使用代码读取定时器 1 当前值，在程序中根据数值大小确定执行的操作，相关寄存器如下表 3.1.4、表 3.1.5 所示。

表 3.1.4　T1CCNTH 寄存器

位	位名称	复位值	操作	描述
7：0	CNT[15:8]	0X00	R/W	定时器 1 高位字节。 在读 T1CNTL 时，计数器的高位字节缓冲到该寄存器

表 3.1.5　T1CNTL 寄存器

位	位名称	复位键	操作	描述
7：0	CNT[7：0]	0x00	R/W	定时器 1 低位字节。 向该寄存器写任何值将导致计数器被清除为 0x0000

当读取 T1CNTL 寄存器时，计数器的高位字节会被缓冲到 T1CNTH 寄存器，以便高位字节可以从 T1CNTH 中读出，因此在程序中应先读取 T1CNTL 寄存器，然后读取 T1CNTH 寄存器。

（2）中断方式。

定时器 1 有 3 种情况能产生中断请求：

① 计数器达到最终计数值（自由运行模式下达到 0xFFFF，正计数/倒计数模式下达到 0x0000）。

② 输入捕获事件。

③ 输出比较事件（模模式时使用）。

要使用定时器的中断方式，必须使能各个相关中断控制位。CC2530 中定时器 1 ~ 4

的中断使能位分别是 IEN1 寄存器中的 T1IE、T2IE、T3IE 和 T4IE。由于 IEN1 寄存器可以进行位寻址，因此使能定时器 1 中断可以采用以下代码：

```
T1IE=1;        //使能定时器 1 中断
```

除此之外，定时器 1、定时器 3 和定时器 4 还分别拥有一个计数溢出中断屏蔽位，分别是 T1OVFIM、T3OVFIM 和 T4OVFIM。当这些位被设置成 1 时，对应定时器的计数溢出中断便被使能，这些位都可以进行位寻址。

T1OVFIM 位于 TIMIF 寄存器中第 6 位，如表 3.1.6 所示。

表 3.1.6　TIMIF 寄存器

位	位名称	复位键	操作	描述
7	——	0	R0	未使用
6	T1OVFIM	1	R/W	定时器 1 溢出中断屏蔽
5	T4CH1IF	0	R/W0	定时器 4 通道 1 中断标志 0：无中断未决；1：中断未决
4	T4CH0IF	0	R/W0	定时器 4 通道 0 中断标志 0：无中断未决；1：中断未决
3	T4OVFIF	0	R/W0	定时器 4 溢出中断标志 0：无中断未决；1：中断未决
2	T3CH1IF	0	R/W0	定时器 3 通道 1 中断标志 0：无中断未决；1：中断未决
1	T3CH0IF	0	R/W0	定时器 3 通道 0 中断标志 0：无中断未决；1：中断未决
0	T3OVFIF	0	R/W0	定时器 3 溢出中断标志 0：无中断未决；1：中断未决

不过一般用户不需要对其进行设置，因为这些位在 CC2530 上电时的初始值就是 1。如果要手工设置，可以用以下代码实现：

```
T1OVFIM=1;        //使能定时器 1 溢出中断
```

最后要使能系统总中断 EA：

```
EA=1;        //使能总中断
```

4）设置定时器 1 工作模式

由于需要手工设置最大计数值，因此可为定时器 1 选择工作模式为正计数/倒计数模式。此时只需设置 T1CTL 寄存器中的 MODE[1:0]位即可。一旦设置了定时器 1 的工作模式（MODE[1:0]为非零值），则定时器 1 立刻开始定时计数工作。其设置代码如下：

```
T1CTL |= 0x03; //定时器 1 采用正计数/倒计数模式
```

最后，定时器 1 初始化代码：

```
//初始化定时器 T1 的配置寄存器
T1CTL |= 0x0C ;      //128 分频，正计数/倒计数模式
T1CC0L = 0x12;       //T1 通道 0 的低 8 位
T1CC0H = 0x7A;       //T1 通道 0 的高 8 位

T1IE = 1;            //使能定时器/中断
T1OVFIM = 1;         //使能定时器 1 溢出中断
EA = 1;              //使能总中断
T1CTL |= 0x03;       //定时器 1 采用正计数/倒计数模式
```

2. CC2530 T1 定时器中断服务函数

如果采用查询方式，则定时器 1 服务处理只需清除溢出标志即对 IRCON 赋值零，统计溢出实现即可。如果采用定时器 1 中断方式，则必须编写中断处理函数。

1）定时器 1 的中断标志

定时器每隔 0.5 s 会产生一个中断请求，自动将定时器 1 的中断标志位 T1IF 位和计数溢出标志位 OVFIF 位置位。

T1IF 位于 IRCON 寄存器中第 1 位，需要手工进行清除。

表 3.1.7 **IRCON** 寄存器（部分）

位	位名称	复位键	操作	描述
1	T1IF	0	R/WH0	定时器 1 中断标志。 当定时器 1 中断发生时设为 1 并且当 CPU 向量指向中断服务例程时清除。 0：无中断未决；1：中断未决

T1STAT 寄存器的描述如表 3.1.8 所示。

表 3.1.8 T1STAT 寄存器

位	位名称	复位键	操作	描述
7:6	——	00	R0	未使用
5	OVFIF	0	R/W0	定时器 1 计数器溢出中断标志。当计数器在自由运行或模模式下达到最终计数值时设置，当在正/倒计数模式下达到零时倒计数。写 1 没有影响
4:0	CHxIF	0	R/W0	定时器 1 通道 0～4 中断标志。当通道中断条件发生时设置，写 1 没有影响

清除定时器 1 计数器溢出中断标志的代码如下。

```
T1STAT &=  ~0x20;  //清除定时器 1 溢出中断标志位
```

2）中断服务函数

定时器 1 的定时周期为 0.5 s，无法直接达到 2 s 的定时时长，可以使用一个自定义

变量来统计定时器 1 计数溢出次数，具体代码如下：

```
unsigned int count=0;//定时器 1 溢出次数计数
```

中断服务程序如下：

```
#pragma vector = T1_VECTOR
__interrupt void T1_ISR()
{
  T1STAT &= ~ 0x20;//中断标志位清 0
  count++;
}
```

3. 计算定时时间

由于采用正计数/倒计数模式，定时器 1 每溢出一次表示经过了 0.5 s，此时让 count 自动加 1，然后判断 count 的值。如果 count 等于 4，则说明定时已经到达 2 s，同时清除 count 的值，以便开始新的统计周期。根据任务要求，可以在 1.5 s 后点亮 LED1，在定时 2 s 后熄灭 LED1。若计数器 count 是全局变量，这部分代码可以放在中断服务程序，也可以放在主函数。

```
switch(count)
{
  case 0: break;
  case 1:break;
  case 2:break;
  case 3: LED1 = 0; break;//点亮 LED1,时间维持 0.5 s
  case 4: LED1 = 1; count =0;    break;//熄灭 LED1,时间维持 1.5 s
}
```

程序除了用 switch-case 实现，也可以用 if 语句实现。

```
If(count == 3)      //如果溢出次数达到 3 次，说明经过 1.5 s
  LED1 = 0;     //LED1 点亮
If(count == 4)      //如果溢出次数达到 4 次，说明经过 2 s
{
   LED1=1;//LED1 熄灭
   count=0;//清除定时器 1 溢出次数
}
```

三、考核与评价

基于 T1 实现入场计时功能开发任务训练的评分标准如表 3.1.9 所示。

表 3.1.9　基于 T1 实现入场计时功能开发任务训练的评分表

<table>
<tr><th>一级指标</th><th>二级指标</th><th>分值</th><th>扣分点及扣分原因</th><th>单项分值</th><th>得分</th></tr>
<tr><td rowspan="11">训练过程（80%）</td><td rowspan="2">计划与准备</td><td rowspan="2">10</td><td>做好测试前的准备，不进行清点接线、设备、材料等操作扣除 2 分</td><td>5</td><td></td></tr>
<tr><td>带电插拔元器件扣除 1 分</td><td>5</td><td></td></tr>
<tr><td rowspan="4">电路分析</td><td rowspan="4">20</td><td>CC2530 引脚功能</td><td>5</td><td></td></tr>
<tr><td>LED 与 CC2530 引脚关系</td><td>5</td><td></td></tr>
<tr><td>LED 电平关系</td><td>5</td><td></td></tr>
<tr><td>定时器 1 的设置</td><td>5</td><td></td></tr>
<tr><td rowspan="3">代码设计</td><td rowspan="3">30</td><td>正确建立工程</td><td>5</td><td></td></tr>
<tr><td>编写流程图</td><td>5</td><td></td></tr>
<tr><td>程序设计，包括引用头文件、设计延时程序、初始化 I/O、定时器 T1 中断处理函数、主程序代码设计等</td><td>20</td><td></td></tr>
<tr><td rowspan="2">职业素养</td><td>10</td><td>编程过程中及结束后，桌面及地面不符合 7S 基本要求的扣除 3～5 分</td><td>10</td><td></td></tr>
<tr><td>10</td><td>对耗材浪费，不爱惜工具，扣除 3 分；损坏工具、设备扣除本大项的 20 分；发生严重违规操作或作弊，取消成绩</td><td>10</td><td></td></tr>
<tr><td rowspan="2">训练结果（20%）</td><td rowspan="2">实作结果及质量</td><td rowspan="2">20</td><td>工艺和功能验证</td><td>10</td><td></td></tr>
<tr><td>撰写考核记录报告</td><td>10</td><td></td></tr>
<tr><td colspan="2">总计</td><td>100</td><td></td><td></td><td></td></tr>
</table>

四、任务小结

（1）定时器 1 是 16 位定时器，有“自由运行”“模”和“正计数/倒计数”3 种不同的工作模式，有 5 个捕获/比较通道。

自由运行模式可以不设初值，正计数模式、倒计数模式和模模式必须设置初值。模模式中断必须开启定时器 1 的通道 0 并设置 T1CTL 成比较模式；在中断服务函数中要清除通道 0 中断标志，需要使用通道控制寄存器 T1CCTL0，而不是使用溢出中断标记位。通道 1 捕获/比较寄存器值配置，先低位后高位。

（2）定时器 1 实现有中断和查询两种方式。

如果定时器 1 只使用查询方式，可以只定义分频系数（T1CTL）的值并启动定时器工作模式。

如果定时器 1 采用中断方式，其中断初始化步骤：设置分频系数（T1CTL）→设置最大计数值（T1CC0L 和 T1CC0H）→使能中断（T1IE 和 T1OVFIM）→使能总中断（EA）→选择工作模式（T1CTL）。中断处理函数：清除定时器 1 中断标志位（T1STAT&= 0x20）；T1 定时器定时计数器 count++。

【思政小课堂】

水满则溢，月满则亏

对于定时计数器的设置方式有多种，其中最常用的方法就是设置它的“阈值”，因为水满则溢，月满则亏，只要计时到达所设定的“阈值”，那么计数器就会停止计数，即是说时间到了。水满则溢，月满则亏是一句流传了千年的俗语，虽然这句俗语看起来非常直白，但如果大家能够仔细琢磨一下，其实也蕴含了很多人生道理。一杯水如果倒得太满，水就会从杯子中溢出来；月亮每个月都会有阴晴圆缺，在月圆之后就会出现月缺。水满则溢，月满则亏，物盛则衰，物极必反，则告诉同学们一个道理，我们在生活和学习中，一定要保持谦虚，虚心向人请假，吸收所长，这是一种非常高尚的品德，为人处事都要有回旋的余地，而骄傲自满不仅会令人厌恶，会对个人发展和人生都不利。

五、参考代码

```
 //包含头文件
#include   "ioCC2530.h"
//宏定义有关 I/O 口
#define LED1   P1_0
#define LED2   P1_1
#define LED3   P0_4
//定义定时/计数器溢出次数变量
int count = 0;
void main()
{
  //初始化 I/O 口配置寄存器及 I/O 口
  P1SEL &=  ~0x03;
  P1DIR |= 0x03;
  P0SEL &=  ~0X10;
  P0DIR |= 0X10;
  LED1 = 1;
  LED2 = 1;
  LED3 = 1;


  //初始化定时器 T1 的配置寄存器
  T1CTL |= 0x0F;   //128 分频，正计数/倒计数模式

  /*************************
  定时计数器 T1 最大值的计算方法：
  因为：时钟周期×计数个数 = 定时时长
  所以：计数个数=定时时长/时钟周期
  定时时长：根据题目要求 0.5 s，2 s=0.5 s*4，又由 T1 采用的是正计数/倒计数，所以到达峰值的周期 0.25 s
  时钟周期：CC2530 在上电后，默认使用内部频率 16 MHz 的 RC 振荡器，采用是 128 分频，由于周期和频率关系互为倒数，则时钟周期 1/16 MHz*128=0.000 008 s
  所以
  计数个数=定时时长/时钟周期
           =0.25/0.000 008
           =31 250
           =0x7A12
  *****************************/
```

```
  T1CC0L = 0x12;     //T1 通道 0 的低 8 位
  T1CC0H = 0x7A;  //T1 通道 0 的高 8 位

  TIMIF |= 0x40;       //使能定时器 1 溢出中断屏蔽   或 T1OVFIM = 1;
  T1IE   = 1;           //使能定时器中断
  EA = 1;              //使能总中断

  while(1)
  {
    Switch(count)
    {
            case 0: break;
            case 1: break;
            case 2: break;
            case 3: LED1 = 0; break;//点亮 LED1,时间维持 0.5s
            case 4: LED1 = 1; count =0;   break;//熄灭 LED1,时间维持 1.5s
    }
   }
}

#pragma vector = T1_VECTOR
__interrupt     void   T1_ISR()
{
  T1STAT &=  ~0x20;//中断标志位清 0
            count++;
}
```

六、拓展训练

（1）定时\计数器 1 采用模模式方式实现，如何实现 LED 周期性闪烁？

（2）定时\计数器 1 改用查询方式实现 LED 周期性闪烁。

七、启发与思考

（一）使用定时器 1 并选择模模式方式控制 LED 周期性闪烁

```
/*************************
文件：按键 1 开启 LED1 闪烁
技术：按键采用中断，T1 采用中断
要求：128 分频，模模式   0.5 s——亮   1.5 s——灭
*******************************/
#include <ioCC2530.h>
#define LED1 P1_0    //定义 LED1 为 P1.0
int count = 0;
/************
函数：初始化 LED 的 I/O 口
功能：配置 LED1 的 I/O 口资源
*************/
void INIT_LED(void)
{
   P1SEL &=0xFE;
```

```
    P1DIR |= ~ 0xFE;
}
/************
函数：T1 中断初始化
功能：初始化 T1 的中断相关寄存器
要求：模模式
注意：1.开启通道 0 的输出比较模式(T1CCTL0 |= 0x04;          //设定 timer1 通道 0 输出比较模式)
        2.T1 采用查询法，初始化不用配置中断屏蔽(允许)
*************/
void INIT_Timer1()
{
   T1CTL =0x0E ;          //128 分频、模模式
   T1CCTL0 |= 0x04;     //设定 timer1 通道 0 输出比较模式
   T1CC0L =0x24;         //设置为 0.5 s 计数值，思考：为什么不能直接设置 1S?
   T1CC0H  =0xf4;          //N=0.5 s/0.000  008 s=62 500=0xF424   (16 MHz  128  分频 ，时钟周期
                           //0.000 008 s)
   T1OVFIM=1;  //设定 timer1 中断开启
   T1IE |=1 ;        //设定 timer1 中断开启，T1IE=1
   T1IF=0;          //清除中断标志
   T1STAT &=  ~0x01;   //T1 通道 0 的中断标志位
}

/************
函数：T1 中断处理函数
功能：定时计数器 T1 每 0.5 s 触发一次中断
要求：通过计数器，设定 LED 状态维持 1 s
*************/
#pragma vector=T1_VECTOR
__interrupt void TIMER1_ISR(void)
{
    EA=0;//关中断
    count++;
     switch(count)
     {
        case 0: break;
        case 1:
        case 2:
        case 3: LED1 = 1; break;//2 s 时间设置
        case 4: LED1 = 0; count = 0;    break;//0.5 s 时间设置
     }
     //清除中断标志
     T1IF=0;
     T1STAT &= ~ 0X01;
     //产生的中断是定时器 1 通道 0 中断，而不是定时器 1 的溢出中断，故只需要清除 T1STAT
     //的第 1 位，不需要清除第 5 位
     EA=1;//开中断
}


void main( void )
{
   //INIT_IO();                 //按键中断初始化
   INIT_LED();               //LED 初始化
```

```
  INIT_Timer1();          //T1 初始化
  EA = 1;                 //开总中断
  while(1);
}
```

（二）使用定时器 1 以查询方式控制 LED 周期性闪烁

```
//包含头文件
#include  "ioCC2530.h"
//宏定义有关 I/O 口
#define LED1  P1_0
#define LED2  P1_1
#define LED3  P0_4
//定义定时器/计数器溢出次数变量
int count = 0;
void main()
{
  //初始化 I/O 口配置寄存器及 I/O 楼
  P1SEL &=  ~0x03;
  P1DIR |= 0x03;
  P0SEL &=  ~0x10;
  P0DIR |= 0x10;
  LED1 = 1;
  LED2 = 1;
  LED3 = 1;
  //初始化定时器 T1 的配置寄存器
  T1CTL |= 0x0F;      //128 分频，正计数/倒计数模式
  T1CC0L = 0x12;      //T1 通道 0 的低 8 位
  T1CC0H = 0x7A;      //T1 通道 0 的高 8 位

  while(1)
  {
    if(IRCON>0)//查询溢出
    {
      IRCON = 0;//清除溢出标志
      count++;
    }
    if(count == 3 ) //如果溢出次数达到 3 次，说明经过 1.5 s
        LED1 = 0;//LED1  点亮
    if(count == 4) //如果溢出次数达到 4 次，说明经过 2 s
    {
        LED1=1;//LED1 熄灭
        count=0;//清除定时器 1 溢出次数
    }
  }
}
```

任务 3.2　基于 T3 控制停车照明灯功能开发

学习型任务单	任务 3.2 基于 T3 控制停车照明灯功能开发

【任务描述】

车辆停车过程中，有停车信号灯提示。本任务就是通过 LED1、LED2、LED3 周期性流水闪烁模拟车辆停车指示的场景功能。开发板上效果为：通电后 LED1、LED2、LED3 每隔 1 s 依次点亮。

【任务目标】

对于 T3 控制停车照明灯案例的开发，主要目标包括：

（1）掌握 CC2530 单片机定时器/计数器 3 的工作原理。

（2）掌握 CC2530 单片机定时器/计数器 3 的使用方法。

（3）掌握 CC2530 单片机定时器/计数器 3 的中断应用等技能。

【素养目标】

（1）培养学生在工作现场的 6S 意识和用电安全意识。

（2）爱惜工具，注意场地整洁。

（3）具备积极、主动的探索精神。

【任务要求】

（1）通过学习，掌握以下知识点：

① 掌握定时/计数器的编程方法。

② 掌握 CC2530 单片机定时器/计数器 3 中断编程方法。

（2）基于 IAR 和 CC2530 开发板，编程实现智慧工厂停车管理系统中基于 T3 控制停车照明灯开关功能开发。通过学习，掌握以下技能点：

CC2530 单片机定时器/计数器 3 的中断应用等技能。

（3）拓展训练。

【学习总结】

一、相关知识

定时器 3 和定时器 4 的功能都是基于 8 位计数器建立的，计数器在每个时钟边沿递增或递减。活动时钟边沿的周期由寄存器位 CLKCONCMD . TICKSPD [2:0]定义，由 TxCTL（其中“x”指的是定时器号码 3 或 4）设置分频和工作模式：自由运行计数器、倒计数器、模计数器或正计数/倒计数模式。

用户可以通过 SFR 寄存器 TxCNT 读取 8 位计数器的值（其中“x”指的是定时器号码 3 或 4）。清除和停止计数器是通过设置 TxCTL 控制寄存器的值实现的。当 TxCTL.START 写入 1 时，计数器开始工作。当 TxCTL.START 写入 0 时，计数器停留在当前值。

（一）定时器/计数器 3、4

定时器 3 和定时器 4 都是 8 位定时器，可用于 PWM 控制。每个定时器有两个独立的比较通道，每个通道上使用一个 I/ O 引脚。主要具有以下功能：

（1）支持输入捕获功能，可选择上升沿、下降沿或任何边沿进行输入捕获。

（2）支持输出比较功能，输出可选择设置、清除或切换。

（3）具有两个独立的捕获/比较通道，每个通道使用一个 I/O 引脚。

（4）具有自由运行、模、正计数/倒计数四种不同工作模式。

（5）具有可被 1、2、4、8、16、32、64 或 128 整除的时钟分频器，为计数器提供计数信号。

（6）能在每个捕获/比较和最终计数上产生中断请求。

（7）能触发 DMA 功能。

（二）工作模式

CC2530 的定时器 3 和定时器 4 都具备“自由运行”“模”“正计数/倒计数”和“倒计数”4 种不同的工作模式。

1. 自由运行模式

在自由运行模式下，计数器从 0x00 开始，每个活动时钟边沿递增。当计数器达到 0xFF，计数器复位 0x00，并继续递增。此时就发生了一个溢出，设置中断标志 TIMIF.TxOVFIF（表 3.1.6），如果设置了相应的中断屏蔽位 TxCTL . OVFIM，就产生一个中断请求。自由运行模式可以用于产生独立的时间间隔和输出信号频率。

2. 模模式

在模模式下，8 位计数器从 0x00 启动，在每个活动时钟边沿递增。当计数器达到寄存器 TxCC0 所包含的最终计数值时，计数器复位到 0x00，并继续递增。当发生这个事件时，设置标志位 TIMIF.TxOVFIF。如果设置了相应的中断屏蔽位 TxCTL . OVFIM，就产生一个中断请求。模模式可以用于周期不是 0xFF 的应用。

3. 正计数/倒计数模式

在正计数/倒计数模式下，计数器反复从 0x00 开始正计数，直到达到 TxCC0 所含的值，然后计数器倒计数，直到达到 0x00。该定时器模式用于需要对称输出脉冲，且周期不是 0xFF 的应用。因此它一般用于中心对称的 PWM 输出应用程序的实现。

4. 倒计数模式

在倒计数模式下，定时器启动后，计数器载入 TxCC0 的内容。然后计数器倒计时，直到 0x00 时，设置 TIMIF . TxOVFIF。如果设置了相应的中断屏蔽位 TxCTL . OVFIM，就产生一个中断请求。倒计数模式一般用于需要事件超时间隔的应用。

二、任务实施

微课 3.4 基于 T3 定时 LED 灯闪烁

（一）功能要求

基于定时器 T3 控制 LED1、LED2、LED3 每隔 1 s 依次点亮，实现流水灯效果。

（二）设计思路

选用定时器 3，让其每隔固定时间产生一次中断处理请求，在定时器 3 的中断处理函数中判断时间是否达到 1 s，如果达 1 s 则直接在服务处理函数中点亮 LED1，当达到 2 s 时再熄灭 LED1，并点亮 LED2。在中断方式下，对定时器 3 进行初始化配置可参照图 3.2.1 所示步骤。

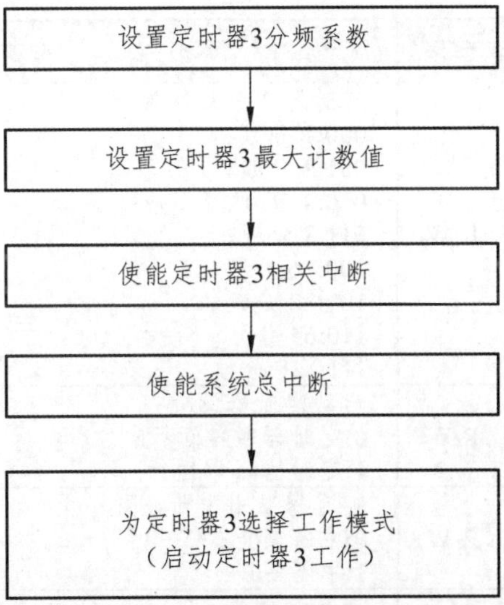

图 3.2.1　定时器 3 初始化

如果采用查询方式实现，只需要对定时器 3 进行初始化配置的编写，此时可以只定义分频系数（T3CTL）、自动重装值、选择工作模式。定时器 3 中断处理函数流程如图 3.2.2 所示。

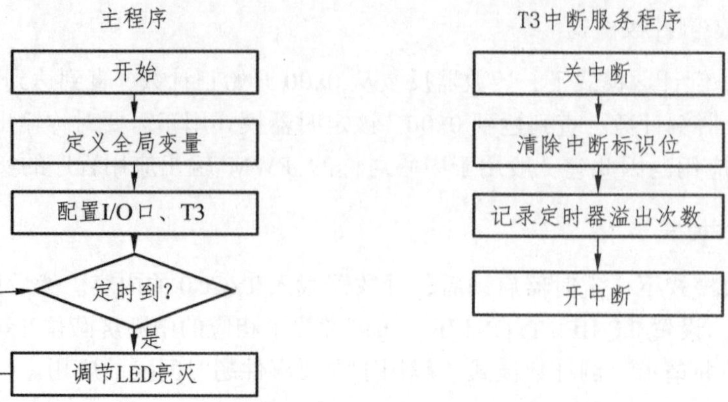

图 3.2.2　定时器 3 主程序、中断处理函数流程

（三）关键代码

1. 初始化定时器 3

1）设置定时器 3 的分频系数

定时器 3 的计数信号来自 CC2530 内部系统时钟信号的分频，可选择 1、2、4、8、16、32、64 或 128 分频。定时器 3 采用 8 位计数器，最大计数值为 0xFF，即 255。系统不配置工作时钟时，默认为 2 分频，即 16 MHz 的 *RC* 振荡器。

设定定时器 3 的分频系数需要使用 T3CTL 寄存器，通过设置 DIV[7:5]3 位的值为定时器选择分频系数。T3CTL 寄存器的描述如表 3.2.1 所示。

表 3.2.1　T3CTL（T3 控制寄存器）

位	位名称	复位值	操作	描述
7：5	DIV[2:0]	000	R/W	定时器 3 分频设置： 000:1 分频； 001:2 分频； 010:4 分频； 011:8 分频； 100:16 分频； 101:32 分频； 110:64 分频； 111:128 分频
4	START	0	R/W	启动定时器设置： 0:定时器暂停运行； 1:定时器正常运行
3	OVFIM	1	R/W	定时器溢出中断设置： 0:中断禁止； 1:中断使能
2	CLR	0	R0/W1	清除计数器，写 1 到 CLR 复位计数器到 0x00，并初始化相关通道所有的输出引脚
1：0	MODE[1:0]	00	R/W	定时器工作模式设置： 00:自由运行模式（自动重装 0x00～0xFF）； 01:倒计数模式（从 T3CC0～0x00 计数一次）； 10:模模式（反复从 0x00～T3CC0 计数）； 11:正计数/倒计数模式（反复从 0x00～T3CC0 计数，再从 T3CC0～0x00 计数）

在本任务中，为定时器 3 选择 128 分频，设置代码如下：

```
T3CTL I= 0xE0;        //128 分频，128/16 000 000=0.5 s，N=62 500
T3CTL &= ~ 0x03;  //自动重装 00->0xFF,62 500/255=245（次）
T3CTL =0x10;         //启动
```

T3CCTL0 是 T3 通道 0 捕获/比较控制寄存器，T3CCTL0 寄存器的描述如表 3.2.2 所示。

表 3.2.2　T3CCTL0 寄存器的描述

位	位名称	复位值	操作	描述
7		0	R0	未使用
6		0	R/W	0：中断禁止； 1：中断使用
5：3		000	R/W	比较输出模式选择
2		0	R/W	0：捕获； 1：比较
1：0		00	R/W	00：没有捕获； 01：上升沿捕获； 10：下降沿捕获； 11：边沿捕获

T3CC0 是 T3 通道捕获/比较值寄存器，T3CC0 寄存器的描述如表 3.2.3 所示。

表 3.2.3　T3CC0 寄存器的描述

位	位名称	复位值	操作	描述
7：0	VAL[7:0]	0x00	R/W	T3 通道 0 捕获/比较值

T3CCTL1 是 T3 通道 1 捕获/比较控制寄存器，其描述如表 3.2.4 所示。

T3CC1 是 T3 通道捕获/比较值寄存器，其描述如表 3.2.5 所示。

表 3.2.4　T3CCTL1 寄存器的描述

位	位名称	复位值	操作	描述
7		0	R0	未使用
6		0	R/W	0：中断禁止； 1：中断使用
5：3		000	R/W	比较输出模式选择
2		0	R/W	0：捕获； 1：比较
1：0		00	R/W	00：没有捕获； 01：上升沿捕获； 10：下降沿捕获； 11：边沿捕获

表 3.2.5　T3CC1 寄存器的描述

位	位名称	复位值	操作	描述
7：0	VAL[7:0]	0x00	R/W	T3 通道 1 捕获/比较值

2）使能定时器 3 的中断功能

使用定时器 3 时，可以使用查询方式查看定时器当前的计数值，也可以使用中断方式来实现。

（1）查询方式。

使用程序读取定时器 3 当前的计数值,在程序中根据计数值大小确定要执行的操作。

（2）中断方式。

定时器 3 有 3 种情况能产生中断请求：

① 计数器达到最终计数值（自由运行模式下达到 0xFF，正计数/倒计数模式下达到 0x00）。

② 输入捕获事件。

③ 输出比较时间（模模式）。

要使用定时器的中断方式，必须使能各个相关中断控制位。CC2530 中定时器 1～4 的中断使能位分别是 IEN1 寄存器中的 T1IE、T2IE、T3IE 和 T4IE。由于 IEN1 寄存器可以进行位寻址，因此使能定时器 3 中断可以采用以下代码：

```
T3IE=1; //使能定时器 3 中断
```

除此之外，定时器 1、定时器 3 和定时器 4 还分别拥有一个计数溢出中断屏蔽位，分别是 T1OVFIM、T3OVFIM 和 T4OVFIM。当这些位被设置成 1 时，对应定时器的计数溢出中断便被使能，这些位都可以进行位寻址，不过一般用户不需要对其进行设置，因为这些位在 CC2530 上电的初始值就是 1。如果要手工设置，可以用以下代码实现。

```
T3OVFIM= 1 ; //使能定时器 3 溢出中断
```

最后要使能系统总中断 EA 。

3）设置定时器 3 的工作模式

可参照表 3.2.1 所示设置 T3CTL 相关寄存器来设置定时器 3 的工作模式。

2. 计算定时时间

由于采用模模式，定时器 3 不能直接溢出产生 1 s。为了便于计算，可设置定时器 3 定时时长为 1 ms，并计算出计数最大值，如下式：

$$\text{最大计数值}=\frac{\text{定时时长}}{\text{定时器计数周期}}=\frac{0.1\ \text{s}}{\frac{1}{16\ \text{MHz}}\times 128}=125=0\text{x}7\text{D}$$

定时器 T3 采用中断方式，初始化程序：

```
//初始化定时器 T1 的配置寄存器
T3CTL |= 0xFB;   //128 分频，正计数/倒计数模式，同时启动定时计数器 T3
T3CC0 = 0x7d;    //设置为 0.001 s，即 1 ms   125=0x7D
T3IE   = 1;      //使能定时器中断
EA = 1;          //使能总中断
```

现在每溢出一次表示经过了 1 ms，此时让 count 自动加 1，然后判断 count 的值。如果 count 等于 1 000，则说明定时已经到达 1 s，同时清除 count 的值，以便开始新的统计周期。可以使用 switch-case 实现 LED1、LED2、LED3 的流水状态。

```
switch(count)
{
    case 0: break;
    case 1000: LED1 = 0; LED2 = 1; LED3 = 1; break;
    case 2000: LED1 = 1; LED2 = 0; LED3 = 1; break;
    case 3000: LED1 = 1; LED2 = 1; LED3 = 0; count = 0; break;
}
```

三、考核与评价

基于 T3 控制停车照明灯任务训练的评分表如表 3.2.6 所示。

表 3.2.6　基于 T3 控制停车照明灯功能开发任务训练的评分表

一级指标	二级指标	分值	扣分点及扣分原因	单项分值	得分
训练过程（80%）	计划与准备	10	做好测试前的准备，不进行清点接线、设备、材料等操作扣除 2 分	5	
			带电插拔元器件扣除 1 分	5	
	电路分析	20	CC2530 引脚功能	5	
			LED 与 CC2530 引脚关系	5	
			LED 电平关系	5	
			定时器 3 的设置	5	
	代码设计	30	正确建立工程	5	
			编写流程图	5	
			程序设计，包括引用头文件、设计延时程序、初始化 I/O、定时器 T3 中断处理函数、主程序代码设计等	20	
	职业素养	10	编程过程中及结束后，桌面及地面不符合 7S 基本要求的扣除 3～5 分	10	
		10	对耗材浪费，不爱惜工具，扣除 3 分；损坏工具、设备扣除本大项的 20 分；发生严重违规操作或作弊，取消成绩	10	
训练结果（20%）	实作结果及质量	20	工艺和功能验证	10	
			撰写考核记录报告	10	
总计		100			

四、任务小结

（1）定时器 3 和定时器 4 是 8 位定时器，有“自由运行”“倒计数”“模”和“正计数/倒计数”4 种不同的工作模式，各有两个捕获/比较通道。

（2）定时器 3 实现有中断和查询两种方式。

如果定时器 3 只使用查询方式，可以只定义分频系数 T3CTL、自动重装值、选择工作模式。

如果定时器 3 采用中断方式，T3 中断初始化步骤为：分频系数 T3CTL→数值（T3CTL）→使能中断（T3IE 和 T3CTL）→使能总中断（EA）→选择工作模式（T3CTL）。中断处理函数：清除定时器 3 中断标志 IRCON=0x00。

【思政小课堂】

天下难事，必作于易；天下大事，必作于细

在本任务中，有一个细节非常重要却经常被同学们忽视。在这里提醒大家，及时清除中断标志位，否则定时器将始终处于定时中断标志状态，无法再开启新一轮定时\计数功能，系统也就失去了作业的功能。

习近平总书记曾引用《道德经》“图难于其易，为大于其细。天下难事，必作于易；天下大事，必作于细”来说明细节的重要性。意思是谋划大事难事，要从小处和容易处考虑。天下的难事，都是先从容易的地方做起；天下的大事，都是从细微的小事做起。这句话将难与易、大与细的相互转化阐释得淋漓尽致。这也告诉我们一个道理，青年要成事，既要沉心静气，更要扑下身子。不能好高骛远，不能沉迷幻想，要扎扎实实做事，踏踏实实做人，用坚韧不拔、百折不挠的精神来浇灌梦想，把挫折考验和艰难困苦作为梦想开花结果的养料，凭借踏实而不懈的奋斗，最终迎来梦想的开花结果。

五、参考代码

使用定时器 3 中断方式控制 LED1 周期性闪烁。

```
//包含头文件
#include   "ioCC2530.h"
//宏定义有关 I/O 口
#define LED1   P1_0
#define LED2   P1_1
#define LED3   P0_4
//定义定时/计数器溢出次数变量
int count = 0;
void main()
{
  //初始化 I/O 口配置寄存器及 I/O 口
  P1SEL &= 0xFC;
  P1DIR |=  ~0xFC;
  P0SEL &=  ~0x10;
  P0DIR |= 0x10;
  LED1 = 0;
  //初始化定时器 T1 的配置寄存器
  T3CTL |= 0xFB;        // 128 分频，正计数/倒计数模式，同时启动定时计数器 T3
  T3CC0 = 0x7d;        //设置为 0.001 s，即 1 ms,  125=0x7D
```

```
  T3IE   = 1;            //使能定时器中断
  EA = 1;                //使能总中断
  while(1)
  {
    switch(count)
    {
      case 0: break;
      case 1000: LED1 = 0; LED2 = 1; LED3 = 1; break;
      case 2000: LED1 = 1; LED2 = 0; LED3 = 1; break;
      case 3000: LED1 = 1; LED2 = 1; LED3 = 0; count = 0; break;
    }
  }
}

//触发中断定时时长是 1 ms
#pragma vector = T3_VECTOR
__interrupt void T3_ISR()
{
  TIMIF &=  ~0x01;
  count++;
}
```

六、拓展训练

（1）定时器 T4 以中断方式实现控制 CC2530 板上的 LED1 周期性地闪烁。

（2）基于定时器 T3 及按键 SW1（连接在 P0_1 口），控制 LED1 ~ LED3 实现流水灯效果，要求如下：

① 系统上电后，LED1 ~ LED3 以 25 ms 为间隔循环流水亮灭。

② 每按下 SW1 一次，LED1 ~ LED3 从当前状态继续流水亮灭，但亮灭周期加 25 ms。

七、启发与思考

拓展训练（2）参考代码如下：

```
//包含头文件
#include   "ioCC2530.h"
//宏定义有关 I/O 口
#define LED1   P1_0
#define LED2   P1_1
#define LED3   P0_4
#define SW1 P0_1
static int count=1，keyvar=0;//定义定时器/计数器溢出次数变量、按键次数变量
void main()
{
  //初始化 I/O 口配置寄存器及 I/O 口
  P1SEL &= ~0x03;
  P1DIR |=0x03;
  P0SEL &= ~0x10;
  P0DIR |=0x10;
  //初始化定时器 T1 的配置寄存器
 // T1CTL |=0xff;       //128 分频，正计数/倒计数模式
 // T1CC0L =0x12;       //T1 通道 0 的低 8 位
```

```
    //T1CC0H =0x7A;   //T1 通道 0 的高 8 位
    //TIMIF |= 0x20;     //使能定时器 1 溢出中断标志位

    /******初始化定时器 T3 的配置寄存器**********/
    T3CTL |= 0xFC;        //0xFB 128 分频，模模式，同时启动定时计数器 T3
    T3CC0 = 0x7D;       //设置为 0.001 s，即 1 ms，125=0x7D
    T3IE   = 1;             //使能定时器中断


    /******初始化 INT0 的配置寄存器**********/
    PICTL |=0x01;
    P0IFG=0;
    P0IEN |=0x02;
    IEN1 |=0x20;

    EA = 1;//使能总中断

    /******设置中断优先级**********/
    IP1=0x28;// T3 为 IPG3 组中断在第二位，P0INT 为 IPG5 组中为第二位
    IP0=0x20;// T3 的 IP1 和 IP0 都为 1，P0INT 的 IP1 为 1 和 IP0 都为 0

    int cyc=0;//流水灯状态
    while(1)
    {
      if((1+keyvar)*25==count) //按下一次就在此基础上加 25 ms
      {
        cyc++; count=0;
        switch(cyc)//流水灯
        {
            case 1:LED1=0; LED2=1; LED3=1;break;
            case 2:LED1=1; LED2=0; LED3=1;break;
            case 3:LED1=1; LED2=1; LED3=0;cyc=0;break; //第 3 次 cyc 清 0
        }
      }
    }

}
//中断服务子程序，1 ms 时间一到，就会触发中断
#pragma vector = T3_VECTOR
__interrupt void T3_ISR()
{
   TIMIF &=  ~0x01;//中断标志位清 0
   count++;
}
#pragma vector=P0INT_VECTOR
__interrupt void P0INT_ISR()
{

   P0IFG &= ~0x02;//P0_1 中断清零
   P0IF=0;
   P0IFG=0;
   keyvar++;//按键次数
}
```

任务 3.3　基于 PWM 实现灯亮度控制功能开发

学习型任务单	任务 3.3 基于 PWM 实现 LED 灯亮度控制功能开发

【任务描述】

当车辆处于熄火停车锁车状态时，车辆防盗系统便开始进行工作。本任务利用 PWM 实现 LED 亮度强弱调节模拟防盗系统警示呼吸灯，编程实现 PWM 输出控制驱动 LED1，逐渐改变 PWM 的占空比来模拟呼吸灯过程：对应的 LED 灯慢慢开始变亮，当亮度达到顶峰值时又开始慢慢变暗，当快要熄灭的时候又开始慢慢变亮，循环往复。

基于 IAR 和 CC2530 开发板，编程实现停车呼吸灯功能效果，要求如下：

（1）实现 PWM 输出控制驱动 LED1。

（2）逐渐改变 PWM 的占空比来模拟 LED1 的呼吸灯过程。LED1 的亮度从暗到明，亮度到达最大时再逐渐变暗，达到最暗时再慢慢变亮。

【任务目标】

本任务主要是在任务 3.1 与任务 3.2 学习的基础上利用定时计数器控制开关信号的开通和关闭时间，调整占空比来控制 LED 灯的亮度。主要目标包括：

（1）CC2530 定时器 1 的输出通道相关的寄存器控制。

（2）通过通道捕获/比较值寄存器和 T1CC0 设置 PWM 信号的周期和占空比。

（3）综合运用相关知识，完成停车呼吸灯功能开发程序的编程及调试。

【素养目标】

（1）培养学生在工作现场的 6S 意识和用电安全意识。

（2）爱惜工具，注意场地整洁。

（3）具备积极、主动的探索精神。

【任务要求】

（1）通过学习，掌握以下知识点：

① 进一步熟悉 CC2530 的基本逻辑结构图。

② 掌握脉冲宽度调制（PWM）的工作原理。

③ 掌握 CC2530 定时器 1 的使用方法。

④ 掌握中断应用方法。

（2）学生通过学习掌握以下技能点，分析并编制程序流程图。

① 利用定时器设置脉冲宽度调制的周期。

② 利用占空比改变 LED 亮度的技巧。

【学习总结】

一、相关知识

（一）呼吸灯

呼吸灯就是让 LED 灯的闪烁像呼吸一样，时暗时亮，利用 LED 的余晖和人眼的暂留效应，实现模拟呼吸过程。

编程实现 PWM（脉冲调制）输出驱动 LED，控制 PWM 电平的宽度，逐渐改变 PWM 的占空比来使得 LED 能够模拟呼吸过程——由渐暗到渐亮，渐亮到渐暗，如此反复。

（二）PWM 调光原理

1. 占空比

占空比是指脉冲信号的通电时间与通电周期之比，即在一串理想的脉冲周期序列中（如方波），正脉冲的持续时间与脉冲总周期的比值。例如，脉冲宽度 1 μs、信号周期 4 μs 的脉冲序列占空比为 0.25。在一段连续工作时间内脉冲占用的时间与总时间的比值。

2. PWM 调光

脉宽调制（PWM）是利用微处理器的数字输出来对模拟电路进行控制的一种非常有效的技术，广泛应用在从测量、通信、功率控制与变换及 LED 照明等许多领域。

PWM 是一种对模拟信号电平进行数字编码的方法。通过高分辨率计数器的使用，方波的占空比被调制成对一个具体模拟信号电平进行编码。PWM 信号仍然是数字的，因为在给定的任何时刻，满幅值的直流供电只有完全有（ON）和完全无（OFF）这两种。

PWM 采用调整脉冲占空比以调整电压、电流、功率，最终达到调整光亮度的目的。PWM 就是指在一定的时间内用高低电平所占的比例不同来控制一个对象，比如在 1 ms 内，高电平占 0.3 ms，低电平占 0.7 ms。如果用高电平去闭合某个开关，此开关再控制一个 LED 灯，低电平是断开这个开关，那么在 1 ms 内，这个灯就只能通电 0.3 ms，而有 0.7 ms 是不通电的，即这个灯的通电时间占比只有 30%。如果把高电平的时间延长到 0.7 ms，则低电平就只有 0.3 ms 了，此时灯的通电时间占比就变成 70%了。灯获得的能量变大，亮度自然就提高了。

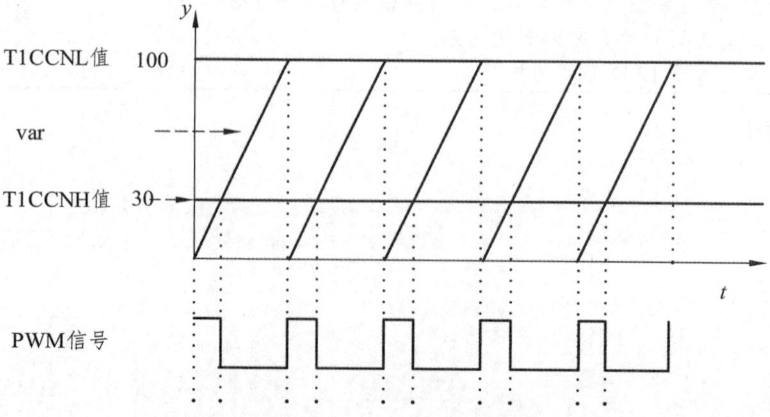

图 3.3.1　PWM 信号生成过程示意图

（三）CC2530 定时器 1 的 PWM 功能

定时器 1 是一个独立的 16 位定时器，支持典型的定时/计数功能，比如输入捕获、输出比较和 PWM 功能。定时器 1 有 5 个独立的捕获/比较通道，每个通道使用一个 I/O 引脚。

可以通过两个 8 位的 SFR 读取 16 位的计数器值：T1CNTH 和 T1CNTL，分别包含高位和低位字节。当读取 T1CNTL 时，计数器的高位字节在那时被缓冲到 T1CNTH，以便高位字节可以从 T1CNTH 中读出。因此 T1CNTL 必须总是在读取 T1CNTH 之前首先读取。

表 3.3.1　外设 I/O 引脚映射(部分）

外设/功能	P0								P1								P2				
	7	6	5	4	3	2	1	0	7	6	5	4	3	2	1	0	4	3	2	1	0
USART 1 SP1			M1	M0	C	SS															
Al1.2									M1	M0	C	SS									
USART 1 UART			RX	TX	RT	CT															
Alt 2									RX	1X	RT	CT									
TMER1		4	3	2	1	0															
Alt 2	3	4												0	1	2					
TMER3												1	0								
Alt 2									1	0											
TMER4															1	0					
Alt 2																		1			0
32 kHz XOSC																	Q1	Q2			
DEBUG																			DC	DD	

全表见附录一（三部分）。

PERCFG.T1CFG 选择是否使用备用位置 1 或备用位置 2。

在表 3.3.1 中，定时器 1 的信号显示如下：

0：通道 0 捕获/比较引脚；

1：通道 1 捕获/比较引脚；

2：通道 2 捕获/比较引脚；

3：通道 3 捕获/比较引脚；

4：通道 4 捕获/比较引脚。

由于选用 P1_0 作为呼吸灯，所以这里使用定时器 T1 通道 2 的备用引脚。

二、任务实施

（一）功能分析

基于 PWM 实现停车灯亮度控制功能开发的过程包括：

首先设定定时器 1 的工作方式，判断其通道 1 是否存在中断，清除中断标志；然后通过 LED 灯的亮度情况判断改变亮度的时间是否已到；最后根据此时 LED 灯的状态决定灯的亮暗时间变化趋势。

（二）设计思路

呼吸灯流程控制如图 3.3.2 所示。

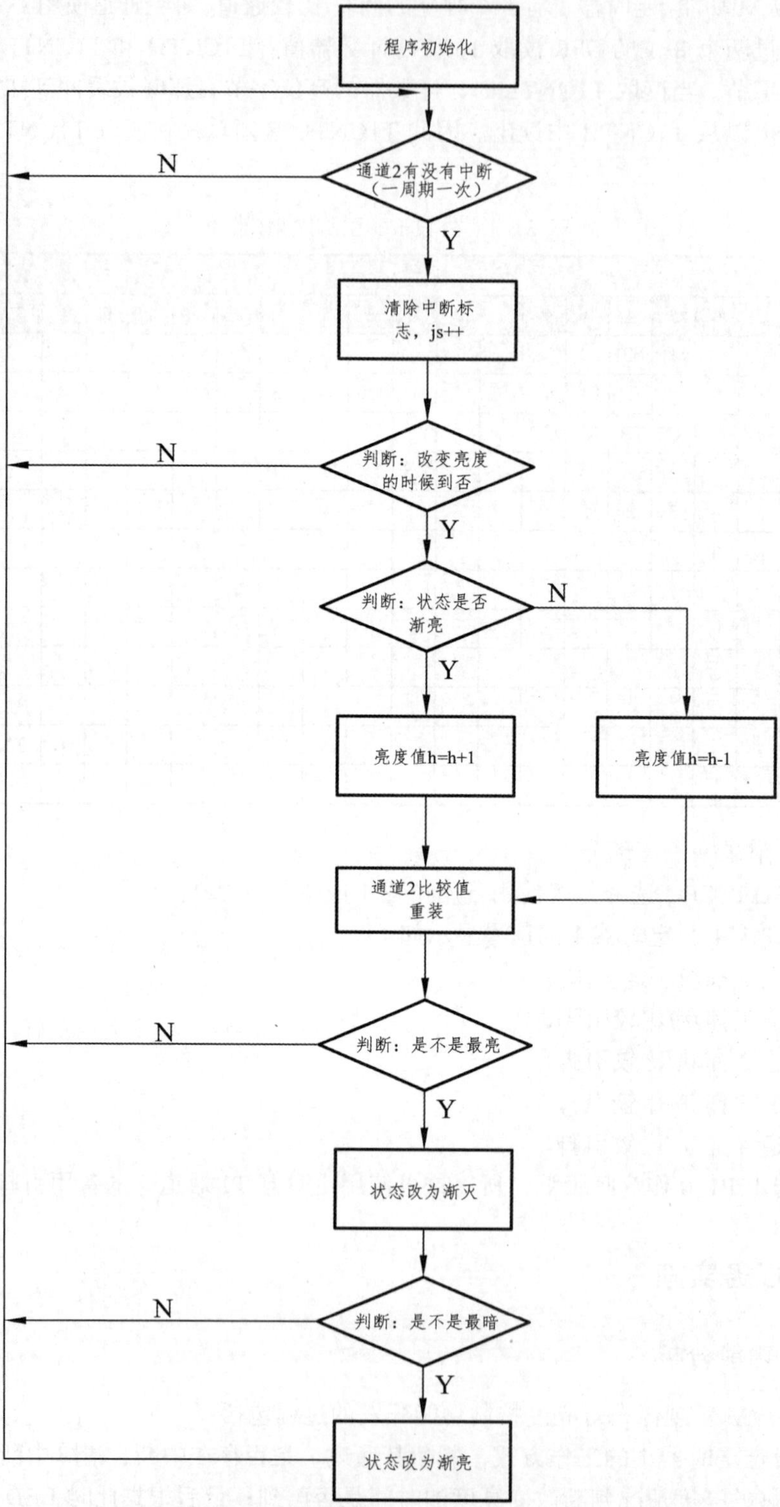

图 3.3.2　呼吸灯流程控制

（三）关键代码

1. 设置定时器 1 分频系数

定时器 1 的计数信号来自 CC2530 内部系统时钟信号的分频，可选择 1、8、32 或 128 分频。

在此任务中，为定时器 1 选择 1 分频，自由运行模式，代码如下：

```
T1CTL |=0x01;  //定时器选择 1 分频，自由运行模式状态
```

2. 清除 T1 通道 2 中断标志位

T1STAT 定时器 1 状态见表 3.1.8 T1STAT 寄存器。T1STAT 第 2 位为定时器 1 通道 2 中断标志位。若要清除中断标志位，代码如下：

```
T1STAT &=  ~0x04;      //清除定时器 T1 通道 2 中断标志
```

3. 输出比较模式

1）外设控制

参考表 3.3.1 可得出信息：P1_0 可作为定时器 T1 通道 2 的备用引脚来使用。PERCFG（0xF1）外设控制如表 3.3.2 所示。

表 3.3.2　PERCFG 外设控制

位	名称	复位	R/W	描述
7	—	0	R/W	没有使用
6	T1CFG	0	R/W	定时器 1 的 I/O 位置： 0：备用位置 1； 1：备用位置 2
5	T3CFG	0	R/W	定时器 3 的 I/O 位置： 0：备用位置 1； 1：备用位置 2
4	T4CFG	0	R/W	定时器 4 的 I/O 位置： 0：备用位置 1； 1：备用位置 2
3：2	——	00	R0	没有使用
1	U1CFG	0	R/W	USART1 的 I/O 位置： 0 备用位置 1； 1 备用位置 2
0	U0CFG	0	R/W	USART0 的 I/O 位置： 0 备用位置 1； 1 备用位置 2

设置代码：

```
PERCFG|=0x40;
```

2）将 P1_0 设置为外设功能

代码如下：

```
P1SEL|=0x01;
```

3）设置 P1_0 为输出

P1 的 8 个引脚对应 8 个设置位，最高位为 P1_7 设置位，最低位为 P1_0 设置位。为避免直接赋值会冲掉 P1 的其他输出端口，用“按位或”来表示：

```
P1DIR|=0x01;
```

4）设置 T1CCTL2——定时器 1 通道 2 捕获/比较控制。

T1CCTL2 定时器 1 通道 2 捕获/比较控制如表 3.3.3 所示。

表 3.3.3　T1CCTL2 定时器 1 通道 2 捕获/比较控制

位	名称	复位	R/W	描述
7	RFIRO	0	R/W	设置时使用 RF 捕获而不是常规捕获输入
6	IM	1	R/W	通道 2 中断屏蔽，设置时使能中断请求
5：3	CMP[2:0]	000	R/W	通道 2 比较模式选择，当定时器的值等于在 T1CC2 中的比较值时选择操作输出： 000：比较设置输出； 001：比较清除输出； 010：比较切换输出； 011：向上比较设置输出，在定时器值为 0 时清除输出； 100：向上比较清除输出，在定时器值为 0 时设置输出
2	MODE	0	R/W	模式，选择定时器 1 通道 2 比较或者捕获模式： 0：捕获模式 1：比较模式
1：0	CAP[1;0]	00	R/W	—

设置代码：

```
T1CCTL2|=0x64;// 0 1 100 1 00 查表 3.3.3
```

5）设置 T1CC2——定时器 1 通道 2 捕获/比较值

通道 2 的捕获/比较值由 T1CC2H 和 T1CC2L 两个寄存器的值构成，如表 3.3.4、表 3.3.5 所示。

表 3.3.4　T1CC2H

位	名称	复位	R/W	描述
7：0	T1CC2[15:8]	0x00	R/W	定时器 1 通道 2 捕获/比较值，高位字节

表 3.3.5　T1CC2L

位	名称	复位	R/W	描述
7：0	T1CC2[7:0]	0x00	R/W	定时器 1 通道 2 捕获/比较值，低位字节

先写低位，再写高位：

```
T1CC2L=0xFF;
T1CC2H=var;
```

6）T1 初始化代码

```
//初始化定时器
void InitT1（）
{
    T1CTL |= 0x01;   //1 分频，自由运行模式
    PERCFG |= 0x40; //定时器 1 选择外设位置 2：P1_0 是 T1 通道 2
    P1SEL |= 0x01;   //设置 P1_0 口为外设 I/O 口
    T1CCTL2 |= 0x64;//定时器 1 通道 2 向上比较，比较模式
    T1CC2L = 0xFF;
    T1CC2H = var;
}
```

三、考核与评价

基于 PWM 实现停车灯亮度控制功能开发任务的评分表如表 3.3.6 所示。

表 3.3.6　基于 PWM 实现停车灯亮度控制功能开发任务训练的评分表

一级指标	二级指标	分值	扣分点及扣分原因	分值	得分
训练过程（80%）	计划与准备	10	做好测试前的准备，不进行清点接线、设备、材料等操作扣除 2 分	5	
			带电插拔元器件扣除 1 分	5	
	电路分析	20	CC2530 引脚功能	5	
			时序采集与 CC2530 引脚关系	5	
			数据采集与 CC2530 引脚关系	5	
			定时器 1 的设置	5	
	代码设计	30	正确建立工程	5	
			编写流程图	5	
			程序设计，包括引用头文件、设计延时程序、初始化 I/O、定时器 T1 中断处理函数、主程序代码设计等	20	
	职业素养	10	编程过程中及结束后，桌面及地面不符合 7S 基本要求的扣除 3～5 分	10	
		10	对耗材浪费，不爱惜工具，扣除 3 分；损坏工具、设备扣除本大项的 20 分；发生严重违规操作或作弊，取消成绩	10	
训练结果（20%）	实作结果及质量	20	工艺和功能验证	10	
			撰写考核记录报告	10	
总计		100			

四、任务小结

（1）定时器 1 除了具有最基本的定时和计数功能外，还具有捕获、比较和 PWM 输出功能。

（2）呼吸灯原理就是逐步改变 PWM 的占空比来改变 LED 亮灭的时间来实现的。

（3）CC2530 的每个输出通道都有相关的寄存器控制，通道捕获/比较控制寄存器用于设置输出 PWM 信号的波形，通道捕获/比较值寄存器和 T1CC0 用于设置 PWM 信号的周期和占空比。

（4）定时器 1 有 5 个独立的捕获/比较通道，每个通道使用一个 I/O 引脚。

（5）PWM 采用调整脉冲占空比以调整电压、电流、功率，最终达到调整光亮度的目的，PWM 就是指在一定的时间内用高低电平所占的比例不同来控制一个对象。

（6）自由运行模式的计数周期是固定值 0xFFFF，当计数器达到最终计数值 0xFFFF 时，系统自动设置标志位 IRCON.T1IF 和 T1STAT.OVFIF。

（7）可以通过两个 8 位的 SFR 读取 16 位的计数器值:T1CNTH 和 T1CNTL，分别包含高位和低位字节。

【思政小课堂】

具体问题具体分析

PWM 是利用微处理器的数字输出来对模拟电路进行控制的一种非常有效的技术，通过高分辨率计数器的使用，方波的占空比被调制成对一个具体模拟信号的电平进行编码。针对不同的应用场景，设计合适的“呼吸灯”，这就是典型的“具体问题具体分析”的策略。具体问题具体分析是辩证方法论的一个基本原则，也是马克思主义的活的灵魂，即是指在矛盾特殊性原理的指导下，主要研究矛盾的诸多特点，如重点分析过程中矛盾的各个侧面出现的特殊性；一个过程在其发展途中常常又分为若干阶段，而每一阶段上矛盾的特点是不相同的；阶段上矛盾着的各个侧面也是各有特点，不可一律对待，亦须做具体分析。同学们在想问题、办事情时，要根据事情的不同情况进行分析、调研，从实际出发，理论联系实际，实事求是，充分发挥主观能动性，掌握并运用“具体问题具体分析”的方法论，找到解决问题的正确方法，切忌以偏概全、一概而论。

五、参考代码

```
//包含头文件
#include "ioCC2530.h"
//宏定义有关 I/O 口
#define LED1 P1_0


//定义 T1CC2H 暂存变量
int var = 0;
```

```
//初始化 LED 灯
void InitLed()
{
  //初始化 I/O 口配置寄存器及 I/O 口
  P1SEL &= ~ 0x01;
  P1DIR |= 0x01;
  LED1 = 1;

}
//初始化定时器
void InitT1()
{
  T1CTL |= 0x01;         //1 分频，自由运行模式
  PERCFG |= 0x40;     //定时器 1 选择外设位置 2：P1_0 是 T1 通道 2
  P1SEL |= 0x01;         //设置 P1_0 口为外设 I/O 口
  T1CCTL2 |= 0x64;   //定时器 1 通道 2 向上比较，比较模式
  T1CC2L = 0xFF;
  T1CC2H = var;
}
void main()
{
  int flag = 1;          //1——渐亮；2——渐灭
  InitLed();
  InitT1();
  while(1)
  {
    if((T1STAT & 0x04)>0)       //定时器 T1 通道 2 发生中断
    {
      T1STAT &=  ~ 0x04;               //清除定时器 T1 通道 2 中断标志
      if(flag == 1)                        //改变 T1CC2H 的值，从而改变亮度
        var++;
      else if(flag == 2)
        var--;
      If(flag == 1 && var >= 254)
        flag = 2;
      else if(flag == 2 && var <= 0)
        flag = 1;
```

```
        T1CC2L = 0xFF;
        T1CC2H = var;
      }
    }
}
```

六、拓展训练

（1）PWM 原理是什么?
（2）简要说明呼吸灯是怎么实现的?
（3）定时器 1 的初始化流程是什么?
（4）若定时器选用 T3 或 T4，如何实现脉冲宽度调制 LED?

七、启发与思考

拓展训练第 4 题，若定时器选用 T4，实现脉冲宽度调制 LED 的参考代码：

```
#include "ioCC2530.h"
#define LED2 P1_1
#define uchar unsigned char
uchar h = 0x00;                //用于定时器计数
uchar H2LFlag = 0x00;

//LED 初始化程序
void LED_Init(void)
{

  P1SEL |= 0x02;               //设置 P1.1 为定时器 T4 通道 1 输出
  P1DIR |= 0x02;
  P1 &=  ~0x02;
}
//定时器 T4 初始化程序
void Timer4_Init(void)
{
  T4CTL |= 0xE0;               //128 分频，128/16000000*N=0.5S，N=62500
  T4CTL |= 0x02;               //配置为模模式
  T4CTL |= 0x10;                //启动 T4 定时器

  T4CCTL1 = 0x24;               //配置 T4 通道 1 的比较输出
  T4CC1    = 0x00;
  T4CC0    = 0xff;              //比较输出计数值的上限
```

```
}
/***********************************************************
函数名称：main
功能：程序主函数
入口参数：无
出口参数：无
返回值：无
***********************************************************/
void main(void)
{
  uchar H2LFlag = 0;

  LED_Init();
  Timer4_Init();
  while(1)
  {
    if((TIMIF&0x20)>0)        //T4 通道 1 标志位
    {
      TIMIF &=  ~(1 << 5);
      if(H2LFlag == 0x00)       //由低亮到高亮
      {
        if(h<253)               //亮度增加
          h++;
        else
        {
          H2LFlag = 0x01;       //由高亮到低亮
        }
      }
      else
      {
        if(h>1)                 //亮度降低
          h--;
        else
        {
          H2LFlag = 0x00;       //由低亮变高亮
        }
      }
      T4CC1 = h;                //当前亮度值
    }
  }
}
```

任务 3.4　基于看门狗定时器紧急复位功能开发

学习型任务单	任务 4.1　基于看门狗定时器紧急复位功能开发
【任务描述】 停车场需要保持设备间干燥，为避免空气潮湿，引入新风系统。新风系统的自动持续运行功能，可以用看门狗定时器实现紧急复位模拟。本任务使用 CC2530 看门狗定时器来控制 LED 进行周期性闪烁，实现自动复位。具体要求如下： LED 周期性闪烁时间间隔为 1 s，看门狗定时器工作于看门狗模式。	
【任务目标】 对于看门狗定时器实现紧急复位功能的开发，主要目标包括： （1）掌握看门狗定时器的工作模式配置。 （2）掌握看门狗定时器寄存器的配置方法。	
【素养目标】 （1）培养学生在工作现场的 6S 意识和用电安全意识。 （2）爱惜工具，注意场地整洁。 （3）具备积极、主动的探索精神。	
三、任务要求 （1）通过学习，掌握以下知识点： ① 掌握看门狗定时器的编程方法。 ② 掌握看门狗定时器紧急自动复位的编程方法。 （2）基于 IAR 和 CC2530 开发板，编程实现基于看门狗定时器在智慧工厂停车场喷淋系统中紧急复位的功能。通过学习，掌握以下技能点： 能够配置和运用看门狗。 （3）拓展训练。	
学习总结：	

一、相关知识

（一）看门狗定时器

微课 3.5　看门狗的工作原理

看门狗定时器（Watch Dog Timer，WDT）是一种专门用于监测单片机程序运行状态的芯片。其实质是一个计数器，一般给一个大数，程序开始运行后，看门狗定时器开始倒计数。如果程序运行正常，每隔一段时间 CPU 会发出指令让看门狗复位，重新开始倒计数；如果看门狗计数减到 0，就认为程序没有正常工作，将强制整个系统复位。

看门狗的功能是指看门狗是在程序跑“飞”的情况下，将 CPU 重置的一种方式，当软件在选定的时间间隔内不能置位看门狗定时器，看门狗就复位系统。看门狗可用于电噪声、电源故障或静电放电等恶劣工作环境或高可靠性要求的环境。如果系统不需要应用看门狗，则看门狗定时器可配置成间隔定时器，在选定时间间隔内产生中断。

（二）看门狗定时器的看门模块

看门狗定时器的特性如下：

四个可选的定时器间隔；

看门狗模式；

定时器模式；

在定时器模式下产生中断请求。

WDT 可以配置为一个看门狗定时器或一个通用的定时器。WDT 模块的运行由 WDCTL 寄存器控制。看门狗定时器包括一个 15 位计数器，它的频率由 32 kHz 时钟源规定，注意用户不能获得 15 位计数器的内容。在所有供电模式下，15 位计数器的内容保留，且当重新进入主动模式，看门狗定时器继续计数。

1. 看门狗模式

在系统复位之后，看门狗定时器就被禁用。要设置 WDT 为看门狗模式，就必须设置 WDCTL.MODE[1:0]位为 10，然后看门狗定时器的计数器从 0 开始递增。在看门狗模式下，一旦定时器使能，就不可以禁用定时器，因此，如果 WDT 位已经运行在看门狗模式下，再往 WDCTL.MODE[1:0]写入 00 或 10 就不起作用了。

WDT 运行在一个频率为 32.768 kHz（当使用 32　kHz XOSC）的看门狗定时器时钟上。这个时钟频率的超时期限等于 1.9 ms，15.625　ms，0.25 s 和 1 s，分别对应 64，512，8 192 和 32 768 的计数值设置。

如果计数器达到选定定时器的间隔值，看门狗定时器就为系统产生一个复位信号。如果在计数器达到选定定时器的间隔值之前，执行了一个看门狗清除序列，计数器就复位到 0，并继续递增。看门狗清除的序列包括在一个看门狗时钟周期内，写入 0xA 到 WDCTL.CLR[3:0]，然后写入 0x5 到同一个寄存器位。如果这个序列没有在看门狗周期结束之前执行完毕，看门狗定时器就为系统产生一个复位信号。

当看门狗模式下，WDT 使能，就不能通过写入 WDCTL.MODE[1:0]位改变这个模式，且定时器间隔值也不能改变。

在看门狗模式下，WDT 不会产生一个中断请求。

2. 定时器模式

要在一般定时器模式下设置看门狗定时器，必须把 WDCTL.MODE[1:0]位设置为 11。此时，看门狗定时器就开始工作，且计数器从 0 开始递增，当计数器达到选定间隔值时，CPU 将 IRCON2.WDTIF 置 1。如果 IEN2.WDTIE=1 且 IEN0.EA=1，则定时器将产生一个中断请求（IRCON2.WDTIF/IEN2.WDTIE）。

在定时器模式下，可以通过写入 1 到 WDCTL.CLR[0]来清除定时器内容。当定时器被清除后，计数器的内容就置为 0。写入 00 或 01 到 WDCTL.MODE[1:0]可停止定时器，并对其清零。

定时器间隔由 WDCTL.INT[1:0]位设置。在定时器操作期间，定时器间隔不能改变，且当定时器开始时必须设置。在定时器模式下，当达到定时器间隔时，不会产生复位。

注意：如果选择了看门狗模式，定时器模式不能在芯片复位之前选择。

（三）CC2530 看门狗定时器的相关寄存器

CC2530 看门狗定时器的控制寄存器为 WDCTL，其功能描述如表 3.4.1 表示。

表 3.4.1 CC2530 看门狗的控制寄存器 WDCTL

位	位名称	复位值	操作	描述
7:4	CLR[3:0]	0000	R0/W	清除定时器。当 0xA 跟随 0x5 写入这些位，定时器被清除（即加载 0）。注意：定时器仅写入 0xA 之后，在一个看门狗时钟周期内写入 0x5 时才被清除。当看门狗定时器是 IDLE 时，写入这些位没有影响。当运行于定时器模式时，定时器可以通过写 1 到 CLR [0]（不管其他 3 位）被清除为 0x0000（但是不停止）
3:2	MODE[1:0]	00	R/W	模式选择。该位用于启动看门狗定时器处于看门狗模式还是定时器模式。当处于定时器模式，设置这些位为 IDLE 将停止定时器。注意：当运行在定时器模式时要转换到看门狗模式，首先停止看门狗定时器，然后启动看门狗定时器处于看门狗模式。当运行于看门狗模式时，写这些位没有影响。 00：IDLE； 01：IDLE（未使用，等于 00 设置）； 10：看门狗模式； 11：定时器模式
1:0	INT[1:0]	00	R/W	定时器间隔选择。这些位选择定时器间隔定义为 32 MHz 振荡器周期的规定数。注意间隔只能当看门狗定时器处于 IDLE 时改变，因此间隔必须在定时器启动的同时设置。 00：定时周期为 1 s，以 32.768 kHz 时钟计算； 01：定时周期为 0.25 s； 10：定时周期为 15.625 ms； 11：定时周期为 1.9 ms

（四）CC2530 看门狗的配置和运用

设置 WDCTL. MODE[1:0]位为 10，WDT 即工作在看门狗模式，看门狗定时器的计数器从 0 开始递增。在看门狗模式下，在计数器达到选定定时器的间隔值之前，必须执行一个看门狗清除序列，使计数器复位到 0，并继续递增。

当启动看门狗定时器后，它就会从 0 开始计数，若程序在规定的时间间隔内没有及时对其清零（喂狗），看门狗定时器就会复位系统（相当于重启），如图 3.4.1 所示。

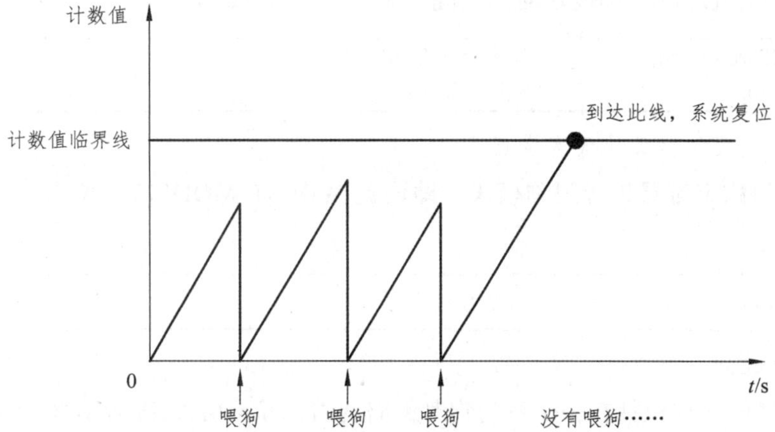

图 3.4.1　看门狗定时器

二、任务实施

（一）功能要求

本任务是在看门狗模式下实现 LED 闪烁周期 1 s 的自动复位功能。

（二）设计思路

看门狗工作于看门狗模式，可以采用中断服务子程序思想来编程，其流程如图 3.4.2 所示。

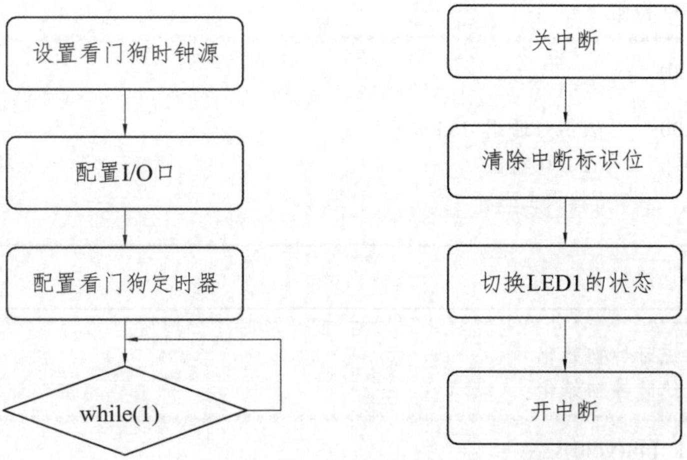

图 3.4.2　主程序和中断服务子程序流程图

（三）关键代码

1. 关键问题

1）定时时间间隔设置

要设置定时时间间隔为 1 s，首先设置系统时钟源振荡周期为 32 kHz，可通过时钟控制命令寄存器 CLKCONCMD.OSC32K 位来设定。然后设定看门狗定时器控制寄存器 WDCTL.INT[1:0]为 00（即设定时间间隔为 1 s）。设置代码如下：

```
CLKCONCMD &= 0x80;           //系统时钟源选择 32 kHz
WDCTL = 0x00;                //时间间隔 1 s
```

2）看门狗定时器工作模式设置

设置看门狗定时器为看门狗模式，即设置 WDCTL.MODE[3:2]位为 10，设置代码如下：

```
WDCTL |= 0x08;                  //启动看门狗
```

3）喂狗设置

看门狗清除序列包括在一个看门狗时钟周期内，写入 0xA 到 WDCTL.CLR[7:4]，然后写入 0x5 到同一个寄存器位，即对寄存器 WDCTL 进行如下配置：

```
WDCTL |= 0xA0;
WDCTL |= 0x50;
```

任务要求 LED 周期性闪烁，自动复位，所以在规定的时间间隔 1 s 内不必对其清零（喂狗）。

2. 其他程序

对系统的各部分功能分别用函数实现，然后通过主函数调用各函数即可。

1）LED 初始化

```
/***************************************************************************
* 文 件 名: LED 初始化
* 描    述: LED 初始化
***************************************************************************/
void led_Init(void)
{
  P1SEL  = 0x00;      //P1 为通用 I/O 口
  P1DIR |= 0x01;      //P1_0 输出
  LED1 = 0;           //熄灭 LED1
}
```

2）系统时钟初始化

```
/***************************************************************************
* 文 件 名: 系统时钟初始化
* 描    述: 系统时钟初始化
***************************************************************************/
void systemClock_Init(void)
{
```

```
  unsigned char clkconcmd, clkconsta;
  CLKCONCMD &= 0x80;

 /* 等待所选择的系统时钟源（主时钟源）稳定 */
 clkconcmd = CLKCONCMD;                    //读取时钟控制寄存器 CLKCONCMD
 do
 {
   clkconsta = CLKCONSTA;                  //读取时钟状态寄存器 CLKCONSTA
 } while(clkconsta != clkconcmd);         //直到选择的系统时钟源（主时钟源）稳定
}
```

3）看门狗初始化

```
//看门狗初始化
void watchdog_Init(void)
{
   WDCTL = 0x00;              //看门狗模式，时间间隔 1 s
   WDCTL |= 0x08;             //启动看门狗
 }
```

编译并生成目标代码，下载到实验板上运行，观察 LED1 的显示效果。也可以使用示波器观察 LED1 控制引脚的信号输出。

三、考核与评价

基于看门狗定时器紧急复位功能开发任务训练的评分表如表 3.4.2 所示。

表 3.4.2　基于看门狗定时器紧急复位功能开发任务训练的评分表

一级指标	二级指标	分值	扣分点及扣分原因	单项分值	得分
训练过程（80%）	计划与准备	10	做好测试前的准备，不进行清点接线、设备、材料等操作扣除 2 分	5	
			带电插拔元器件扣除 1 分	5	
	电路分析	20	CC2530 引脚功能	10	
			数据采集与 CC2530 引脚关系	10	
	代码设计	30	正确建立工程	5	
			编写流程图	5	
			程序设计，包括引用头文件、设计延时程序、初始化 I/O、主程序代码设计等	20	
	职业素养	10	编程过程中及结束后，桌面及地面不符合 7S 基本要求的扣除 3～5 分	10	
		10	对耗材浪费，不爱惜工具，扣除 3 分；损坏工具、设备扣除本大项的 20 分；发生严重违规操作或作弊，取消成绩	10	
训练结果（20%）	实作结果及质量	20	工艺和功能验证	10	
			撰写考核记录报告	10	
总计		100			

四、任务小结

看门狗的使用可以总结为：选择模式→选择定时器间隔→放狗→喂狗。

（一）选择模式

看门狗定时器有两种模式，即“看门狗模式”和“定时器模式”。

在定时器模式下，它就相当于普通的定时器，达到定时间隔会产生中断（可以在 ioCC2530. h 文件中找到其中断向量为 WDT_VECTOR）；在看门狗模式下，当达到规定时间隔时，不会产生中断，取而代之的是向系统发送一个复位信号。

可以通过 WDCTL. MODE 位来选择看门狗定时器模式。

（二）选择定时器间隔

有四种可供选择的时钟周期。要选择时间间隔为 1 s ，即令 WDCTL. INT=00。

（三）放　狗

令 WDCTL.EN=1，即可启动看门狗定时器。

（四）喂　狗

定时器启动之后，就会从 0 开始计数。在其计数值达到 32 768 之前（即<1 s），若用以下代码喂狗，则定时器的计数值会被清 0，然后它会再次从 0x0000 开始计数，这样就防止了其发送复位信号，表现在开发板上就是：LED1 会一直亮着，不会闪烁。

```
WDCTL=0xA0;
WDCTL=0x50;
```

若不喂狗（即把此代码注释掉），那么当定时器计数达到 32 768 时，就会发出复位信号，程序将会从头开始运行，表现在开发板上就是：LED1 不断闪烁，闪烁间隔为 1 s（注意，喂狗程序一定要严格与上述代码一致）。

【思政小课堂】

底线思维

学习是进步的阶梯。干部要勤于学，敏于思，认真学习马克思主义理论特别是中国特色社会主义理论体系，掌握贯穿其中的立场、观点、方法，提高战略思维、创新思维、辩证思维、底线思维能力，正确判断形势，始终保持政治上的清醒和坚定。

——2013 年 6 月 28 日，习近平总书记在全国组织工作会议上的讲话

“看门狗”其实就是一个系统运行的“底线”，当因为意外情况系统“跑飞”越过底线之后，系统将强制复位。每个人都应当有自己的“底线”，并且合理地设置自己的底线，任何事

情都先想到最坏的情况，这就是习总书记强调的“底线思维”。底线思维，是指一种思维技巧，拥有这种技巧的思想者会认真计算风险，估算可能出现的最坏情况，并且接受这种情况，也就是我们所说的风险意识、成本意识。坚持底线思维要求我们凡事从坏处准备，努力争取最好的结果，善于未雨绸缪、见微知著、防微杜渐，敢于应对挑战、面对风险。底线思维会影响我们的生活态度，能够提供继续前进时所必须的那份坦然，因为并不是所有人都能够轻易地做决定或担风险。

五、参考代码

```
#include "ioCC2530.h"
#define LED1 P1_0

void main(void)
{
    long int timer = 50000;
    //配置 LED
    P1SEL   &=  ~0x01;              //普通 I/O 口
    P1DIR   |= 0x01;                //输出模式
    LED1 = 1;                       //灭 LED1
    //初始化系统时钟
    CLKCONCMD &= 0x80;
    while(CLKCONSTA != CLKCONCMD);
    //初始化看门狗定时器
    WDCTL = 0x00;                   //看门狗模式，时间间隔 1 s
    WDCTL|= 0x08;                   //启动看门狗
    //延时
    while(timer--);                 //延时小于 1 s。若大于 1 s，会出现什么情况？
    LED1 = 0;                       //亮 LED1
    while(1)                        //系统不断复位，小灯每隔 1 s 闪烁一次
    {
      WDCTL |= 0xA0;                //喂狗指令
      WDCTL |= 0x50;
    }
}
```

六、拓展训练

使用看门狗定时器 WDT 工作在定时器模式，控制 LED 灯的亮与灭，如何编程实现呢？

七、启发与思考

使用 CC2530 看门狗采用定时器工作模式控制 LED 进行周期性闪烁。具体要求如下：

（1）LED 周期性闪烁时间间隔为 1 s。

（2）看门狗定时器工作于看门狗定时器模式。

```
#include "ioCC2530.h"
#define LED1 P1_0
void main(void)
{
    P1SEL   &=  ~0x01;  //普通 I/O 口
    P1DIR   |=   0x01;     //输出模式
    LED1 = 0;                //灭 LED1
    //初始化系统时钟
    CLKCONCMD &= 0x80;
    while(CLKCONSTA != CLKCONCMD);
    //初始化看门狗定时器
    WDCTL = 0x01;    //看门狗模式，时间间隔 1 s
     WDCTL |= 0x0C;  //启动看门狗定时器工作方式
    IEN2|=0X20;       //不能位寻址 WDTIE = 1;
    EA = 1;
    while(1)    ;
}

#pragma vector = WDT_VECTOR
__interrupt void WDT_INT()
{
   EA=0;
   WDTIF=0;
   LED1 = !LED1;
   EA=1;
}
```

任务 3.5　基于睡眠定时器唤醒功能开发

<table>
<tr><td>学习型任务单</td><td>任务 3.5　基于睡眠定时器唤醒功能开发</td></tr>
<tr><td colspan="2">【任务描述】
本任务通过对 CC2530 芯片的各种功耗模式以及各种功耗模式之间的切换，实现 CC2530 低功耗运行。具体要求如下：
（1）系统初始化后处于主动模式，LED1 闪 5 次后进入空闲状态，2 s 后被睡眠定时器唤醒为主动模式。
（2）LED2 闪 5 次进入 PM，1.3 s 后被睡眠定时器唤醒为主动模式。</td></tr>
<tr><td colspan="2">【任务目标】
通过睡眠定时器实现定时唤醒功能，进一步分析 CC2530 电源管理功能，掌握睡眠定时器不同运行模式的切换，主要目标包括：
（1）了解 CC2530 电源管理的作用。
（2）了解 CC2530 电源的运行模式。
（3）了解 CC2530 的振荡器和时钟。
（4）了解 CC2530 睡眠定时器。
（5）掌握 CC2530 电源管理相关寄存器的配置。</td></tr>
<tr><td colspan="2">【素养目标】
（1）培养学生在工作现场的 6S 意识和用电安全意识。
（2）爱惜工具，注意场地整洁。
（3）具备积极、主动的探索精神。</td></tr>
<tr><td colspan="2">【任务要求】
（1）通过学习，掌握以下知识点：
① 能够区分 CC2530 电源的各种运行模式。
② 能够根据需要选择合适的时钟源。
③ 能够配置和使用睡眠定时器。
④ 能够根据需要选择电源的运行模式。
（2）通过学习，掌握以下技能点：
① 熟悉 CC2530 芯片的各种功耗模式以及各种功耗模式之间的切换，实现 CC2530 低功耗运行。
② 能够区分 CC2530 电源的各种运行模式。
③ 能够根据需要选择合适的时钟源。
④ 能够配置和使用睡眠定时器。
（3）拓展训练。</td></tr>
<tr><td colspan="2">【学习总结】</td></tr>
</table>

一、相关知识

（一）低功耗运行的意义和实现途径

实际运用中的 CC2530 一般是靠电池来供电的，因此对其功耗的控制显得至关重要。低功耗运行是通过选择运行模式（供电模式）使能的，通过关闭电源模块以避免静态（泄漏）功耗，或者使用门控时钟和关闭振荡器以降低动态功耗来实现。

CC2530 有 5 种不同的运行模式（供电模式），分别为主动模式、空闲模式、PM1、PM2 和 PM3。不同的供电模式对系统运行的影响如表 3.5.1 所示，并给出了稳压器和振荡器选择。主动模式是一般模式，表中越靠下，被关闭的功能越多，功耗也越来越低，PM3 具有最低的功耗。

表 3.5.1　供电模式

供电模式	高频振荡器	低频振荡器	稳压器（数字）
配置	A：32 MHz XOSC B：16 MHz RCOSC	C：32 kHz XOSC D：32 kHz RCOSC	ON
主动/空闲模式	A 或 B	C 或 D	ON
PM1	无	C 或 D	ON
PM2	无	C 或 D	OFF
PM3	无	无	OFF

主动模式：完全功能模式。稳压器的数字内核开启，16 MHz *RC* 振荡器或 32 MHz 晶体振荡器运行，或者两者同时运行。32 kHz RCOSC 振荡器或 32 kHz XOSC 运行。

空闲模式：除了 CPU 内核停止运行（即空闲），其他和主动模式一样。

PM1：稳压器的数字部分开启，32 MHz XOSC 和 16 MHz RCOSC 都不运行，32 kHz RCOSC 或 32 kHz XOSC 运行。复位、外部中断或睡眠定时器过期时系统将转到主动模式。

PM2：稳压器的数字内核关闭，32 MHz XOSC 和 16 MHz RCOSC 都不运行，32 kHz RCOSC 或 32 kHz XOSC 运行。复位、外部中断或睡眠定时器过期时系统将转到主动模式。

PM3：稳压器的数字内核关闭，所有的振荡器都不运行，复位或外部中断时系统将转到主动模式。

1. 主动和空闲模式

主动模式是完全功能的运行模式。CPU、外设和 RF 收发器都是活动的，数字稳压器是开启的，主动模式用于一般操作。在主动模式下（SLEEPCMD.MODE=0x00）通过使能 PCON.IDLE 位，CPU 内核就停止运行，进入空闲模式，所有其他外设将正常工作，且 CPU 内核将被任何使能的中断唤醒（从空闲模式转换到主动模式）。

2. PM1

在 PM1 模式下，高频振荡器（32 MHz XOSC 和 16 MHz RCOSC）是掉电的。稳压器和使能的 32 kHz 振荡器是开启的。当进入 PM1 模式时，就运行一个掉电序列。由于 PM1 使用的上电/掉电序列较快，等待唤醒事件的预期时间相对较短（小于 3 ms），就使用 PM1。

3. PM2

PM2 具有较低的功耗。在 PM2 下的上电复位时刻，外部中断、所选的 32 kHz 振荡器和睡眠定时器外设是活动的。I/O 引脚保留在进入 PM2 之前设置的 I/O 模式和输出值。所有其他内部电路是掉电的，稳压器也是关闭的。当进入 PM2 模式时，就运行一个掉电序列。当使用睡眠定时器作为唤醒事件，并结合外部中断时，一般就会进入 PM2 模式。相比较 PM1，当睡眠时间超过 3 ms 时，一般选择 PM2。比起使用 PM1，使用较少的睡眠时间不会降低系统功耗。

4. PM3

PM3 用于获得最低功耗的运行模式。在 PM3 模式下，稳压器供电的所有内部电路都关闭（基本上是所有的数字模块，除了中断探测和 POR（单片机的上电复位）电平传感）。内部稳压器和所有振荡器也都关闭，复位（POR 或外部）和外部 I/O 端口中断是该模式下仅有的运行功能。I/O 引脚保留进入 PM3 之前设置的 I/O 模式和输出值。复位条件或使能的外部 I/O 中断事件将唤醒设备，使它进入主动模式（外部中断从它进入 PM3 的地方开始，而复位返回到程序执行的地方开始）。PM3 使用和 PM2 相同的上电/掉电序列。当等待外部事件时，使用 PM3 获得超低功耗。当睡眠时间超过 3 ms 时应该使用该模式。

5. PM2 和 PM3 模式下数据的保留

在 PM2 或 PM3 模式下，大多数内部电路是断电的，但是 SRAM 和内部缓存器中的内容是被保留的。除非在资料手册中另有说明，CPU 暂存器、芯片内外部设备缓存器和 RF 缓存器都将保留它们各自的内容，切换到 PM2 或 PM3 模式对于软件而言是透明的。注意，睡眠定时器的值在 PM3 模式下不被储存。

（二）CC2530 的电源管理

使用 CC2530 时，所需的供电模式通过使用 SLEEPCMD 控制寄存器的 MODE 位和 PCON.IDLE 位来选择。设置 SFR 寄存器的 PCON.IDLE 位，进入 SLEEPCMD.MODE 所选的模式。来自端口引脚或睡眠定时器使能的中断或上电复位将从其他供电模式唤醒设备，使它回到主动模式。

当进入 PM1、PM2 或 PM3，就运行一个掉电序列。当设备从 PM1、PM2 或 PM3 中出来时，它在 16 MHz 开始，如果进入供电模式（设置 PCON.IDLE）且 CLKCONCMD.OSC=0，则自动变为 32 MHz。如果进入供电模式设置了 PCON.IDLE 且 CLKCONCMD.OSC=1，则它继续运行在 16 MHz。

CC2530 有 5 种电源模式：主动（完全清醒）、空闲（清醒，但 CPU 停止运行）、PM1（有点瞌睡）、PM2（半醒半睡）和 PM3（睡得很香），它们之间的转化关系如图 3.5.1 所示。

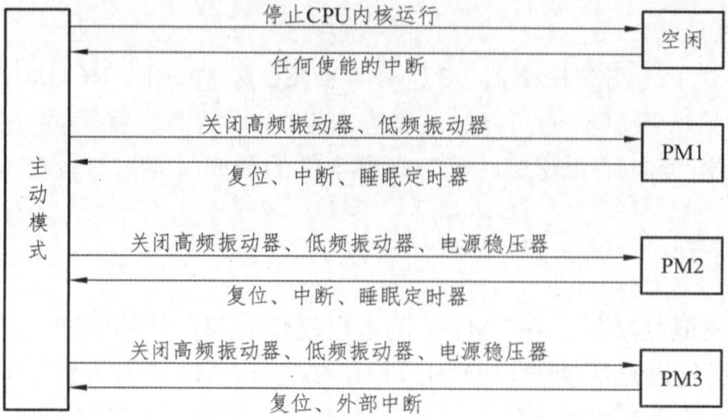

图 3.5.1　5 种运行模式转换关系

从图 3.5.1 可知，任何使能的中断都可以使系统从空闲状态唤醒到主动状态。PM1、PM2 唤醒到主动/空闲模式（PM0），有三种方式：复位、外部中断和睡眠定时器中断；但把 PM3 唤醒到 PM0，只有两种方式：复位和外部中断（因为在 PM3 下，所有振荡器均停止工作，睡眠定时器自然也是休眠的）。

（三）CC2530 电源管理的相关寄存器

CC2530 电源管理寄存器有：供电模式控制寄存器 PCON（见表 3.5.2）；睡眠模式控制寄存器 SLEEPCMD（见表 3.5.3）；睡眠模式控制状态寄存器 SLEEPSTA（见表 3.5.4）。在进入 PM2 或 PM3 时，所有寄存器位保留它们之前的值。

表 3.5.2　供电模式控制寄存器 PCON（0x87）

位	名称	复位	R/W	描述
7：1	-	0000 000	R/W	未使用，总是写作 0000 000
0	IDLE	0	R/W	供电模式控制。写 1 到该位强制设备进入 SLEEP.MODE（注意，MODE=0x00 且 IDLE=1 将停止 CPU 内核活动）设置的供电模式，这个位读出来一直是 0。当活动时，所有的使能中断将清除这个位，设备将重新进入主动模式

表 3.5.3　睡眠模式控制寄存器 SLEEPCMD（0xBE）

位	名称	复位	R/W	描述
7	OSC32K_CALDIS	0	R/W	禁用 32 kHz *RC* 振荡器校准： 0:使能 32 kHz *RC* 振荡器校准； 1:禁用 32 kHz *RC* 振荡器校准。 这个设置可以在任何时间写入，但是在芯片运行在 16 MHz 高频 *RC* 振荡器之前不起作用
6:3	-	000 0	R0	保留
2	-	1	R/W	保留，总是写作 1
1:0	MODE[1:0]	00	R/W	供电模式设置： 00:主动/空闲模式； 01:供电模式 1； 10: 供电模式 2； 11:供电模式 3

表 3.5.4　睡眠模式控制状态寄存器 SLEEPSTA（0x9D）

位	名称	复位	R/W	描述
7	OSC32K_CALDIS	0	R	禁用 32 kHz *RC* 振荡器校准。 SLEEPSTA.OSC32K_CALDIS 显示禁用 32 kHz *RC* 校准的当前状态。在芯片运行在 32 kHz *RC* 振荡器之前，该位设置的值不等于 SLEEPCMD.OSC32K_CALDIS。这一设置可以在任何时间写入，但是在芯片运行在 16 MHz 高频 *RC* 振荡器之前不起作用
6:5	-	00	R	保留
4:3	RST[1:0]	XX	R	状态位，表示上一次复位的原因。如果有多个复位，寄存器只包括最新的事件。 00：上电复位和掉电探测； 01：外部复位； 10：看门狗定时器复位； 11：时钟丢失复位
2:1	-	00	R	保留
0	CLK32K	0	R	32 kHz 时钟信号（与系统时钟同步）

（四）CC2530 振荡器和时钟

CC2530 有一个内部系统时钟或主时钟。该系统时钟源既可以用 16 MHz *RC* 振荡器，也可以采用 32 MHz 晶体振荡器。时钟的控制可以使用 CLKCONCMD SFR 寄存器执行。还有一个 32 MHz 时钟源，可以是 *RC* 振荡器或晶体振荡器，也由 CLKCONCMD 寄存器控制。CLKCONSTA 寄存器是一个只读的寄存器，用于获得当前时钟状态。振荡器可以选择高精度的晶体振荡器，也可以选择低功耗的高频 *RC* 振荡器。注意，运行 RF 收发器，必须使用 32 MHz 晶体振荡器。带有可用时钟源的时钟系统如图 3.5.2 所示。

1. 振荡器

CC2530 有两个高频振荡器：

（1）32 MHz 晶体振荡器。

（2）16 MHz *RC* 振荡器。

32 MHz 晶体振荡器启动时间对一些应用程序来说可能比较长，因此设备可以运行在 16 MHz *RC* 振荡器，直到晶体振荡器稳定。16 MHz *RC* 振荡器功耗少于晶体振荡器，但是由于不像晶体振荡器那么精确，不能用于 RF 收发器操作。

设备的两个低频振荡器：

（1）32 kHz 晶体振荡器。

（2）32 kHz *RC* 振荡器。

32 kHz XOSC 用于运行在 32.768 kHz，为系统需要的时间精度提供一个稳定的时钟信号。校准时 32 kHz RCOSC 运行在 32.753 kHz，且只能发生在 32 kHz XOSC 使能的时候，这个校准可能通过使能 SLEEPCMD.OSC32K_CALDIS 位禁用。比起 32 kHz XOSC 解决方案，32 kHz RCOSC 振荡器应用于降低成本和电源消耗，这两个 32 kHz 振荡器不能同时运行。

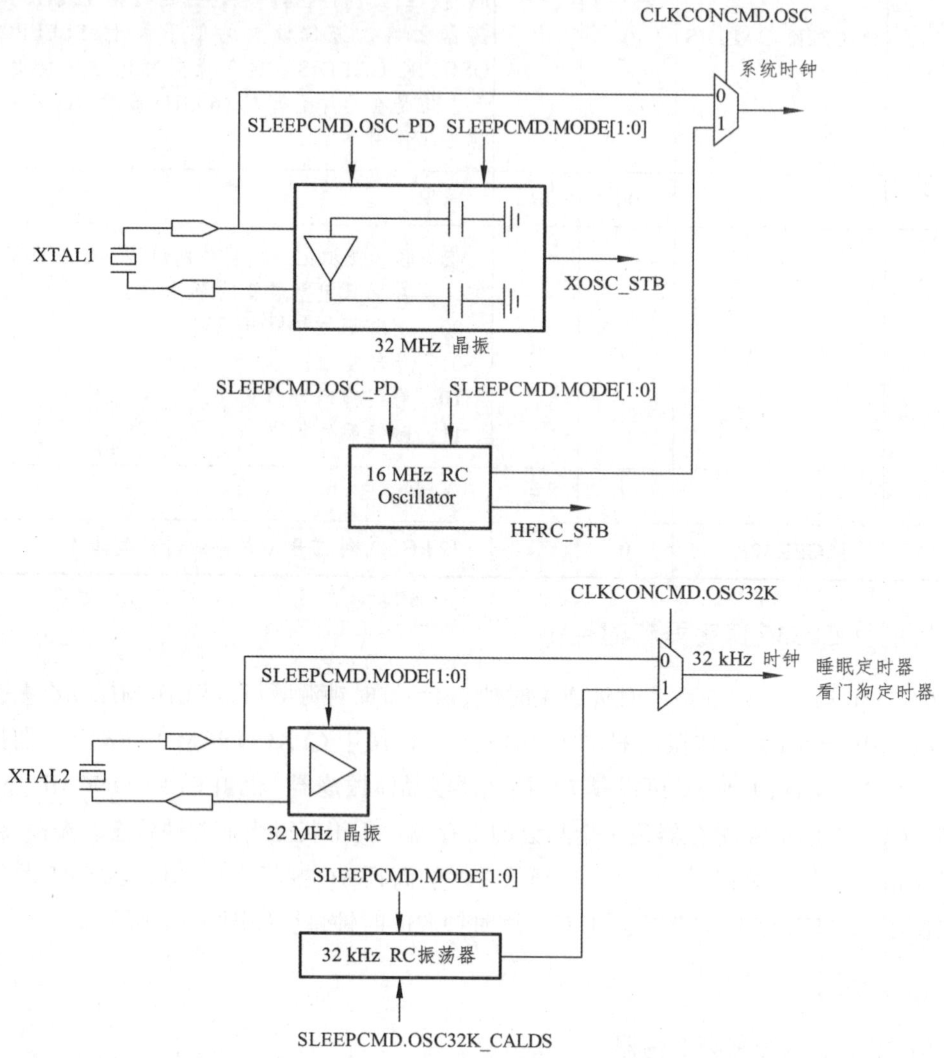

图 3.5.2 CC2530 系统时钟

2. 系统时钟

系统时钟是从所选的主系统时钟源获得的，主系统时钟源可以是 32 MHz XOSC 或 16 MHz RCOSC。CLKCONCMD.OSC 位选择主系统时钟的源。要使用 RF 收发器，必须选择高速且稳定的 32 MHz 晶振。改变 CLKCONCMD.OSC 位不会立即改变系统时钟。时钟源的改变首先在 CLKCONSTA.OSC=CLKCONCMD.OSC 的时候生效，这是因为实际改变时钟源之前需要有稳定的时钟。CLKCONCMD.CLKSPD 位反映系统时钟的频率，因此是 CLKCONCMD.OSC 位的映像。选择了 32 MHz XOSC 且稳定之后，即当

CLKCONSTA.OSC 位从 1 变为 0 时，16 MHz *RC* 振荡器就被校准。

从 16 MHz 时钟源变到 32 MHz 时钟源（反之亦然）与 CLKCONCMD.TICKSPD 的设置一致。当 CLKCONCMD.OSC 改变时，较慢的 CLKCONCMD. TICKSPD 设置导致实际电源改变生效的时间较长。最快的转换是当 CLKCONCMD.TICKSPD 等于 000 时获得。

3. 32 kHz 振荡器

设备的两个 32 kHz 振荡器作为 32 kHz 时钟的时钟源:

（1）32 kHz XOSC。

（2）32 kHz RCOSC。

默认复位后 32 kHz RCOSC 使能，被选为 32 kHz 时钟源。RCOSC 功耗较少，但是不如 32 kHz XOSC 精确。所选的 32 kHz 时钟源驱动睡眠定时器，为看门狗定时器产生标记，当计算睡眠定时器睡眠时间的时候用作定时器 2 的一个选通命令。选择哪个振荡器用作 32 kHz 时钟源是通过 CLKCONCMD.OSC32K 寄存器位执行的。

CLKCONCMD.OSC32K 寄存器位可以在任何时间写入，但是在 16 MHz RCOSC 成为活跃的系统时钟源之前不起作用。当系统时钟从 16 MHz RCOSC 转到 32 MHz XOSC（CLKCONCMD.OSC 从 1 到 0）时，32 kHz RCOSC 的校准开始，如果选择的是 32 kHz 则 RCOSC 就开始执行。校准的结果是 32 kHz RCOSC 运行在 32.753 kHz。32 kHz RCOSC 可能需要 2 ms 来完成。校准可以通过设置 SLEEPCMD.OSC32K_CALDIS 为 1 禁用。校准结束时，可能在 32 kHz 时钟源产生一个额外的脉冲，导致睡眠定时器增加 1。注意，转换到 32 MHz XOSC 后，当从 PM3 醒来且 32 MHz XOSC 使能时，振荡器需要多达 500 ms 来稳定在正确的频率。在 32 MHz XOSC 稳定之前，睡眠定时器、看门狗定时器和时钟丢失探测器不能使用。

4. 振荡器和时钟寄存器

CC2530 振荡器和时钟寄存器有：时钟控制命令寄存器 CLKCONCMD（见表 3.5.5）；时钟控制状态寄存器 CLKCONSTA（见表 3.5.6）。除非另有说明，在进入 PM2 或 PM3 时，所有寄存器位保留它们之前的值。

表 3.5.5　时钟控制命令寄存器 CLKCONCMD（0xC6）

位	名称	复位	R/W	描述
7	OSC32K	1	R/W	32 kHz 时钟振荡器选择。设置该位只能发起一个时钟源改变。CLKCONSTA.OSC32K 反映当前的设置，当要改变该位必须选择 16 MHz RCOSC 作为系统时钟。 0：32 kHz XOSC； 1：32 kHz RCOSC
6	OSC	1	R/W	系统时钟源选择。设置该位只能发起一个时钟源改变。CLKCONSTA.OSC 反映当前的设置。 0：32 MHz XOSC； 1：16 MHz RCOSC

续表

位	名称	复位	R/W	描述
5:3	TICKSPD[2:0]	001	R/W	定时器标记输出设置。不能高于通过 OSC 位设置的系统时钟设置。 000：32 MHz； 001：16 MHz； 010：8 MHz； 011：4 MHz； 100：2 MHz； 101：1 MHz； 110：500 kHz； 111：250 kHz。 注意：CLKCONCMD.TICKSPD 可以设置为任意值，但是结果受 CLKCONCMD.OSC 设置的限制，即如果 CLKCONCMD.OSC=1 且 CLKCONCMD. TICKSPD=000，则 CLKCONCMD. TICKSPD 读出 001 且实际 TICKSPD 是 16 MHz
2:0	CLKSPD	001	R/W	时钟速度。不能高于通过 OSC 位设置的系统时钟设置。 000：32 MHz； 001：16 MIIz； 010：8 MHz； 011：4 MHz； 100：2 MHz； 101：1 MHz； 110：500 kHz； 111：250 kHz。 注意：CLKCONCMD.CLKSPD 可以设置为任意值，但是结果受 CLKCONCMD.OSC 设置的限制，即如果 CLKCONCMD.OSC=1 且 CLKCONCMD.CLKSPD=000，则 CLKCONCMD. CLKSPD 读出 001 且实际 CLKSPD 是 16 MHz。还要注意调试器不能和一个划分过的系统时钟一起工作。当运行调试器，且 CLKCONCMD.OSC=0 时，CLKCONCMD.CLKSPD 的值必须设置为 000，或当 CLKCONCMD.OSC=1 时设置为 001

表 3.5.6　时钟控制状态寄存器 CLKCONSTA（0x9E）

位	名称	复位	R/W	描述
7	OSC32K	1	R	当前选择的 32 kHz 时钟源 0：32 kHz XOSC； 1：32 kHz RCOSC
6	OSC	1	R	当前选择的系统时钟： 0：32 MHz XOSC； 1：16 MHz RCOSC
5:3	TICKSPD[2:0]	001	R	当前设置的定时器标记输出： 000：32 MHz； 001：16 MHz； 010：8 MHz； 011：4 MHz； 100：2 MHz； 101：1 MHz； 110：500 kHz； 111：250 kHz
2:0	CLKSPD	001	R	当前设置的时钟速度： 000：32 MHz； 001：16 MHz； 010：8 MHz； 011：4 MHz； 100：2 MHz； 101：1 MHz； 110：500 kHz； 111：250 kHz

（五）睡眠定时器

睡眠定时器用于设置系统进入和退出低功耗睡眠模式之间的周期。睡眠定时器还用于当进入低功耗睡眠模式时，维持定时器 2 的定时。睡眠定时器的主要功能如下：

24 位的定时器正计数器，运行在 32 kHz 的时钟频率；

24 位的比较器，具有中断和 DMA 触发功能；

24 位捕获。

1. 定时器比较

当定时器的值等于 24 位比较器的值时，就发生一次定时器比较。通过写入寄存器 ST2:ST1:ST0 来设置比较值。当 STLOAD.LDRDY 是 1 时写入 ST0 发起加载新的比较值，即写入 ST2、ST1 和 ST0 寄存器的最新的值。加载期间 STLOAD.LDRDY 是 0，软件不能开始一个新的加载，直到 STLOAD.LDRDY 回到 1。读 ST0 将捕获 24 位计数器的当前值。因此，ST0 寄存器必须在 ST1 和 ST2 之前读，以捕获一个正确的睡眠定时器计数值。当发生一个定时器比较时，中断标志 STIF 被设置。每当系统时钟出现正时钟边沿时，当前定时器的值就会被更新。因此，当从 PM1、PM2、PM3（这期间系统时钟关闭）

返回时，如果尚未在 32 kHz 时钟上检测到一个正时钟边沿，ST2:ST1:ST0 中的睡眠定时器值不更新，要保证读出一个最新的值，则必须在读睡眠定时器值之前，在 32 kHz 时钟上通过轮询 SLEEPSTA.CLK32K 位，等待一个正的变换。

ST 中断的中断使能位是 IEN0.STIE，中断标志是 IRCON.STIF。当运行在所有供电模式（除了 PM3）时，睡眠定时器将开始运行。因此，睡眠定时器的值在 PM3 下不保存。在 PM1 和 PM2 下睡眠定时器比较事件用于唤醒设备，返回主动模式的主动操作。复位之后的比较值的默认值是 0xFFFFFF。

2. 定时器捕获

当设置了已选 I/O 引脚的中断标志，且 32 kHz 时钟检测到这一事件时，发生定时器捕获。睡眠定时器通过设置将要用作触发捕获的 I/O 引脚的 STCC.PORT[1:0]和 STCC.PIN[2:0]使能来实现。当STCS.VALID变为高电平时，即可读STCV2:STCV1:STCV0 的捕获值。捕获值多于在 I/O 引脚上的事件瞬间的值，因此如果时序需要，则软件必须从捕获的值中间抽取一个。要使能一个新的捕获，遵循以下步骤：

（1）清除 STCS.VALID。

（2）等待直到 SLEEPSTA.CLK32K 变为低电平。

（3）等待直到 SLEEPSTA.CLK32K 变为高电平。

（4）清除 P0IFG/P1IFG/P2IFG 寄存器中的引脚中断标志。这一顺序使用 P0_0 上的上升沿为例，如图 3.5.3 所示。

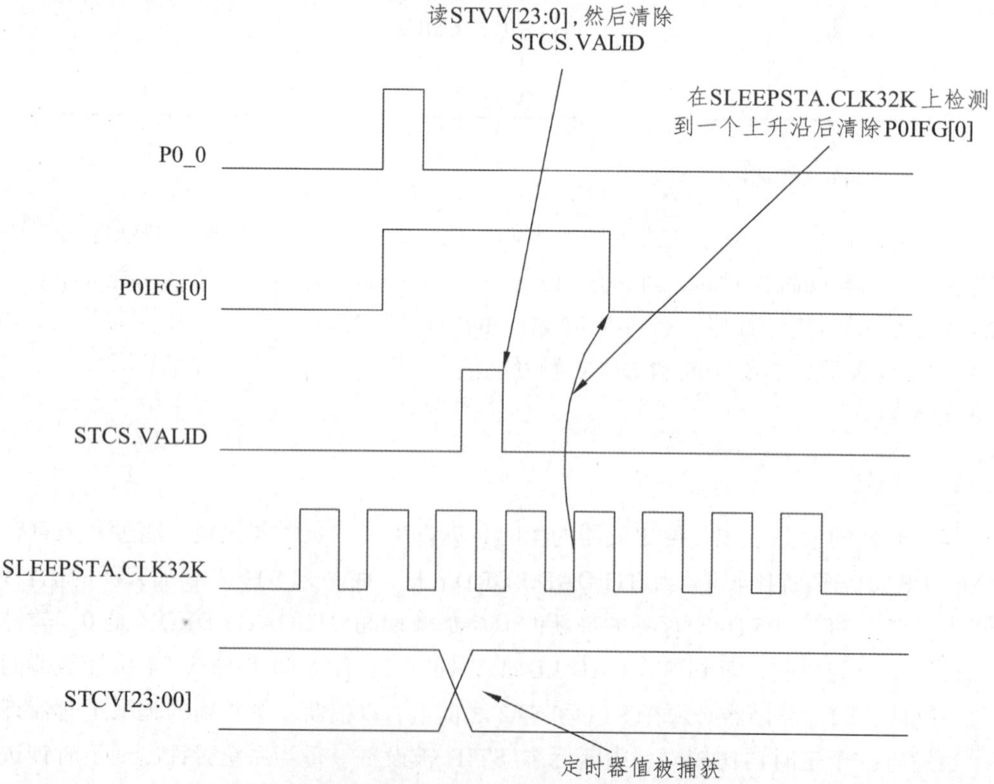

图 3.5.3　睡眠定时器捕获（使用 P0_0 的上升沿为例）

当捕获使能时，不能切换输入捕获引脚。在选择一个新的输入捕获引脚之前，捕获必须禁用。要禁用捕获，遵循以下步骤：

（1）禁用中断。

（2）等待直到 SLEEPSTA.CLK32K 变为高电平。

（3）设置 STCC.PORT[1:0]为 3，将禁用捕获。

3. 睡眠定时器寄存器

睡眠定时器使用的寄存器是：

ST2——睡眠定时器 2，见表 3.5.7。

ST1——睡眠定时器 1，见表 3.5.8。

ST0——睡眠定时器 0，见表 3.5.9。

STLOAD——睡眠定时器加载状态，见表 3.5.10。

STCC——睡眠定时器捕获控制，见表 3.5.11。

STCS——睡眠定时器捕获状态，见表 3.5.12。

STCV0——睡眠定时器捕获值字节 0，见表 3.5.13.

STCV1——睡眠定时器捕获值字节 1，见表 3.5.14。

STCV2——睡眠定时器捕获值字节 2，见表 3.5.15。

表 3.5.7　睡眠定时器 2ST2（0x97）

位	名称	复位	R/W	描述
7:0	ST2[7:0]	0x00	R/W	休眠定时器计数/比较值。当读取时，该寄存器返回高位[23:16]。当写该寄存器的值时设置比较值的高位[23:16]。在读寄存器 ST0 的时候值的读取是锁定的。当写 STO 的时候写该值是锁定的

表 3.5.8　睡眠定时器 1ST1（0x96）

位	名称	复位	R/W	描述
7:0	ST1[7:0]	0x00	R/W	睡眠定时器计数/比较值。当读取的时候，该寄存器返回睡眠定时计数的中间位[15:8]。当写该寄存器的时候设置比较值的中间位[15:8]。在读取寄存器 ST0 的时候读取该值是锁定的。当写 ST0 的时候写该值是锁定的

表 3.5.9　睡眠定时器 0ST0（0x95）

位	名称	复位	R/W	描述
7:0	ST0[7:0]	0x00	R/W	睡眠定时器计数/比较值。当读取的时候，该寄存器返回睡眠定时计数的低位[7:0]。当写该寄存器的时候设置比较值的低位[7:0]。写该寄存器被忽略，除非 STLOAD. LDRDY 是 1

表 3.5.10　睡眠定时器加载状态 STLOAD（0xAD）

位	名称	复位	R/W	描述
7:1	-	0000000	R0	保留
0	LDRDY	1	R	加载准备好。当睡眠定时器加载 24 位比较值时，该位是 0。当睡眠定时器准备好开始加载一个新的比较值时，该位是 1

表 3.5.11　睡眠定时器捕获控制 STCC（0x62B0）

位	名称	复位	R/W	描述
7:5	-	000	R0	保留
4:3	PORT[1:0]	11	R	端口选择。有效设置值是 0～2，当设置为 3 时为禁用捕获，即选择了一个无效设置
2:0	PIN[2:0]	111		引脚选择。当 PORT[1:0]是 0 或 1 时有效设置是 0～7，当 PORT[1:0]是 2 时有效设置值是 0～5，当选择了一个无效设置值时禁用捕获

表 3.5.12　睡眠定时器捕获状态 STCS（0x62B1）

位	名称	复位	R/W	描述
7:1	-	0000000	R0	保留
0	VALID	0	R/W	捕获有效标志。当 STCV 中的捕获值已被更新时设置为 1。清除表示允许一个新的捕获

表 3.5.13　睡眠定时器捕获值字节 STCV0（0x62B2）

位	名称	复位	R/W	描述
7:0	STCV[7:0]	0x00	R	睡眠定时器捕获值的位[7:0]

表 3.5.14　睡眠定时器捕获值字节 STCV1（0x62B3）

位	名称	复位	R/W	描述
7:0	STCV[15:8]	0x00	R	睡眠定时器捕获值的位[15:8]

表 3.5.15　睡眠定时器捕获值字节 STCV2（0x62B4）

位	名称	复位	R/W	描述
7:0	STCV[23:16]	0x00	R	睡眠定时器捕获值的位[23:16]

二、任务实施

本任务是实现 CC2530 的低功耗运行，通过前面的理论知识学习了解到 CC2530 有 5 种供电模式：主动、空闲、PM1、PM2、PM3。这五种供电模式的功耗是依次降低的。

根据任务设计，要使 CC2530 顺序由主动模式进入其他 4 种低功耗模式，并且通过不同 LED 灯的状态来区分。程序设计流程如图 3.5.4 所示。

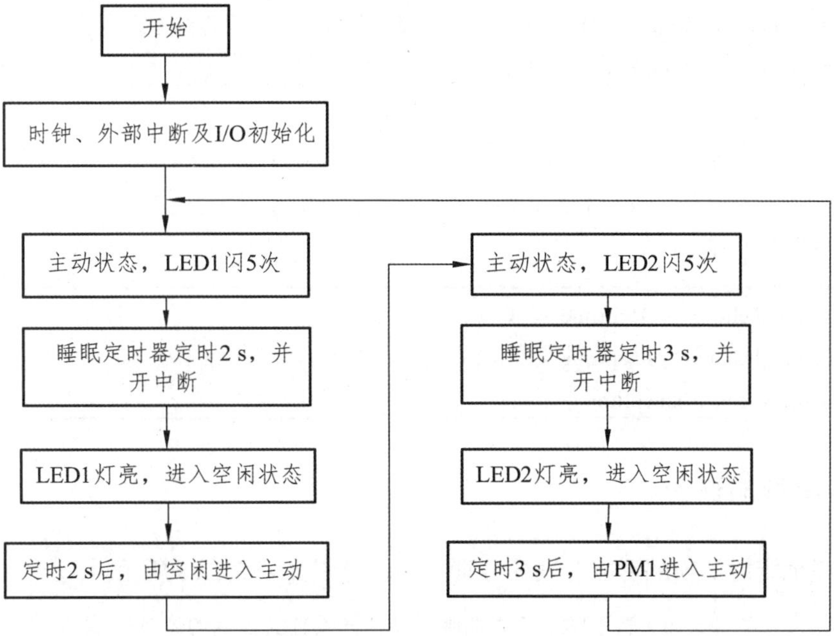

图 3.5.4　开发思路

（一）功耗模式设置

系统上电默认运行在主动模式，要进入低功耗运行，除需通过睡眠模式控制寄存器 SLEEPCMD.MODE[1:0]进行设定外，还要通过对供电模式寄存器 PCON.IDLE 位写入 1 来使设备强制进入睡眠模式。设置代码为:

```
SLEEPCMD &= ~0x03;  //空闲模式（供电模式 0）
PCON |= 0x01;
SLEEPCMD &= ~0x03;    //PM1（供电模式 1）
SLEEPCMD |= 0x01;
PCON |= 0x01;
```

（二）睡眠定时器定时设置

空闲模式、PM1、PM2 都可以通过睡眠定时器唤醒到主动模式。在此任务中，使用 32 MHz 晶体振荡器作为系统时钟源（主时钟源），32 kHz *RC* 振荡器作为睡眠定时器的时钟源，根据 CC253x 系列片上系统的数据手册可知，32 kHz *RC* 振荡器被校准在 32.753 kHz。

设置睡眠时间，即设置睡眠定时器的比较值。当定时器的值等于 24 位比较器的值时，就发生一次定时器比较。通过写入寄存器 ST2:STI:ST0 来设置比较值。当 STLOAD.LDRDY 是 1 时写入 ST0 发起加载新的比较值，即写入 ST2、ST1 和 ST0 寄存器的最新的值。

（1）定义变量 sleeptime 读取睡眠定时器的当前计数值。

```
sleeptime |= ST0;
sleeptime |= （unsigned long）ST1 << 8;
sleeptime |= （unsigned long）ST2 << 16;
```

（2）根据指定的睡眠时间计算出应设置的比较值。

假定睡眠时间为 sec，则比较值为：

sleeptime += （（unsigned long）sec*（unsigned long）32753）;

（3）设置比较值。

```
ST2 = （unsigned char）（sleeptime >> 16）;
ST1 = （unsigned char）（sleeptime >> 8）;
ST0 = （unsigned char）sleeptime;
```

三、考核与评价

基于睡眠定时器唤醒功能开发任务训练的评分表如表 3.5.16 所示。

表 3.5.16　基于睡眠定时器唤醒功能开发任务训练的评分标准

一级指标	二级指标	分值	扣分及扣分原因	单项分值	得分
训练过程（80%）	计划与准备	10	做好测试前的准备，不进行清点接线、设备、材料等操作扣除 2 分	5	
			带电拔插元器件扣除 1 分	5	
	电路分析	20	CC2530 引脚功能	5	
			CC2530 时钟	5	
			选择睡眠定时器的工作模式	5	
			睡眠定时器的设置	5	
	代码设计	30	正确建立工程	5	
			编写流程图	5	
			程序设计，包括引用头文件、设计延时程序、初始化 I/O、定时器程序设计、主程序代设计等	20	
	职业素养	10	编程过程中及结束后，桌面及地面不符合 7S 基本要求的扣除 3～5 分	10	
		10	对耗材浪费，不爱惜工具，扣除 3 分；损坏工具、设备扣除本大项的 20 分；发生严重违规操作或作弊，取消成绩	10	
训练结果（20%）	实作结果及质量	20	工艺和功能验证	10	
			撰写考核记录报告	10	

四、任务小结

（1）CC2530 有 5 种不同的运行模式（供电模式）：主动模式、空闲模式、PM1、PM2 和 PM3。主动模式是一般模式，越靠主动模式后的模式，被关闭的功能越多，功耗也越来越低，PM3 具有最低的功耗。

（2）睡眠定时器用于设置系统进入和退出低功耗睡眠模式之间的周期。定时器在复位之后立即启动，如果没有中断就继续运行。定时器的当前值可以从 SFR 寄存器 ST2:ST1:ST0 中读取。睡眠定时器还用于在进入低功耗睡眠模式时，维持定时器 2 的定时。

【思政小课堂】

坚守初心 精益求精

本项目学习睡眠定时器唤醒功能开发，需要充分了解 CC2530 的 5 种供电模式及 CC2530 电源的运行模式，振荡器和时钟、睡眠定时器及相关寄存器的配置，知识体系繁多，乃至在项目的实施中，都需要进行反复实验直到成功。这需要众多中国智能领域的坚守者发挥精益求精、爱岗敬业、坚守初心的无私无畏奉献精神，才能铸就大国工程的灿烂、辉煌。

习近平总书记对我国技能选手在第 45 届世界技能大赛上取得优异成绩表示祝贺时指出，劳动者素质对一个国家、一个民族发展至关重要。技术工人队伍是支撑中国制造、中国创造的重要基础,对推动经济高质量发展具有重要作用。要健全技能人才培养、使用、评价、激励制度，大力发展技工教育，大规模开展职业技能培训，加快培养大批高素质劳动者和技术技能人才。要在全社会弘扬精益求精的工匠精神，激励广大青年走技能成才、技能报国之路。作为技能型人才的我们应坚守初心，在技能成才、技能报国的道路上取得更大成绩，做出更大贡献。

五、参考代码

```
#include "ioCC2530.h"
#define LED1 P1_0        // P1_0 定义为 P1_0
#define LED2 P1_1        // P1_0 定义为 P1_1
#define SW1   P1_2        //SW1 端口宏定义

enum SYSCLK_SRC
{
    RC_16MHz,XOSC_32MHz
};

enum POWERMODE
{
    PM_IDLE,PM_1,PM_2,PM_3
};

/***********************************************************
函数名称：delay
功    能：软件延时
```

```
入口参数：time——延时循环执行次数
出口参数：无
返 回 值：无
***********************************************************/
void delay(unsigned int time)
{
    unsigned int i;
    unsigned char j;
    for(i = 0;i < time;i++)
        for(j = 0;j < 240;j++)
        {
            asm("NOP"); //asm 用来在 C 代码中嵌入汇编语言操作，汇
            asm("NOP"); //编命令 nop 是空操作，消耗 1 个指令周期
            asm("NOP");
        }
}

/***********************************************************
函数名称：BlankLed
功    能：闪烁 LED 灯
入口参数：led——要进行闪烁的 LED 灯，取值 1~4
出口参数：无
返 回 值：无
***********************************************************/
void BlankLed(unsigned char led)
{
    unsigned char i;
    switch(led)
    {
      case 1:
        for(i=0;i<=5;i++)
        {
            LED1 = 1;
            delay(500);
            LED1 = 0;
            delay(500);
        }
        break;
      case 2:
        for(i=0;i<=5;i++)
        {
            LED2 = 1;
            delay(500);
            LED2 = 0;
            delay(500);
```

```
            }
            break;
      }
}

/************************************************************
函数名称：SystemClockSourceSelect
功能：选择系统时钟源(主时钟源)
入口参数：source
            XOSC_32 MHz   32MHz 晶体振荡器
            RC_16 MHz      16MHz RC 振荡器
出口参数：无
返回值：无
************************************************************/
void SystemClockSourceSelect(enum SYSCLK_SRC source)
{
   unsigned char clkconcmd,clkconsta;
   if(source == RC_16MHz)
   {
     CLKCONCMD &= 0x80;
     CLKCONCMD |= 0x49;
   }
   else if(source == XOSC_32MHz)
   {
     CLKCONCMD &= 0x80;
   }
    /* 等待所选择的系统时钟源(主时钟源)稳定 */
   clkconcmd = CLKCONCMD;       // 读取时钟控制寄存器 CLKCONCMD
   do
   {
     clkconsta = CLKCONSTA;      // 读取时钟状态寄存器 CLKCONSTA
   } while(clkconsta != clkconcmd); // 直到选择的系统时钟源(主时钟源)已经稳定
}

/************************************************************
函数名称：SetPowerMode
功能：设置功耗模式
入口参数：pm
            PM_IDLE   空闲模式
            PM_1      功耗模式 PM1
            PM_2      功耗模式 PM2
            PM_3      功耗模式 PM3
出口参数：无
返回值：无
************************************************************/
```

```
void SetPowerMode(enum POWERMODE pm)
{
  /* 空闲模式 */
  if(pm == PM_IDLE)
  {
    SLEEPCMD &= ~0x03;
  }
  /* 功耗模式 PM3*/
  else if(pm == PM_3)
  {
    SLEEPCMD |= ~0x03;
  }
  /* 其他功耗模式，即功耗模式 PM1 或 PM2*/
  else
  {
    SLEEPCMD &= ~0x03;
    SLEEPCMD |= pm;
  }
  /* 进入所选择的功耗模式 */
  PCON |= 0x01;
  asm("NOP");
}

/***************************************************************
函数名称：SetSleepTime
功能：设置睡眠时间，即设置睡眠定时器的比较值。
入口参数：sec——唤醒功耗模式 IDLE，PM1 或 PM2 的时间。
出口参数：无
返回值：无
***************************************************************/
void SetSleepTime(unsigned short sec)
{
  unsigned long sleeptime = 0;
    /* 读取睡眠定时器的当前计数值 */
  sleeptime |= ST0;
  sleeptime |= (unsigned long)ST1 <<  8;
  sleeptime |= (unsigned long)ST2 << 16;
    /* 根据指定的睡眠时间计算出应设置的比较值 */
  sleeptime += ((unsigned long)sec * (unsigned long)32753);
    /* 设置比较值 */
  while((STLOAD & 0x01) == 0);  // 等待允许加载新的比较值
  ST2 = (unsigned char)(sleeptime >> 16);
  ST1 = (unsigned char)(sleeptime >> 8);
  ST0 = (unsigned char) sleeptime;
}
```

```
/************************************************************
函数名称：initIO
功能：初始化系统 IO
入口参数：无
出口参数：无
返回值：无
************************************************************/
void initIO()
{
    P1SEL &= ~0x1F;        // 设置 LED、SW1 为普通 IO 口
    P1DIR |= 0x03 ;        // 设置 LED 为输出
    P1DIR &= ~0X04;        //Sw1 按键在 P1.2,设定为输入
    LED1 = 0;              //灭 LED
    LED2 = 0;              //灭 LED
    PICTL &= ~0x02;        //配置 P1 口的中断边沿为上升沿产生中断

    P1IFG &= ~0x04;        // 清除 P1.2 中断标志
    P1IF =0;               // 清除 P1 口中断标志
}

/************************************************************
函数名称：ST_ISR
功能：睡眠定时器中断服务函数
入口参数：无
出口参数：无
返回值：无
************************************************************/
#pragma vector=ST_VECTOR
__interrupt void ST_ISR(void)
{
    EA=0;              //关全局中断
    STIF=0;      //睡眠定时器中断标志清 0
    STIE=0;     // 禁止睡眠定时器中断
    EA = 1;            // 使能全局中断
}

/************************************************************
函数名称：main
功能：程序主函数
入口参数：无
出口参数：无
返回值：无
************************************************************/
void main(void)
```

```
{
    SystemClockSourceSelect(XOSC_32MHz);  // 选择 32MHz 晶体振荡器作为系统时钟源(主时钟源)
    initIO();  //初始化 IO
    /* 使能全局中断 */
    EA = 1;
    while(1)
    {
        /* 功耗模式：主动模式 */
        LED1=0;  //LED1 灯灭
        LED2=0;  //LED2 灯灭

        /* 功耗模式：空闲模式 */
        BlankLed(1);                //LED1 闪烁 5 次
        SetSleepTime(2);            // 设置睡眠时间为 2 秒
        IRCON &= ~0x80;             // 清除睡眠定时器中断标志
        IEN0 |= (0x01 << 5);        // 使能睡眠定时器中断
        SetPowerMode(PM_IDLE);      // 进入空闲模式

        /* 功耗模式：主动模式 */
        BlankLed(2);                //LED2 闪烁 5 次
        /* 功耗模式：PM1 */
        SetSleepTime(3);            // 设置睡眠时间为 3 秒
        IRCON &= ~0x80;             // 清除睡眠定时器中断标志
        IEN0 |= (0x01 << 5);        // 使能睡眠定时器中断
        SetPowerMode(PM_1);         // 进入功耗模式 PM1

        /* 功耗模式：主动模式 */
        BlankLed(1);                //LED1 闪烁 5 次
        /* 功耗模式：PM2 */
        SetSleepTime(4);            // 设置睡眠时间为 4 秒
        IRCON &= ~0x80;             // 清除睡眠定时器中断标志
        IEN0 |= (0x01 << 5);        // 使能睡眠定时器中断
        SetPowerMode(PM_2);         // 进入功耗模式 PM2

        /* 功耗模式：主动模式 */
        BlankLed(2);                //LED2 闪烁 5 次
        /* 功耗模式：PM3 */
        P1IEN |=0x04;               //使能 P1.2 中断
        IEN2 |= 0x10;               //使能 P1 口中断
        SetPowerMode(PM_3);         // 进入功耗模式 PM3
    }
}
/*****************************************************************
函数名称：EINT_ISR
```

```
功能：外部中断服务函数
入口参数：无
出口参数：无
返回值：无
***********************************************************/
#pragma vector=P1INT_VECTOR
__interrupt void EINT_ISR(void)
{
    EA = 0;              // 关闭全局中断
   /* 若是 P1.2 产生的中断 */
    if(P1IFG & 0x04)
    {
       /* 等待用户释放按键，并消抖 */
        while(SW1 == 0);      //低电平有效
        delay(100);
        while(SW1 == 0);

        P1IFG &= ~0x04;    // 清除 P1.2 中断标志
        P1IF =0;   // 清除 P1 口中断标志

        P1IEN &= ~ 0x04;   //禁止 P1.2 中断
        IEN2 &= ~ 0x10;   //禁止 P1 口中断
    }
    EA = 1;              // 使能全局中断
}
```

六、拓展训练

空闲、PM1、PM2、PM3 四种模式均可以通过外部中断的方式唤醒到主动模式，在此任务中，空闲、PM1 两种模式是通过睡眠定时器中断唤醒。修改代码，把 PM2 模式也修改为睡眠定时器中断唤醒。

具体要求：系统初始化后处于主动模式，LED4 小灯闪烁 5 次后进入 PM2，4 s 后被睡眠定时器唤醒为主动模式。

七、启发与思考

（1）电源低功耗运行的意义？

（2）CC2530 的电源有哪几种运行模式？各有什么特点？

（3）CC2530 的振荡器和时钟源有哪些？如何选择？

（4）什么是睡眠定时器？有什么作用？

（5）CC2530 低功耗运行时怎样回到主动模式？

任务 3.6 基于按键唤醒系统睡眠功能开发

学习型任务单	任务 3.6 基于按键唤醒系统睡眠功能开发

【任务描述】

本任务熟悉 CC2530 芯片的各种功耗模式以及各种功耗模式之间的切换，实现 CC2530 低功耗运行。具体要求如下：

（1）系统初始化后处于主动模式，LED1 闪 5 次后进入空闲状态，2 s 后被睡眠定时器唤醒为主动模式。

（2）LED2 闪 5 次后进入 PM3，等待按键 SW1 按下，触发外部中断，被唤醒为主动模式。

【任务目标】

通过按键唤醒系统睡眠功能，进一步掌握 CC2530 电源管理功能，区分睡眠定时器不同运行模式的切换，主要目标包括：

（1）进一步了解 CC2530 睡眠定时器。

（2）掌握按键中断唤醒系统睡眠。

【素养目标】

（1）培养学生在工作现场的 6S 意识和用电安全意识。

（2）爱惜工具，注意场地整洁。

（3）具备积极、主动的探索精神。

【任务要求】

（1）通过学习，掌握以下知识点：

① 能够配置和使用睡眠定时器。

② 能够根据需要选择电源的运行模式。

（2）通过学习，掌握以下技能点：

① 能够区分 CC2530 电源的各种运行模式。

② 能够根据需要选择合适的时钟源。

③ 能够配置和使用睡眠定时器。

④ 能够根据需要选择电源的运行模式。

（3）拓展训练。

【学习总结】

一、相关知识

睡眠定时器用于设置系统进入和退出低功耗睡眠模式之间的周期。定时器在复位之后立即启动，如果没有中断则继续运行。定时器的当前值可以从 SFR 寄存器 ST2:ST1:ST0 中读取。睡眠定时器还用于当进入低功耗睡眠模式时，维持定时器 2 的定时。

二、任务实施

（一）功能要求

熟悉 CC2530 芯片的各种功耗模式以及各种功耗模式之间的切换，实现 CC2530 低功耗运行。具体要求如下：

（1）系统初始化后处于主动模式，LED1 闪 5 次后进入空闲状态，2 s 后被睡眠定时器唤醒为主动模式。

（2）LED2 闪 5 次后进入 PM3，等待按键 SW1 按下，触发外部中断，被唤醒为主动模式。

（二）设计思路

本任务是实现 CC2530 的低功耗运行，通过前面的理论知识学习了解到 CC2530 有 5 种供电模式：主动（完全清醒）、空闲（清醒、但 CPU 内核停止运行）、PM1（有点瞌睡）、PM2（半醒半睡）、PM3（睡得很香）。这 5 种供电模式的功耗是依次降低的。空闲模式、PM1、PM2 都可以通过睡眠定时器唤醒到主动模式。但是在 PM3 下，所有振荡器均停止工作，睡眠定时器也是休眠的，所以 PM3 只能通过复位或外部中断唤醒到主动模式。根据任务设计，要使 CC2530 由主动模式进入其他 4 种低功耗模式，并且通过不同 LED 灯的状态来区分。程序设计流程如图 3.6.1 所示。

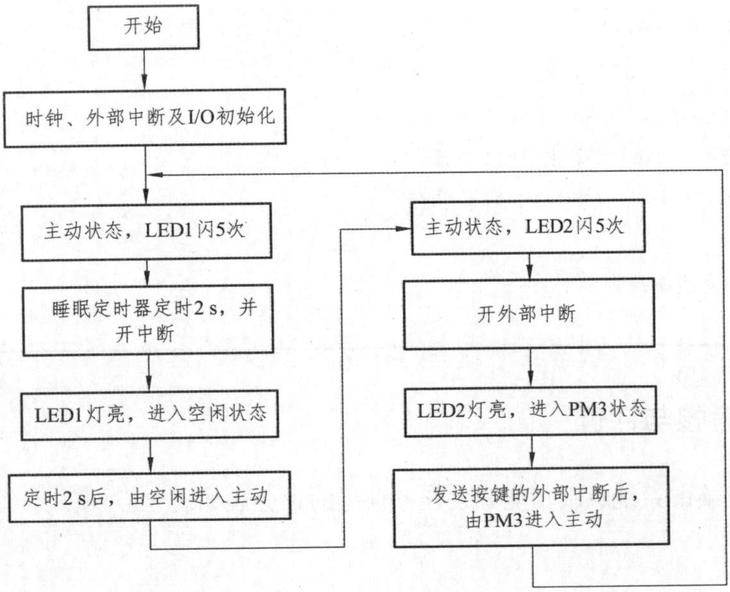

图 3.6.1　开发思路

（三）关键代码

对系统的各部分功能分别用函数实现，主函数调用各函数即可。下面给出实现本任务的几个关键函数。

1. 设置功耗模式

系统上电默认运行在主动模式，要进入低功耗运行，除须通过睡眠模式控制寄存器 SLEEPCMD.MODE[1:0]进行设定外，还要通过对供电模式寄存器 PCON.IDLE 位写入 1 来使设备强制进入睡眠模式。设置代码为：

```
SLEEPCMD &=  ~0x03;   //空闲模式（供电模式 0）
PCON |= 0x01;
SLEEPCMD |=  ~0x03;    //PM3（供电模式 3）
PCON |= 0x01;
```

2. 外部中断服务函数

```
#pragma vector = P1INT_VECTOR
_interrupt void EINT_ISR(void)
{
        EA=0;          //关闭全局中断
        /*若是 P1_2 产生的中断*/
        if(P1IFG & 0x04)
      {
         /*等待用户释放按键，并消抖*/
        while(SW1 == 0);      //低电平有效
        delay(100);
        while(SW1 == 0);
        P1IFG &=  ~0x04; //清除 P1_2 中断标志
        P1IF = 0; //清除 P1 端口中断杯志
        P1EN &=  ~0x04; //禁止 P1_2 中断
        IEN2 &=  ~0x10; //禁止 P1 端口中断
   }
   EA=1;    //使能全局中断
}
```

三、考核与评价

基于按键唤醒系统睡眠功能开发任务训练的评分表如表 3.6.1 所示。

表 3.6.1　基于按键唤醒系统睡眠功能开发任务表的评分标准

一级指标	二级指标	分值	扣分及扣分原因	单项分值	得分
训练过程（80%）	计划与准备	10	做好测试前的准备，不进行清点接线、设备、材料等操作扣除 2 分	5	
			带电拔插元器件扣除 1 分	5	
	电路分析	20	CC2530 引脚功能	5	
			CC2530 时钟	5	
			选择睡眠定时器的工作模式	5	
			睡眠定时器的设置	5	
	代码设计	30	正确建立工程	5	
			编写流程图	5	
			程序设计，包括引用头文件、设计延时程序、初始化 I/O、按键中断程序设计、主程序代码设计等	20	
	职业素养	10	编程过程中及结束后，桌面及地面不符合 7S 基本要求的扣除 3～5 分	10	
		10	对耗材浪费，不爱惜工具，扣除 3 分；损坏工具、设备扣除本大项的 20 分；发生严重违规操作或作弊，取消成绩	10	
训练结果（20%）	实作结果及质量	20	工艺和功能验证	10	
			撰写考核记录报告	10	

四、任务小结

CC2530 有一个内部系统时钟或主时钟，该系统时钟的源既可以用 16 MHz *RC* 振荡器，也可以采用 32 MHz 晶体振荡器。有两个高频振荡器：32 MHz 晶体振荡器、16 MHz *RC* 振荡器；两个低频振荡器；32 kHz 晶体振荡器、32 kHz *RC* 振荡器。

CC2530 电源管理寄存器：供电模式控制寄存器 PCON、睡眠模式控制寄存器 SLEEPCMD、睡眠模式控制状态寄存器 SLEEPSTA。

CC2530 振荡器和时钟寄存器：时钟控制命令寄存器 CLKCONCMD、时钟控制状态寄存器 CLKCONSTA。

CC2530 睡眠定时器使用的寄存器：ST2 睡眠定时器 2、ST1 睡眠定时器 1、ST0 睡眠定时器 0、STLOAD 睡眠定时器加载状态、STCC 睡眠定时器捕获控制、STCS 睡眠定时器捕获状态、STCV0 睡眠定时器捕获值字节 0、STCV1 睡眠定时器捕获值字节 1、STCV2 睡眠定时器捕获值字节 2。

任何使能的中断都可以使系统从空闲状态唤醒到主动状态，PM1、PM2 唤醒到主动/空闲模式，有三种方式:复位、外部中断、睡眠定时器中断，但把 PM3 唤醒到 PM0，只有两种方式：复位和外部中断。

【思政小课堂】

绿色发展理念

按键唤醒系统睡眠功能，可以实现CC2530电源管理，启动低功耗运行模式，践行绿色发展理念。习近平总书记指出，这就要坚持和贯彻新发展理念，正确处理经济发展和生态环境保护的关系，像保护眼睛一样保护生态环境，像对待生命一样对待生态环境，坚决摒弃损害甚至破坏生态环境的发展模式，坚决摒弃以牺牲生态环境换取一时一地经济增长的做法，让良好生态环境成为人民生活的增长点、成为经济社会持续健康发展的支撑点、成为展现我国良好形象的发力点，让中华大地天更蓝、山更绿、水更清、环境更优美。我们要坚决贯彻习近平总书记的指示，充分认识形成绿色发展方式和生活方式的重要性、紧迫性、艰巨性。

绿色发展是以效率、和谐、持续为目标的经济增长和社会发展方式。当今世界，绿色发展已经成为一个重要趋势，许多国家把发展绿色产业作为推动经济结构调整的重要举措，突出绿色的理念和内涵。绿色发展与可持续发展在思想上是一脉相承的，既是对可持续发展的继承，也是可持续发展中国化的理论创新，也是中国特色社会主义应对全球生态环境恶化客观现实的重大理论贡献，符合历史潮流的演进规律。

五、参考代码

```
/********************************
函数名称: SystemClockSourceSelect
功能: 选择系统时钟源（主时钟源）
入口参数：source
XOSCC_32 MHz 32 MHz 晶体振荡器
RC_16 MHz        16 MHz RC 振荡器
出口参数:无
返回值:无
**********************************/
void SystemClockSourceSelect(enum SYSCLK_SRC source)
{
    unsigned char clkconcmd, clkconsta;
    if(source == RC_16 MHz)
    {
        CLKCONCMD &= 0x80;
        CLKCONCMD |= 0x49;
    }
    else if(source == XOSC_32 MHz)
    {
        CLKCONCMD &= 0x80;
    }
    /*等待所选择的系统时钟源（主时钟源）稳定*/
    clkconcmd = CLKCONCMD: //读取时钟控制寄存器 CLKCONCMD
    do
    {
        clkconsta = CLKCONSTA; //读取时钟状态寄存器 CLKCONSTA
    }while(clkconsta != clkconcmd);//直到选择的系统时钟源（主时钟源）已经稳定
}
/********************************
函数名称：SetPowerMode
功能：设置功耗模式
入口参数：pm
```

```
PM_IDLE 空闲模式
PM_1      功耗模式 PM1
PM_2      功耗模式 PM2
PM_3      功耗模式 PM3
出口参数:无
返回值:无
*********************************/
void SetPowerMode(enum POWERMODE pm)
{
    /*空闲模式*/
    if(pm == PM_IDLE)
    {
        SLEEPCMD &=  ~ 0x03;
    }
    /*功耗模式 PM3*/
    else if(pm == PM_3)
    {
            SLEEPCMD |= -0x03;
      }
    /*其他功耗模式，即功耗模式 PM1 或 PM2*/
    else
    {
        SLEEPCMD &= ~ 0x03;
        SLEEPCMD |= pm;
    }
    /*进入所选择的功耗模式*/
    PCON |= 0x01;
    asm("NOP");
}
/*******************************
函数名称：SetSleepTime
功能：设置睡眠时间，即设置睡眠定时器的比较值
入口参数：sec 唤醒功耗模式 IDLE 时，PM1 或 PM2 的时间
出口参数：无
返回值：无
*********************************/
void SetSleepTime(unsigned short sec)
{
     unsigned long sleeptime = 0;
     /*读取睡眠定时器的当前计数值*/
     sleeptime |= ST0;
     sleeptime |= (unsigned long)ST1 << 8;
     sleeptime |= (unsigned long)ST2 << 16;
     /*根据指定的睡眠时间计算出应设置的比较值*/
     sleeptime += ((unsigned long)sec*(unsigned long)32753);

     /*设置比较值*/
     while((STLOAD & 0x01) == 0);    //等待允许加载新的比较值
     ST2 = (unsigned char)(sleeptime >> 16);
     ST1 = (unsigned char)(lslseptime >> 8);
     ST0 = (unsigned char)sleeptime;
}
/*******************************
函数名称：initIO（）
```

```
功能：初始化系统 I/O
入口参数:无
出口参数:无
返回值:无
**********************************/
void initIO()
{
    P1SEL &= ～0x1F;     //设置 LED、SW1 为普通 I/O 口
    P1DIR |= 0x03;       //设置 LED 为输出
    P1DIR &= ～0X04;     //SW1 按键在 P1_2，设定为输入
    LED1 = 0;            //灭 LED
    LED2 = 0;            //灭 LED
    PICTL &= ～0x02;     //配置 P1 端口的中断边沿为上升沿产生中断
    P1IFG &= ～0x04;     //清除 P1_2 中断标志
    P1IF = 0;            //清除 P1 端口中断标志
}
/********************************
函数名称：EINT_ISR
功能：外部中断服务函数
入口参数:无
出口参数:无
返回值:无
**********************************/
#pragma vector = P1INT_VECTOR
_interrupt void EINT_ISR(void)
{
    EA=0;          //关闭全局中断
    /*若是 P1_2 产生的中断*/
    if(P1IFG & 0x04)
    {
      //等待用户释放按键，并消抖*/
      while(SW1 == 0);     //低电平有效
      delay(100);
       while(SW1 == 0);
       P1IFG &= ～0x04; //清除 P1_2 中断标志
       P1EN &= ～0x04; //禁止 P1_2 中断
       IEN2 &= ～0x10; //禁止 P1 端口中断
    }
    EA=1;   //使能全局中断
}
/********************************
函数名称：ST_ISR
功能：睡眠定时器中断服务函数
入口参数:无
出口参数:无
返回值:无
**********************************/
#pragma vector = ST_VECTOR
_interrupt void ST_ISR(void)
{
    EA = 0;          //关全局中断
    STIF = 0;        //睡眠定时器中断标志清 0
```

```
    STIE = 0;        //禁止睡眠定时器中断
    EA = 1;          //使能全局中断
}
/******************************
函数名称：main
功能：程序主函数
入口参数：无
出口参数：无
返回值：无
**********************************/
void main(void)
{
    SystermClockSourceSelect(XOSC_32 MHz);   //选择 32 MHz 晶体振荡器作为系统时钟源
（主时钟源）
    initIO(); //初始化 I/O
    /*使能全局中断*/
    EA = 1;
    while(1)
    {
        /*功耗模式:主动模式*/
        LED1=0;    //LED1 灯灭
        LED2=0;    //LED2 灯灭

        /*功耗模式：空闲模式*/
        BlankLed(1);                    //LED1 闪烁 5 次
        SetSleepTime(2);                //设置睡眠时间为 2 s
        IRCON &=  ～0x80;               //清除睡眠定时器中断标志
        IENO |= (0x01 << 5);            //使能睡眠定时器中断
        SetPowerMode(PM_IDLE);  //进入空闲模式

          /*功耗模式：主动模式*/
        BlankLed(2);                //LED2 闪烁 5 次
        /*功耗模式：PM3*/
        P1IEN |= 0x04;              //使能 P1_2 中断
        IEN2 |= 0x10;               //使能 P1 端口中断
        SetPowerMode(PM_3);     //进入功耗模式 PM3
    }
}
```

六、拓展训练

在此任务中，空闲、PM1、PM2 三种模式是通过睡眠定时器中断唤醒，但空闲、PM1、PM2、PM3 四种模式均可以通过外部中断的方式唤醒到主动模式。修改代码，把空闲、PM1、PM2 三种模式都修改成外部中断唤醒，即：

（1）系统初始化后处于主动模式，LED1 闪烁 5 次后进入空闲状态，等待按键 SW1 按下，触发外部中断，被唤醒为主动模式。

（2）LED2 闪烁 5 次后进入 PM1，等待按键 SW1 按下，触发外部中断，被唤醒为主动模式。

七、启发与思考

（1）CC2530 电源的运行模式有哪些?
（2）各运行模式之间有什么区别?
（3）CC2530 的时钟源有哪些?
（4）CC2530 的睡眠定时器如何使用?
（5）CC2530 电源管理相关的寄存器如何配置?

项目四　智慧工厂信息发布系统

动画　项目四　智慧工厂信息发布系统

课堂教学　基于串口通信上报信息功能开发

任务 4.1　基于串口通信上报信息功能开发

学习型任务单	任务 4.1　基于串口通信上报信息功能开发

【任务描述】

某工厂需要对各设备进行监控，同时要求各设备反馈信息。本任务采用有线传输方式，模拟各设备基于串口通信实现信息上报，编写程序开发板实现定期向 PC 串口发送字符串 "I love China."。实验板每隔 2 s 向 PC 发送字符串，报告自己的状态，每发送一次字符串消息，LED1 闪烁一次。具体工作方式如下：

（1）通电后 LED1 熄灭。

（2）设置 USART0 使用位置。

（3）设置 UART 工作方式和波特率。

（4）LED1 点亮。

（5）发送字符串 "I love China.\n"。

（6）LED1 闪烁一次。

（7）延时。

（8）返回步骤（4）循环执行。

【任务目标】

通过串口通信发送字符串，需要知道 CC2530 是如何设置串口类型、工作方式和波特率的，以及发送字符和字符串的实现方法。主要目标包括：

（1）掌握 CC2530 单片机串口硬件电路图的识读技能。

（2）掌握 CC2530 单片机串口使用的技能。

（3）掌握 CC2530 单片机发送字符串到 PC 的技能。

【素养目标】

（1）培养学生在工作现场的 6S 意识和用电安全意识。

（2）爱惜工具，注意场地整洁。

（3）具备积极、主动的探索精神。

三、任务要求

（1）通过学习，掌握以下知识点：

① 了解串口通信的工作原理。

② 理解串口通信的配置和应用。

③ 掌握 CC2530 单片机发送字符串到 PC 的编程。

（2）基于 CC2530 开发板，编程实现实验板定期向 PC 串口发送字符串"I love China.\n"。实验板开机时间间隔，不断向 PC 发送字符串，报告自己的状态，每发送一次字符串消息，LED 灯闪烁一次。通过学习，掌握以下技能点：

根据实际应用实现串口发送数据的技能。

（3）拓展训练。

学习总结：

一、相关知识

（一）串口通信

微课 4.1 串口通信的基本知识

串口通信（Serial Communication）是指外设和计算机间通过数据信号线、地线等，按位进行数据传输的一种通信方式。串口是一种接口标准，它规定了接口的电气标准，没有规定接口插件电缆以及使用的协议。

串行通信又分为同步和异步两种。

1. 串行同步通信

同步通信中，所有设备使用同一个时钟，以数据块为单位传送数据，每个数据块包括同步字符、数据字符和校验字符。同步字符位于数据块的开头，用于确认数据字符的开始；接收时，接收设备连续不断地对传输线采样，并把接收到的字符与双方约定的同步字符进行比较，只有比较成功后，才会把后面接收到的字符加以存储。

同步通信的优点是数据传输速率高，缺点是要求发送时钟和接收时钟保持严格同步。在数据传送开始时先用同步字符来指示，同时传送时钟信号实现发送端和接收端同步，即检测到规定的同步字符后，就连续按顺序传送数据。这种传送方式对硬件结构要求较高。

2. 串行异步通信

异步通信中，每个设备都有自己的时钟信号，通信双方的时钟频率保持一致。异步通信以字符为单位进行数据传送，每一个字符均按照固定的格式传送，被称为帧，即串行异步通信一次传送一个帧。

每一帧数据由起始位（低电平）、数据位、奇偶校验位（可选）、停止位（高电平）组成。帧的格式如图 4.1.1 所示。

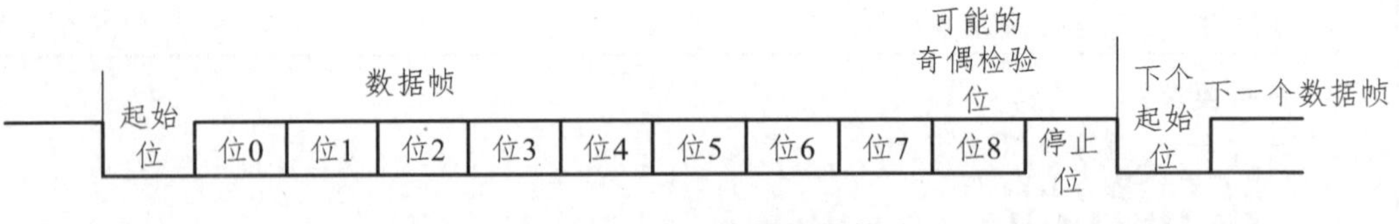

图 4.1.1　异步通信数据帧格式

起始位：发送端通过发送起始位而开始一帧数据的传送，起始位使数据线处于逻辑 0，用来表示一帧数据的开始。

数据位:起始位之后就开始传送数据位，在数据位中，低位在前，高位在后。数据的位数可以是 5、6、7 或 8。

奇偶校验位：是可选项，双方根据约定用来对传送数据的正确性进行检查。可选用奇校验、偶校验和无校验位。

空闲位：在一帧数据的停止位之后，线路处于空闲状态，可以是很多位，线路上对应的逻辑值是 1，表示一帧数据结束，下一帧数据还没有到来。

3. 通信方式

单工模式（Simplex Communication）的数据传输是单向的。通信双方中，一方固定为发送端，一方则固定为接收端。信息只能沿一个方向传输，使用一根传输线。

半双工模式（Half Duplex）通信使用同一根传输线， 既可以发送数据又可以接收数据，但不能同时进行发送和接收。数据传输允许数据在两个方向上传输，但是在任何时刻只能由其中的一方发送数据，另一方接收数据。因此半双工模式既可以使用一条数据线，也可以使用两条数据线。半双工通信中每端需有一个收发切换电子开关，通过切换来决定数据向哪个方向传输。因为有切换，所以会产生时间延迟，信息传输效率低些。

全双工模式（Pull Duplex）通信允许数据同时在两个方向上传输。因此，全双工通信是两个单工通信方式的结合，它要求发送设备和接收设备都有独立的接收和发送能力。在全双工模式中，每一端都有发送器和接收器，有两条传输线，信息传输效率高。

显然，在其他参数都一样的情况下，全双工比半双工传输速度快、效率高。

4. 波特率

波特率就是每秒钟传输的数据位数。

波特率的单位是每秒比特数（b/s），常用的单位还有每秒千比特数（kb/s），每秒兆比特数（Mb/s）。串口典型的传输波特率有 600 b/s、1 200 b/s、2 400 b/s、4 800 b/s、9 600 b/s、19 200 b/s 和 38 400 b/s。

5. 典型的串口通信标准

EIA RS-232（通常简称为 RS-232）：1962 年由美国电子工业协会（EIA）制定。

EIA RS-485（通常简称为 RS-485）：1983 年由美国电子工业协会（EIA）制定。

（二）CC2530 的串口通信模块

CC2530 有两个串行通信接口 USART0 和 USART1，它们能够分别运行于异步 UART 模式或者同步 SPI 模式。两个 USART 具有同样的功能，可以设置在单独的 I/O 引脚中，如表 4.1.1 所示。

表 4.1.1　UART 的 I/O 引脚映射

外设/功能	P0								P1							
	7	6	5	4	3	2	1	0	7	6	5	4	3	2	1	0
USART0 UART			RT	CT	TX	RX										
ALT.2											RX	TX	RT	CT		
USART1 UART			RX	TX	RT	CT										
ALT.2									RX	TX	RT	CT				

根据映射表可知，在 UART 模式中，使用双线连接方式，UART0 和 UART1 对应的外部设置 I/O 引脚关系分别为：

位置 1：RX0—P0_2　　TX0—P0_3　　RX1—P0_5　　TX1—P0_4

位置 2：RX0—P1_4　　TX0—P1_5　　RX1—P1_7　　TX1—P1_6

UART 模式的操作具有下列特点：

（1）8 位或者 9 位有效数据。

（2）奇校验、偶校验或者无奇偶校验。

（3）配置起始位和停止位电平。

（4）配置 LSB 或者 MSB 首先传送。

（5）独立收发中断。

（6）独立收发 DMA 触发。

（7）奇偶校验和数据帧错误状态指示。

UART 模式提供全双工传送，接收器中的位同步不影响发送功能。传送一个 UART 字节包含 1 个起始位、8 个数据位、1 个作为可选项的第 9 位数据或者奇偶校验位再加上 1 个或 2 个停止位。实际发送的帧包含 8 位或者 9 位，但是数据传送只涉及一个字节。

（三）CC2530 串口通信的相关寄存器

对于 CC2530 的每个 USART 串口通信，有 5 个如下的寄存器（x 是 USART 的编号，为 0 或者 1）：

1. UxCSR

UxCSR 为 USARTx 控制和状态寄存器，如表 4.1.2 所示。

表 4.1.2　UxCSR 控制和状态寄存器

位	名称	复位值	操作	描述
7	MODE	0	R/W	USART 模式选择： 0：SPI 模式； 1：UART 模式
6	REN	0	R/W	ART 接收器使能，注意在 UART 完全能接收： 0：禁用接收器； 1：接收器使能
5	SLAVE	0	R/W	PI 主或从模式选择： 0：SPI 主模式； 1：SPI 从模式
4	FE	0	R/W0	ART 数据帧错误状态： 0：无数据帧错误； 1：字节收到不正确的停止位
3	ERR	0	R/W0	UART 奇偶错误状态： 0：无奇偶错误检测； 1：字节收到奇偶错误检测
2	RX_BTTE	0	R/W0	接收字节状态：UART 模式和 SPI 从模式。当读 U0BUF 时，该位自动清零，通过写 0 清除它，这样可有效丢弃 U0BUF 中的数据。 0：没有收到字节； 1：准备好接收字节

续表

位	名称	复位值	操作	描述
1	TX_BYTE	0	R/W0	传送字节状态：UART 模式和 SPI 模式。 0：字节没有被传送； 1：写到数据缓存寄存器的最后字节被传送
0	ACTIVE	0	R	USART 传送/接收主动状态，在 SPI 从模式下，该位等于从模式选择。 0：USATT 空闲； 1：在传送或接收模式 USART 忙碌

2. UxUCR

UxUCR 为 USARTxUART 控制寄存器，如表 4.1.3 所示。

表 4.1.3　UxUCR——USARTxUART 控制寄存器

位	名称	复位	R/W	描述
7	FLUSH	0	R0/W1	清除单元。当设置时，该事件将会立即停止当前操作并且返回单元的空闲状态
6	FLOW	0	R/W	UART 硬件流使能。用 RTS 和 CTS 引脚选择硬件流控制的使用： 0：流控制禁止； 1：流控制使能
5	D9	0	R/W	UART 奇偶校验位。当使能奇偶校验，写入 D9 的值决定发送的第 9 位的值，如果收到的第 9 位不匹配收到字节的奇偶校验，则接收时报告 ERR。如果奇偶校验使能，则可以设置以下奇偶校验类型： 0：奇校验； 1：偶校验
4	BIT9	0	R/W	UART 9 位数据使能。当该位是 1 时，使能奇偶校验位传输（即第 9 位）。如果通过 PARITY 使能奇偶校验，则第 9 位的内容是通过 D9 给出的。 0：8 位传送； 1：9 位传送
3	PARITY	0	R/W	UART 奇偶校验使能： 0：禁用奇偶校验； 1：奇偶校验使能
2	SPB	0	R/W	UART 停止位的位数。选择要传送的停止位的位数： 0：1 位停止位； 1：2 位停止位
1	STOP	1	R/W	UART 停止位的电平必须不同于开始位的电平： 0：停止位低电平； 1：停止位高电平
0	START	0	R/W	UART 起始位电平。闲置线的极性采用选择的起始位级别电平的相反电平： 0：起始位低电平； 1：起始位高电平

3. UxGCR

UxGCR 为 USARTx 通用控制寄存器，如表 4.1.4 所示。

表 4.1.4　UxGCR——USARTx 通用控制寄存器

位	名称	复位	R/W	描述
7	CPOL	0	R0/W1	SPI 的时钟极性： 0：负时钟极性； 1：正时钟极性
6	CPHA	0	R/W	SPI 时钟相位： 0：当 SCK 从 0 到 1 时数据输入到 MOSI，并且当 SCK 从 1 到 0 时 MISO 数据输入； 1：当 SCK 从 1 到 0 时数据输入到 MOSI，并且当 SCK 从 0 到 1 时 MISO 数据输入
5	PRDER	0	R/W	传送位顺序： 0：LSB 先传送； 1：MSB 先传送
4:0	BAUD_E [4:0]	00000	R/W	波特率指数值。BAUD_ E 和 BAUD_ M 决定了 UART 波特率和 SPI 的 SCK 时钟频率

4. UxBUF

UxBUF 为 USARTx 接收/传送数据缓冲寄存器，如表 4.1.5 所示。

表 4.1.5　UxBUF——USART x 接收/传送数据缓冲寄存器

位	名称	复位	R/W	描述
7：0	DATA [7:0]	0x00	R/W	USART 接收和传送数据。 写入该寄存器的时候数据被写到内部传送数据寄存器。读取该寄存器的时候数据来自内部的数据寄存器

5. UxBAUD

UxBAUD 为 USARTx 波特率控制寄存器，如表 4.1.6 所示。

表 4.1.6　UxBAUD——USARTx 波特率控制寄存器

位	名称	复位	R/W	描述
7：0	BAUD_ M [7:0]	0x00	R/W	波特率小数部分的值。BAUD_ E 和 BAUD_ M 决定了 UART 的波特率和 SPI 的主 SCK 时钟频率

（四）CC2530 串口通信的波特率

当运行在 UART 模式时，内部波特率发生器设置由 UxBAUD. BAUD_M[7:0]和 UxGCR. BAUD_E[4:0]来定义波特率。在 32 MHz 系统时钟时常用的波特率设置如表 4.1.7 所示。

表 4.1.7　32 MHz 系统时钟时常用的波特率设置

波特率/（b/s）	UxBAUD. BAUD_M	UxGCR. BAUD_E	误差率/%
2 400	59	6	0.14
4 800	59	7	0.14
9 600	59	8	0.14
14 400	216	8	0.03
19 200	59	9	0.14
28 800	216	9	0.03
38 400	59	10	0.14
57 600	216	10	0.03
76 800	59	11	0.14
115 200	216	11	0.03
230 400	216	12	0.03

二、任务实施

（一）功能要求

微课 4.2 单片机发送数据到计算机

开发板定期向 PC 串口发送字符串"I love China.”。实验板每隔 2 s 向 PC 发送字将串，报告自己的状态，每发送一次字符串消息，LED1 闪烁一次。

要使用 CC2530 单片机和计算机进行串行通信，需要了解常用的串行通信接口。常用的串行通信接口标准有 RS-232C、RS-422A 和 RS-485 等。由于 CC2530 单片机的输入输出电平是 TTL 电平，计算机配置的串行通信接口配置是 RS-232 标准接口，两者的电器规范不一致，要完成两者之间的通信，需要在两者之间进行电平转换。CC2530 单片机和计算机进行串行通信的方案如图 4.1.2 所示。

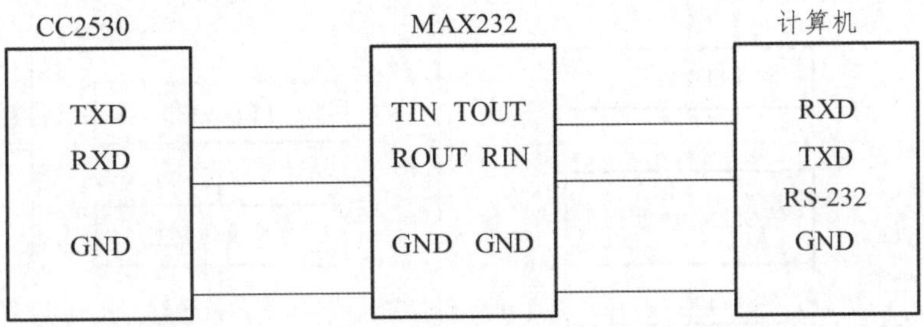

图 4.1.2　CC2530 与计算机通信电平转换方案

实验板上 CC2530 的串口通信与计算机的接口电路如图 4.1.3 所示。

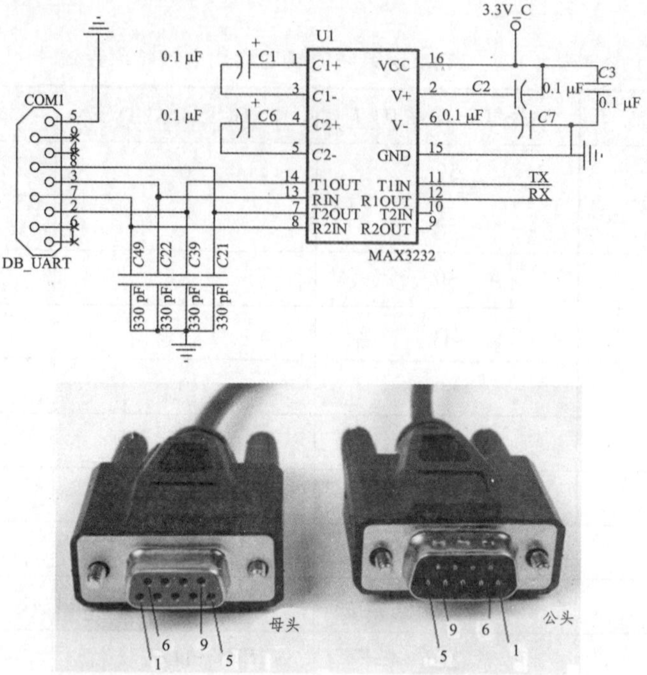

图 4.1.3　CC2530 的串口通信接口电路图

串口通信电路在连接上采用三线制，将单片机和计算机的串口用 RXD、TXD、GND 3 条线连接起来。计算机的 RXD 线连接着单片机的 TXD，计算机的 TXD 线连接着单片机的 RXD，共同使用同一条地线。串口通信的其他握手信号均不使用。计算机的 RS-232 规定逻辑 0 的电平为 5 ~ 15 V，逻辑 1 的电平为 – 15 ~ – 5 V。由于单片机的 TTL 逻辑电平和 RS-232 的电气特性完全不同，因此必须经过 MAX3232 芯片进行电平转换。

（二）设计思路

根据任务要求，将串口数据发送到 PC 的流程如图 4.1.4 所示。

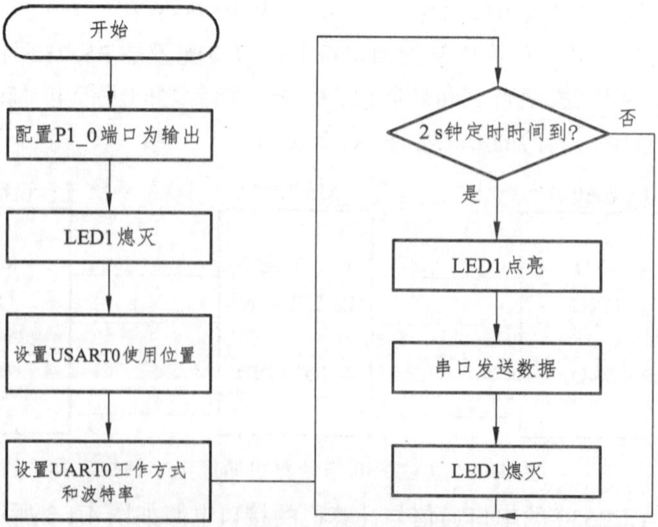

图 4.1.4　串口发送 PC 的流程

（三）关键代码

1. 引用 CC2530 头文件

在文件中引用"ioCC2530.h"文件:

```
#include "iCC2530. h" //引用 CC2530 头文件
```

该文件是 CC2530 所需编程的头文件，它包含 CC2530 各个特殊功能寄存器的定义。引用该头文件后，在程序代码中可以使用特殊功能寄存器的名称、中断向量等，如 P1、PIDIR、U0CSR、U0BUF、T1_VECTOR 等。

2. 设计串口初始化函数 initUART0()

串口通信使用前要先进行初始化操作，串口初始化有 3 个步骤：①配置 I/O 使用外部设备功能，本任务配置 P0_ 2 和 P0_ 3 用作串口 UART0；②配置相应串口的控制和状态寄存器，本任务配置 UART0 的工作寄存器；③配置串口工作的波特率，此处配置为 57 600 b/s。

片内外设引脚位置采用上电复位默认值，即 PERCFG 寄存器（见表 3.3.2）采用默认值。USART0 使用位置 1，P0_2、P0_3、P0_4、P0_5 作为片内外设 I/O，用作 UART 方式。代码如下：

```
PERCFG = 0x00;
P0SEL = 0x3c;
U0CSR |=0x80;
```

设置 UART 的工作方式和波特率。UART0 配置参数采用上电复位，默认值如下:

（1）硬件流控：无。

（2）奇偶校验位（第 9 位）：奇校验。

（3）第 9 位数据使能：否。

（4）奇偶校验使能：否。

（5）停止位：1 个。

（6）停止位电平：高电平。

（7）起始位电平：低电平。

当使用 32 MHz 晶体振荡器作为系统时钟时，获得波特率为 57 600 b/s，需要进行如下设置：UxBAUD. BAUD_M=216; UxGCR.BAUD_E=10; 该设置误差为 0.03%。初始化函数完整代码如下：

```
void initUART0(void)
{
  PERCFG = 0x00;        //选择位置 1
  P0SEL = 0x3c;         //设置 P0 为外设接口
  U0CSR |= 0x80;        //配置通信参数采用 VART 模式
  U0BAUD = 216;
  U0GCR = 10;           //设置波特率为 57 600 b/s
  U0UCR |= 0x80;        //打开 UART0 读中断使能
```

```
  UTX0IF = 0;              //清零 UART0 TX 中断标志
  EA = 1;                  //使能全局中断
}
```

3. 设计串口发送一个字符串函数 UART0SendString()

CC2530 的串口初始化完毕后，向 USART 收发数据缓冲寄存器 UxBUF 写入数据，该字节数据就通过 TXDx 引脚发送出去。数据发送完毕，中断标志位 UTXxIF 被置 1。程序通过检测 UTXxIF 来判断数据是否发送完毕。

发送字符串函数是通过调用发送字节数据函数实现的。串口发送字节数据的函数如下：

```
/*************************************************************************
*函数名称: UART0SendByte
*功能: UART0 串口发送字节数据
*入口参数: c
*返回值:无
*************************************************************************/
void UART0SendByte(unsigned char c)
{
  U0DBUF = c;          //给串口 0 写入数据，即发送数据
  While(!UTX0IF);      //等待 TX 中断标志，即 U0DBUF 就绪
  UTX0IF = 0;          //清零 TX 中断标志
}
```

通过串口 UART0 发送字符串的函数，循环调用字节数据发送函数 void UART0SendByte (unsigned char c) 逐个发送字符，通过判断是否遇到字符串结束标记控制循环。程序代码如下：

```
/*************************************************************************
*函数名称：UART0SendString
*功能：UART0 发送字符串
*入口参数：*str
*返回值：无
*************************************************************************/
void UART0SendString(unsigned char *str)
  while(*str != \0')
  {
      UART0SendByte(str++)      //发送 1 字节
  }
}
```

4. 设计定时器 T1 的中断服务子程序

可以有很多方法实现定时发送数据来报告传感器数据或自身状态，最简单的处理办法是使用延时函数。但是，执行延时函数的时间间隔不够准确，也耗费 CPU 的资源。使用定时器 T1 定时中断的方法能保证准确的时间间隔，又节省单片机 CPU 资源。定时器 T1 的初始化过程可以参考已学习过的项目，此部分只给出源程序代码。

通过对定时器 T1 进行设置，T1 的溢出引发中断的时间为 0.2 s。在程序中，定义全局变量 counter 来统计 T1 的溢出次数。程序代码如下：

```
unsigned int counter=0; //统计定时器溢出次数
```

在定时器 T1 的中断服务程序中，通过设定不同的溢出次数实现串口发送数据时间间隔的调整。定时器 T1 中断服务子程序的实现代码如下：

```
//功能：定时器 T1 中断服务子程序
pragma vector = T1 _VECTOR //中断服务子程序
__interrupt void T1 _ISR(void)
{
    EA=0; //禁止全局中断
    counter++;
    T1STAT &=  ~0x01; //清除通道 0 中断标志
    EA= 1; //使能全局中断
}
```

三、考核与评价

基于串口通信上报信息开发任务训练的评分表如表 4.1.8 所示。

表 4.1.8　基于串口通信上报信息功能开发任务评分表

一级指标	二级指标	分值	扣分及扣分原因	单项分值	得分
训练过程（80%）	计划与准备	10	做好测试前的准备，不进行清点接线、设备、材料等操作扣除 2 分	5	
			带电拔插元器件扣除 1 分	5	
	电路分析	20	CC2530 引脚功能	5	
			LED 灯与 CC2530 引脚关系	5	
			LED 灯电平的关系	5	
			串口初始化、波特率设置	5	
	代码设计	30	正确建立工程	5	
			编写流程图	5	
			程序设计，包括引用头文件、设计延时程序、初始化 I/O、串口发送字符程序、主程序代设计等	20	
	职业素养	10	编程过程中及结束后，桌面及地面不符合 7S 基本要求的扣除 3～5 分	10	
		10	对耗材浪费，不爱惜工具，扣除 3 分；损坏工具、设备扣除本大项的 20 分；发生严重违规操作或作弊，取消成绩	10	
训练结果（20%）	实作结果及质量	20	工艺和功能验证	10	
			撰写考核记录报告	10	
总计		100			

四、任务小结

每个串口包括 UART（异步）模式和 SPI（同步模式），模式的选择由串口控制/状态寄存器的 UxCSR.MODE 决定。当 UxCSR.MODE 设置为 1 时，就选择了 UART 模式。

（一）系统时钟设置

CC2530 可配置 32 MHz 晶体振荡器或者 16 MHz *RC* 振荡器作为系统时钟，系统启动时默认 16 MHz *RC* 振荡器。设置系统时钟需要操作两个寄存器：CLKCONCMD（时钟控制寄存器）和 SLEEPCMD（睡眠模式控制寄存器）。

系统时钟源配置主要有 32 MHz 晶体振荡器和 16 MHz *RC* 振荡器两种。

1. 设置成 32 MHz 晶体振荡器

代码如下：

```
CLKCONCMD &= 0x80;
```

2. 设置成 16 MHz *RC* 振荡器

代码如下：

```
CLKCONCMD &= 0x80;
CLKCONCMD |= 0x49;
```

注意：

CLKCONCMD.OSC32K 默认为 1，并要保持不变，若改变，则 16 MHz 的 *RC* 振荡器必须被选择为系统时钟。

（二）串口硬件

串口硬件设计有位置 1 和位置 2 两种，不同的生产厂家主要修改 PERCFG 和 PxSEL 的值。实现串口发送字符串只有查询方式一种方法。

串口发送字符串到 PC 查询方式实现，串口初始化步骤为：设置系统时钟（CLKCONCMD&=0x80;）→串口位置（PERCFG）→串口 TX/RX 引脚（PxSEL）→模式选择（U0CSR|=0x80; //UART 模式）→波特率（U0BAUD=216 和 U0GCR |= 10）→清除 TX 中断标志（UTX0IF = 0;）。

如果采用 T1 中断方式，串口初始化步骤为：设置系统时钟（CLKCONCMD &= 0x80;）→串口位置（PERCFG）→串口 TX/RX 引脚（PxSEL）→模式选择（U0CSR |=0x80;//UART 模式）→波特率（U0BAUD=216 和 U0GCR |= 10）→清除 TX 中断标志（UTX0IF = 0;）→全局中断打开（EA=1）。中断处理函数步骤为：先禁止全局中断（EA= 0;）→清除通道 0 中断标志（T1STAT &=~0x01;）→使能全局中断（EA=1;）。

实现串口发送字符串到 PC，串口初始化时需要将 UTX0IF 定义为零（UTX0IF =0）。

不同的生产厂家主要设置 PERCFG 和 PxSEL 的值，其中 PERCFG=0x00 表示串口 0 位置 1 编程实现功能。北京新大陆时代教育科技有限公司、成都无线龙通信科技有限公司、广州粤嵌通信科技有限公司采用串口 0 位置 1（0x00）；大唐移动通信设备有限公司采用串口 0 位置 2（0x01）。PxSEL 根据串口 Rx/TX 的引脚决定其值。例如，P0_2 用作串口的 RX，P0_3 用作串口的 TX，P0SEL=0x0c。

实现串口发送字符串，在串口初始化中要清除 TX 中断标志（UTX0IF =0;）。

注意：

串口初始化时必须定义时钟设备的频率：

CLKCONCMD&=0x80；//时钟设备为 32 MHz。

```
while（UTX0TF ==0）; //这行代码必须有分号
UTX0IF = 0;
```

上面代码表示一直等待 UTX0IF 变为 1，若不变为 1 则一直等待；变后跳出 while 循环，执行 UTX0IF。

```
while（UTX0IF == 0） //这行代码没有分号
UTX0IF =0;
```

上面代码表示 UTX0IF 为 0 就执行 UTX0IF = 0，如果 UTX0IF 为 1，就跳出 while 循环。从 UTX0IF =0 这句话后面开始执行。

【思政小课堂】

坚定“四个自信”

坚持不忘初心、继续前进，就要坚持中国特色社会主义道路自信、理论自信、制度自信、文化自信，坚持党的基本路线不动摇，不断把中国特色社会主义伟大事业推向前进。

——2016 年 7 月 1 日，习近平在庆祝中国共产党成立 95 周年大会上的讲话

本项目学习基于串口通信上报信息功能开发，需要深刻理解串口通信的传输概念和运行机制。而在纷繁复杂的网络环境中，同学们要重视意识形态工作，坚定“四个自信”，用批判性思维甄别信息，不信谣、不传谣，理性发声、传播正能量。习近平总书记也指出：“当今世界，要说哪个政党、哪个国家、哪个民族能够自信的话，那中国共产党、中华人民共和国、中华民族是最有理由自信的。”作为新时代的中国青年，更应强化担当意识、民族荣辱感、深厚家国情怀，不做危害社会的人，共同维护好社会秩序，维护好清正的网络环境。

五、参考代码

```
/**************************************************************************
文件名称：timer1 定时串口信息上报.c
功能：CC2530 单片机串口发送数据到计算机
描述：实现从串口 0 每 2 s 发送字符串“ I love China.\n”，计算机实验串口助手接收数据。使
用 CC2530 的串口 UART0，波特率为 57 600 b\s，其他参数上电复位默认值。
```

```
**********************************************************************************/
#include "iocc2530.h"//引用头文件
#define LED1 P1_0
unsigned int counter=0;

//初始化串口代码
void initUART0(void)
{
  PERCFG=0x00;
  P0SEL |= 0x3c;              //P0 用作串口
  U0CSR |= 0x80;              //UART 模式
  U0GCR |= 10;                //baud_e
  U0BAUD |= 216;              //波特率设为 57 600
  UTX0IF = 0;                 //清零 UART0 TX 中断标志
  U0UCR |=0x80;
  //  P2DIR&=  ~0XC0;    //P0 优先作为串口 0
  EA = 1;                     //使能全局中断
}

void inittTimer1()
{
  CLKCONCMD &=0x80;                    //时钟速度设置为 32 MHz
  T1CTL =0x0E;                         //配置 218 分频，模比较计数工作模式，并开始启动
  T1CCTL0 |=0x04;                      //设定 Timer1 通道 0 比较模式
  T1CC0L =50000 & 0xFF;                //把 50000 的低八位写入 T1CC0L
  T1CC0H =((50000 & 0xFF00)>>8); //把 50000 的高八位写入 T1CC0L
  T1IF = 0;                   //清除 Timer1 中断标志
  T1STAT &= ~ 0x01;      //清除通道 0 中断标志
  TIMIF &= ~ 0x40;       //不产生定时器 1 的溢出中断
  IEN1 |=0x02;           //使能定时器 1 的中断
  EA=1;                  //使能全局中断
}

//串口发送字符函数
void UART0SendByte(unsigned char c)
{
  U0DBUF = c;
  while(!UTX0IF);     //等待 TX 中断标志，即 U0DBUF 就绪
  UTX0IF = 0;              //清零 TX 中断标志
}

//串口发送字符串函数
```

```
void UART0SendString(unsigned char *str)
{
  while(*str !='\0')
  {
    UART0SendByte(*str++);//发送字节数据
  }
}


#pragma vector = T1_VECTOR
__interrupt void T1_ISR(void)
{
  EA=0;                  //禁止全局中断
  counter++;             //统计 T1 的溢出次数
  T1STAT &= ~ 0x01;  //清除通道 0 中断标志
  EA=1;                  //使能全局中断
}


void main(void)
{
  P1DIR |=0x01;
  LED1=0;
  inittTimer1();         //初始化 Timer1
  initUART0();           //UART0 初始化
  while(1)
  {
    if(counter>=10) //定时器每 0.2 s 一次，计数器为 10，定时时间为 2 s
    {
      counter=0;
      LED1=0;
      UART0SendString("I Love China\n");
      LED1=1;
    }
  }
}
```

参照前面的任务编译项目，将生成的程序烧写到 CC2530 中。通过串口线将实验板连接到计算机的串口上，在计算机上通过串口调试软件观察 CC2530 单片机发送来的字符信息。

使用串口调试软件时应注意，根据计算机串口连接情况，选择正确的串口号。如果使用 USB 转串口线连接，则需要安装好驱动程序，通过计算机的设备管理器查找出正确的串口号。选择正确的串口参数。波特率为 57 600 b/s，无奇偶校验，一位停止位。接收模式选择文本模式。

串口助手接收到的字符串信息如图 4.1.5 所示，可以观察 PC 每隔 2 s 接收到信息。

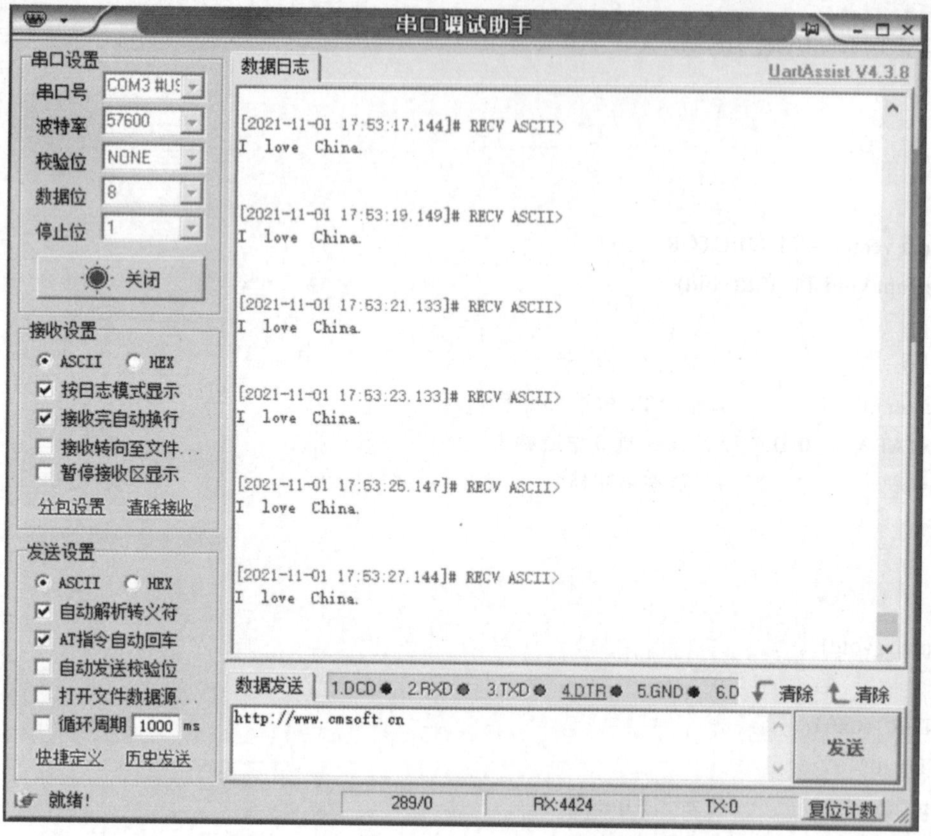

图 4.1.5　串口助手接收到的字符串信息

六、拓展训练

（1）串口通信中的奇偶校验。

奇偶校验是一种校验代码传输正确性的方法。根据被传输的一组二进制代码的数位中“1”的个数是奇数或偶数来进行校验，采用奇数的称为奇校验，反之称为偶校验。通信双方事先规定好使用哪种检验方法，通常专门设置一个奇偶校验位，用它使这组代码中“1”的个数为奇数或偶数。若用偶校验，则当接收端接收到这组代码时，校验“1”的个数是否为偶数，从而确定传输代码的正确性。奇偶校验能够检测出信息传输过程中的部分误码，但是不能实现纠错。

CC2530 串口模块提供了奇偶校验功能。在 UARTT0 的控制寄存器 U0UCR 中的第 3、4、5 位分别用于奇偶检验或第 9 位数据的应用，其功能如表 4.1.9 所示。

表 4.1.9　UxUCR-USARTxUART 控制寄存器

位	名称	复位	R/W	描述
5	D9	0	R/W	UART 奇偶校验位。 当使能奇偶校验,写入 D9 的值决定发送的第 9 位的值,如果收到的第 9 位不匹配收到字节的奇偶校验,接收时报告 ERR。如果奇偶校验使能，那么该位设置以下奇偶校验级别： 0：奇校验； 1：偶校验
4	BIT9	0	R/W	UART9 位数据使能。 当该位是 1 时，使能奇偶校验位传输（即第 9 位）。如果通过 PARITY 使能奇偶校验，第 9 位的内容是通过 D9 给出的。 0：8 位传送； 1：9 位传送
3	PARITY	0	R/W	奇偶校验使能。 除了为奇偶校验设置该位用于计算，必须使能 9 位模式： 0：禁用奇偶校验； 1：奇偶校验使能

可以尝试将案例设置为偶校验方式传送。

串口通信的双方约定使用相同的奇偶校验，下面以使用偶校验为例进行程序代码设计：

```
U0UCR |=0x08;     // UART 奇偶校验使能
U0UCR |=0x12;     //UART 9 位数据使能，串口通信传送 9 位数据
U0UCR |=0x20;     //设置奇偶校验类型为偶校验
```

使用奇偶校验后，接收数据方可以通过 UART0 的奇偶错误状态位 U0CSR.ERR（表 4.1.2 UxCSR 控制和状态寄存器）来查看接收到的数据是否有错误，从而确定是否使用数据或者请求重发数据。

（2）用看门狗定时 1 s 实现通过串口发送字符串到 PC。

（3）用定时器 T3 定时 5 s 并通过串口向 PC 发送“I Love China\n”。

七、启发与思考

看门狗定时 1 s 通过串口向 PC 发送“I love China\n”。

```
//引用头文件
#include "iocc2530.h"
#define LED1 P1_0//宏定义
```

```
int count=0;
unsigned int counter=0;//统计定时器溢出次数
/******
*函数名称:ini tUART0
*功能:初始化串口 UART0
******/
void initUART0(void)
{
  PERCFG=0X00;
  P0SEL=0X3C;        //P0 用作串口
  U0CSR |=0X80;      //UART 模式
  U0BAUD=216;        //波特率设为 57 600
  U0GCR=10;          //baud_e
  U0UCR |=0X80;
  UTX0IF = 0;        //清零 UART0 TX 中断标志
  EA=1;              //使能全局中断
}

/******
*函数名称:UART0SendByte
*功能:UART0 发送字节数据
*入口参数:c
*出口参数:无
*返回值:无
******/
void UART0SendByte(unsigned char c)
{
  U0DBUF =c;            //将要发送的 1 字节数据写入 U0DBUF
  while(!UTX0IF);   //等待 TX 中断标志，即 U0DBUF 就绪
  UTX0IF=0;             //清零 TX 中断标志
}
/******
*函数名称:UART0SendString
*功能:UART0 发送字节数据
*入口参数:*str
*出口参数:无
*返回值:无
******/
void UART0SendString(unsigned char *str)
```

```
{
  while(*str !='\0')
  {
   UART0SendByte(*str++);   //发送字节数据
  }
}
//主函数
void main()
{
  P1SEL &= ~ 0x01;
  P1DIR |=0x01;
  P0SEL &= ~ 0x20;
  P0DIR &= ~ 0x20;
  LED1=1;
  initUART0(); // UART0 初始化
  CLKCONCMD &=0x80;
  /*while(CLKCONSTA!=CLKCONCMD);*/
  WDCTL =0x00;
  WDCTL |=0x0c;
  IEN2 |=0x20;
  EA =1;
}
#pragma vector=WDT_VECTOR
__interrupt void WDT_INT()
{
  EA=0;
  counter++;
  T1STAT &= ~ 0x01;//清除通道 0 中断标志
  WDTIF =0;
  LED1=0;
  UART0SendString (" I Love China \n");
  LED1=1;
  EA=1;
}
```

任务 4.2　基于串口通信下发信息功能开发

学习型任务单	任务 4.2　基于串口通信下发信息功能开发

【任务描述】

某工厂需要对各设备进行监控，同时要求各设备反馈信息。本任务采用有线传输方式，模拟各设备基于串口通信实现信息下发，使用 PC 的串口调试程序向开发板发送控制字符，2 个 LED 根据控制字符进行点亮和熄灭两种状态的转换。具体工作方式如下：

（1）通电后设置 P1_0～P1_1 为普通 I/O 端口，设置为输出。
（2）LED1、LED2 熄灭。
（3）UART0 串口初始化。
（4）UART0 等待接收数据。
（5）处理接收到的控制命令。
（6）按照控制命令对指定的 LED 进行点亮或熄灭。例如，PC 发送字符"#11"时，点亮第一个 LED 灯；PC 发送字符"#20"时，熄灭第二个 LED 灯。
（7）清空数据缓冲区和指针。
（8）返回步骤（4）循环执行。

【任务目标】

任务要求使用计算机通过串口连接 CC2530 的 UART0 来进行通信。首先需要对串口进行初始化设置，允许串口接收数据，再根据接收到的数据进行分析，以及根据控制字符对二极管的亮/灭两种状态进行切换。主要目标包括：

（1）检验对 CC2530 单片机串口硬件电路图的识读技能。
（2）检验对 CC2530 单片机串口使用的技能。
（3）检验对使用 PC 通过串口发送字符控制下位机的技能

【素养目标】

（1）培养学生在工作现场的 6S 意识和用电安全意识。
（2）爱惜工具，注意场地整洁。
（3）具备积极、主动的探索精神。

【任务要求】

（1）通过学习，掌握以下知识点：
① 掌握 CC2530 单片机串口模块的结构。
② 掌握 CC2530 单片机串口特殊功能寄存器的作用。
③ 掌握查询方式和中断方式接收数据的编程。
（2）通过 CC2530 开发板，编程实现使用 PC 端的串口调试程序向实验板发送控制字符的功能，实验板上的 2 个 LED 根据控制字符实现点亮和熄灭两种状态的转换，掌握以下技能点：
① 根据实际应用实现串口接收数据。
② 利用接收到的数据实现 LED 的控制。
（3）拓展训练。

【学习总结】

一、相关知识

CC2530 的 UxCSR 是 USARTx 控制和状态寄存器，从表 4.1.2 中可以看出 UxCSR 的第 6 位是 UART 接收使能位，在 UART 配置后，通过设置 UxCSR.REN 的值来控制串口接收器允许接收还是禁止接收。当 UxCSR.REN=1 时，UART 就开始接收数据，在 RXDx 引脚监测寻找有效的起始位，并且设置 UxCSR.ACTIVE 的值为 1。当检测到有效的起始位时，收到的字节数据就传送到接收寄存器 UxBUF。程序通过收发缓冲寄存器 UxBUF 获取接收到的字节数据，当 UxBUF 被读出时，UxCSR.RX_BYTE 位由硬件清零。

（一）UART 接收串口数据

编程中，通常有查询和中断两种方式来实现串口数据接收。

1. 查询方式接收串口数据

CC2530 单片机在数据接收完毕后，中断标志位 TCON.URXxIF 被置 1，程序通过检测 TCON.URXxIF 来判断 UART 是否接收到数据。查询方式接收串口数据是通过串口接收程序不断地查询中断标志位 TCON.URXxIF 是否为 1 来实现的。TCON.URXxIF 的值不是 1，接收程序则继续查询等待；如果查询到 TCON.URXxIF 的值是 1，则软件编程将 TCON.URXxIF 的值清 0，缓冲寄存器 UxBUF 中的数据赋值给程序变量，完成数据接收。

2. 中断方式接收串口数据

程序初始化时设置 IEN0. URXxIE 的值为 1，则 USARTx 的串口接收中断使能。CC2530 单片机在数据接收完毕后，中断标志位 TCON. URXxIF 被置 1，就产生串口接收数据中断。在中断服务函数中，对中断标志位 TCON.URXxIF 软件清 0，将缓存寄存器 UxBUF 中的数据赋值给程序变量，完成数据接收。

（二）串口控制命令的格式

计算机通过串口发送字符串控制 LED 灯的亮灭，要根据控制对象的数量及动作的复杂程度约定控制命令格式。以本任务的控制为例，控制对象是 LED1 和 LED2，每个灯有亮/灭两种状态，所以在控制命令中要有两个部分来描述对象和状态。

控制命令分为 3 个部分：命令开始标志、LED 灯序号和亮/灭状态。

命令开始标志使用 1 个字符“#”，占用一个字节数据。当串口接收到字符“#”时，标志着开始接收控制命令。LED 灯的序号使用数字表示，占用 1 个字节数据。2 个 LED 灯用数字 1、2 分别表示，也可以使用字母 A、B、C、D 表示。LED 灯的亮/灭两种状态使用数字 1、0 表示，占用一个字节数据。“1”表示点亮 LED 灯，“0”表示熄灭 LED 灯。

CC2530 的串口接收到字符，按照控制命令的格式分析执行。例如，接收到控制命令“#21”则点亮 LED2。由于控制命令的字符长度固定，不需要在控制命令中加结束标志。在接收到的字符中，按照控制命令格式只保留分析有效的命令内容，其他字符内容将被丢弃。例如，接收到字符串“23#2142#204W#11”，其中包含的有效控制命令是“#21”“#20”和“#11”；对应的动作是 LED2 点亮、LED2 熄灭和 LED1 点亮。

二、任务实施

微课 4.3 单片机接收计算机发来的指令

（一）功能要求

使用 PC 的串口调试程序向开发板发送控制字符，2 个 LED 发光二极管根据控制字符进行点亮和熄灭两种状态的转换。

电路中 LED1、LED2 分别连接到端口 P1_0 和 P1_1。计算机的 RS-232 标准串口连接到 COM1（D 型 9 针接头），经过 MAX3232（完成电平转换）与 CC2530 单片机的 UART0 串口相连接。UART0 使用外设位置 1，数据接收端 RX 和发送端 TX 分别对应 P0_2 和 P0_3。

（二）设计思路

根据任务要求，整个程序的控制流程如图 4.2.1 所示。

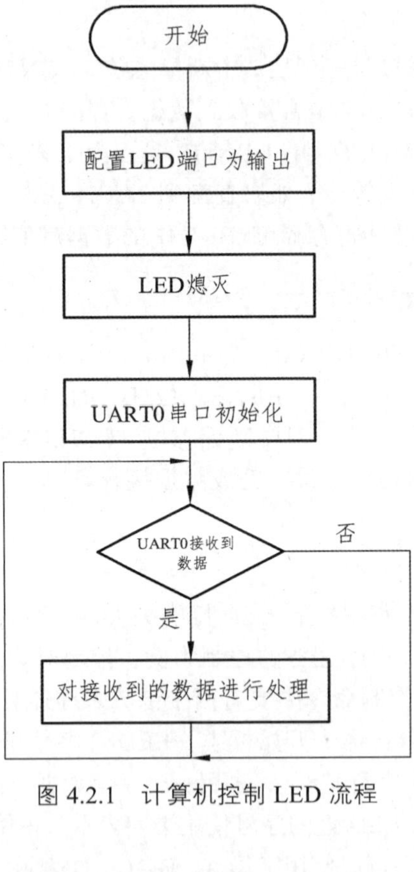

图 4.2.1　计算机控制 LED 流程

（三）关键代码

1. 编写 UART0 串口初始化代码

（1）配置 I/O 使用外部设备功能，本任务配置 P0_2 和 P0_3 用作串口 UART0。

```
PERCFG = 0x00:   //位置 1 :P0 端口
P0SEL = 0x3C;    //P0 用作串口，P0_2、P0_3 作为串口 RX、TX
```

（2）配置相应串口的控制和状态寄存器，本任务配置 UART0 的工作寄存器。

```
U0CSR |= 0x80;   //UART 模式
U0UCR l= 0x80:   //进行 USART 清除，并设置数据格式为默认值
```

（3）配置串口工作的波特率，本任务配置波特率为 57 600 b/s。

```
U0BAUD =216:
U0GCR = 10;
```

2. 编写接收数据处理函数 receive_handler()

计算机与 CC2530 通过串口通信，发送字符控制 LED 灯，对接收数据的处理是程序中的关键。CC2530 接收数据处理流程如图 4.2.2 所示。

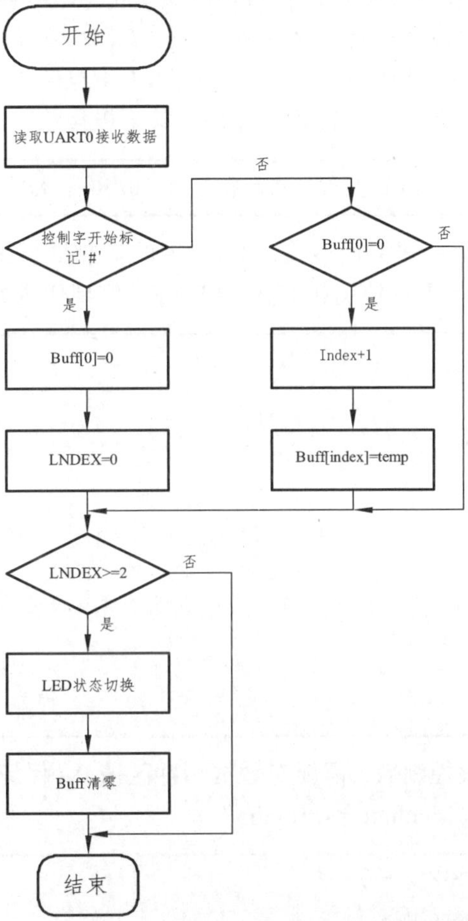

图 4.2.2　CC2530 接收数据处理流程

串口 UART0 接收到数据后，与字符 '#' 比较，判断接收到的是否是控制命令的起始字符。如果是控制命令的起始字符，则保存在数据缓冲区的首个数据，同时复位接收数据缓冲区的指针 ulndex；如果不是控制命令的起始字符，就判断是否正在接收控制命令，将正在接收的控制命令字符存入缓冲区。程序代码如下：

```
uchar c;
c=U0DBUF;
if(c=='#')
{
  buff_RxDat[0]=c;
  ulndex=0;
}
else if(buff_RxDat[0]=='#')
{
  ulndex++;
  buff_RxDat[ulndex]=c;
}
```

CC2530 接收完整控制命令后，需要将控制命令中 LED 灯亮灭状态数据进行处理。因为计算机通过串口助手发送的指令是 ASCII 码，CC2530 不能直接用这个数据来控制 LED 灯的亮灭，必须转换成相应的字符。又由于 LED 电路采用的是共阳极接法，要实现任务需求，需要对控制字取反；若开发板采用共阴极接法，就不需要。

```
onoff=!(buff_RxDat[2]-0x30); //LED 亮灭状态数据处理，0x30 是 ASCII 字符'0'
```

然后解析 LED 编号，并根据传输点亮/熄灭的控制数据来点亮或熄灭对应编号的 LED 灯。运用 switch-case 语句控制相应的 LED 灯，实现代码如下：

```
switch(buff_RxDat[1])
{
    case'1':
            LED1=onoff;
            break;
    case'2':
            LED2=onoff;
            break;
}
```

PC 实现对 LED 亮灭控制后，需要对数据缓冲区清 0，保证下组数据的接收。NULL 指令需要引用到头文件“#include <string.h>”。

```
for(int i=0;i<=DATABUFF_SIZE;i++)
    buff_RxDat[i]=(uchar)NULL;
```

清除数据缓冲区后，还需将指针 ulndex 清 0。

3. 编写主程序

在程序主循环中，使用 if 语句判断 UART0 接收数据中断标志位 URX0IF 的值是否为 1，如果为 1 则说明串口接收到数据。首先将 URX0IF 清 0，然后调用接收数据处理函数，处理完毕则执行循环等待。程序主循环的参考代码如下：

```
while(1)
{
  if(URX0IF)
   {
      URX0IF=0;              //清中断标志
      receive_handler();  //调用接收数据后处理函数
   }
}
```

三、考核与评价

基于串口通信下发信息开发任务训练的评分表如表 4.2.1 所示。

表 4.2.1　基于串口通信下发信息功能开发任务训练评分表

一级指标	二级指标	分值	扣分及扣分原因	单项分值	得分
训练过程（80%）	计划与准备	10	做好测试前的准备，不进行清点接线、设备、材料等操作扣除 2 分	5	
			带电拔插元器件扣除 1 分	5	
	电路分析	20	CC2530 引脚功能	5	
			LED 灯与 CC2530 引脚关系	5	
			LED 灯电平的关系	5	
			串口初始化、波特率设置	5	
	代码设计	30	正确建立工程	5	
			编写流程图	5	
			程序设计，包括引用头文件、设计延时程序、初始化 I/O、串口接收程序、主程序代设计等	20	
	职业素养	10	编程过程中及结束后，桌面及地面不符合 7S 基本要求的扣除 3～5 分	10	
		10	对耗材浪费，不爱惜工具，扣除 3 分；损坏工具、设备扣除本大项的 20 分；发生严重违规操作或作弊，取消成绩	10	
训练结果（20%）	实作结果及质量	20	工艺和功能验证	10	
			撰写考核记录报告	10	
总计		100			

四、任务小结

（1）CC2530 具有两个串行通信接口 USART0 和 USART1，它们能够分别运行于异步模式（UART）或同步模式（SPI）。

（2）对于 CC2530 的串口通信，在 UART 模式提供异步串行接口，接口使用 2 线或者含有引脚 RXD、TXD、可选 RTS 和 CTS 的 4 线。

（3）当 CC2530 的 UART 模式提供全双工传送时，接收器中的位同步不影响发送功能。

（4）传送一个 UART 字节包含 1 个起始位、8 个数据位、1 个作为可选项的第 9 位数据或者奇偶校验位再加上 1 个或 2 个停止位。

（5）UART 操作由 USART 控制和状态寄存器 UxCSR 以及 UART 控制寄存器 UxUCR 来控制。这里的 x 是 USART 的编号，其数值为 0 或者 1。

（6）串口硬件设计有位置 1 和位置 2 两种，不同的生产厂家主要修改 PERCFG 和 PxSEL 的值。实现串口接收字符串实现方式主要有查询方式和中断方式两种。

① 串口从 PC 接收字符串查询实现。

串口初始化步骤：设置系统时钟（CLKCONCMD &=0x80;）→串口位置（PERCFG）→串口 TX/RX 引脚（PxSEL）→模式选择（U0CSRI=0x80; //UART 模式）→波特率（U0BAUD=216 和 U0GCRI=10）→清除 RX 中断标志（URX0IF=0;）→接收使能（U0CSR|=0x40;）→开中断（EA=1; ）。

查询方式主程序：定义字符变量（uchar c;）→（while（URX0IF==0）;）→清除接收中断标志位（URX0IF=0;）→传递传送值（c=U0DBUF;）→判断→清空缓冲数据（c=（uchar）NULL;）。

② 采用 T1 中断实现。

串口初始化步骤为：串口位置（PERCFG）→串口 TX/RX 引脚（PxSEL）→模式选择（U0CSRI=0x80; //UART 模式）→波特率（U0BAUD=216 和 U0GCR |= 10）→清除 TX 中断标志（UTX0IF=0;）→全局中断打开（EA=1）。

中断处理程序步骤为：先禁止全局中断（EA=0;）→清除通道 0 中断标志（ T1STAT &= ～0x01;）→使能全局中断（EA= 1;）。

实现串口发送字符串到 PC，串口初始化时需要将 UTX0IF 定义为零（UTX0IF=0）。

【思政小课堂】

先易后难，循序渐进

在改革开放 40 来年的道路上，习近平总书记强调“坚持正确处理改革发展稳定关系，胆子要大、步子要稳，加强顶层设计和摸着石头过河相结合，整体推进和重点突破相促进，提高改革决策科学性，广泛凝聚共识，形成改革合力”的思想，指出改革开放循序渐进、由点到面、上下联动，既先行先试、先易后难，又统筹兼顾、协调推进为全党和全国各族人民指明了坚持理论联系实际，开拓创新，在实践中认识和发现真理，在实践中检验和发展真理的方法论路径。

本项目学习基于串口通信下发信息功能开发，需要先判断是否接收数据，再分解接收信息，最后根据接收指令执行相应操作。恰如习总书记在深化改革中提到的经验，即先易后难，循序渐进，有利于积累经验，摸清知识的内在规律，在攻克难事时起到事半功倍的作用。同学们在生活和学习中也要有稳步前进的心态，不要急功近利，浮躁不安，要有久久为攻，步步为营的必胜心态。

五、参考代码

```
#include"ioCC2530.h"
#include <string.h>
//定义 LED 灯端口
#define LED1 P1_0 // P1_0 定义为 LED1
#define LED2 P1_1 // P1_1 定义为 LED2
#define uint unsigned int
#define uchar unsigned char
#define DATABUFF_SIZE 3                    //数据缓冲区大小
uchar buff_RxDat[DATABUFF_SIZE+1];     //数据缓冲区
uchar uIndex = 0;  //数据缓冲区的下标
/*
函数名称：initUART0
功能：UART0 初始化
入口参数：无
出口参数：无
返回值：无
*/
void initUART0(void)
{
   PERCFG=0x00;                    //位置 1 P0 端口
   P0SEL= 0x3c;                   //P0 用作串口，P0_2、P0_3 作为串口 RX、TX
   U0BAUD= 216;
   U0GCR = 10;
   U0CSR |= 0x80;                  //UART 模式
   U0UCR |= 0x80;                  //进行 USART 清除，并设置数据格式为默认值
   URX0IF = 0;                     //清零 UART0 RX 中断标志
   U0CSR |=0X40;                   //允许接收
   EA=1;                          //使能全局中断
}
/****************************************
函数名称：receive_handler
功能：接收数据后处理
入口参数：无
出口参数：无
返回值：无
*********************************************/
```

```
void receive_handler(void)
{
  uchar onoff=0;
  uchar c;
  c=U0DBUF;
  if(c=='#')
  {
    buff_RxDat[0]=c;
    ulndex=0;
  }
  else if(buff_RxDat[0]=='#')
  {
    ulndex++;
    buff_RxDat[ulndex]=c;
  }
  if(ulndex>=2)
  {
    onoff=!(buff_RxDat[2]-0x30); //LED 亮灭状态数据处理，0x30 是 ASCII 字符'0'
    switch(buff_RxDat[1])
    {
      case'1':
        LED1=onoff;
        break;
      case'2':
        LED2=onoff;
        break;
    }
    for(int i=0;i<=DATABUFF_SIZE;i++)
      buff_RxDat[i]=(uchar)NULL;
      ulndex=0;
  }
}

/****************************************
函数名称：main
功能：main 函数入口
********************************/
void main(void)
```

```
{
  P1SEL &= ~ 0x03;      //设置 LED 为普通 I/O 端口
  P1DIR |= 0x03;        //设置 LED 为输出
  LED1=1;               //灭 LED
  LED2= 1;
  CLKCONCMD &= 0x80;//时钟速度设置为 32 MHz
  initUART0();//UART0 初始化
  while(1)
  {
       if(URX0IF)
         {
           URX0IF=0;//清中断标志
           receive_handler();//调用接收数据处理函数
         }
  }
}
```

编译项目，将生成的程序烧写到 CC2530 中。使用串口调试软件时应注意以下几点：

（1）根据计算机串口连接情况，选择正确的串口号。如果使用 USB 转串口线连接，则需要安装好驱动程序。通过计算机的设备管理器查找出正确的串口号。

（2）选择正确的串口参数。波特率为 57 600 b/s，无奇偶校验，一位停止位。

（3）发送模式选择文本模式。

使用串口调试软件分别发送以下控制字符串：#11，#20，#21，#10，如图 4.2.3 所示。

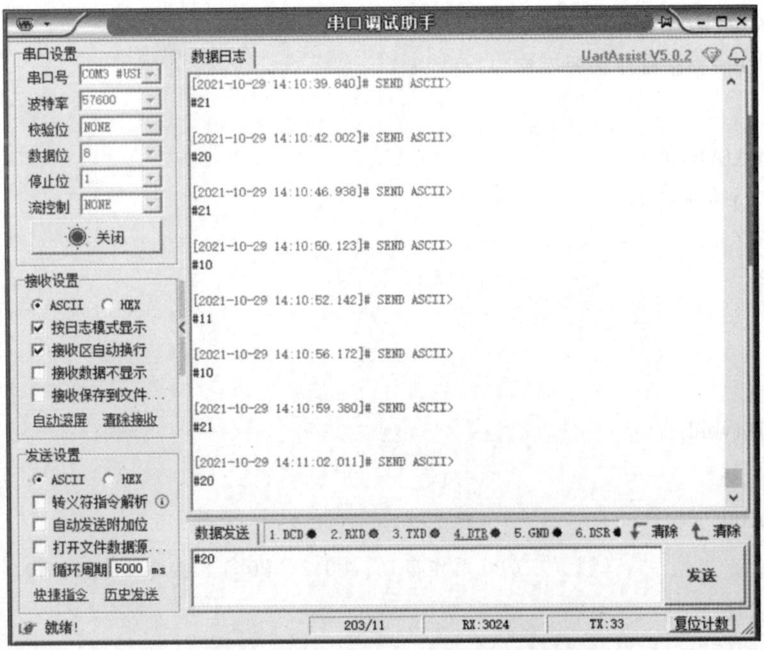

图 4.2.3　串口助手上发送的控制字

观察开发板上的 LED1 和 LED2 的亮/灭状态转换。

六、拓展训练

（1）设置 UART0 串口，使用中断方式接收数据，完成 PC 通过串口向 CC2530 发送数据，控制 LED1、LED2 的点亮与熄灭功能。

（2）在任务 4.2 基础上，优化使用功能。

PC 按照控制命令对指定的 LED 进行点亮或熄灭。例如，PC 发送字符“#1/1@”时，点亮第一个 LED 灯；发送字符“#2/0@”时，熄灭第二个 LED 灯。

七、启发与思考

设置 UART0 串口，使用中断方式接收数据，完成 PC 通过串口向 CC2530 发送数据，控制 LED1、LED2 的点亮或熄灭功能。

```
#include"ioCC2530.h"
#include <string.h>
//定义 LED 灯端口
#define LED1 P1_0        // P1_0 定义为 LED1
#define LED2 P1_1        // P1_1 定义为 LED2
#define uint unsigned int
#define uchar unsigned char
#define DATABUFF_SIZE 3 //数据缓冲区大小
uchar buff_RxDat[DATABUFF_SIZE+1];//数据缓冲区
uchar ulndex = 0;//数据缓冲区的下标
/*
函数名称：InitUART0
*功能：UARTO 初始化
入口参数：无
出口参数：无
返回值：无
*/
void initUART0(void)
{
  PERCFG=0x00;                  //位置 1 P0 端口
  P0SEL= 0x3c;                  //P0 用作串口，P0_2、P0_3 作为串口 RX、TX
  U0BAUD= 216;
  U0GCR = 10;
  U0CSR |= 0x80;                //UART 模式
```

```
  U0UCR |= 0x80;                    //进行 USART 清除，并设置数据格式为默认值
  URX0IF = 0;                       //清零 UART0 RX 中断标志
  U0CSR |=0X40;                     //允许接收
  EA=1;                             //使能全局中断
}
/**************************************
*函数名称：receive_handler
*功能：接收数据后处理
入口参数：无
*出口参数：无
*返回值：无
**********************************************/
void receive_handler(void)
{
   uchar onoff=0;
   uchar c;
   c=U0DBUF;
   if(c=='#')
   {
     buff_RxDat[0]=c;
     ulndex=0;
   }
   else if(buff_RxDat[0]=='#')
   {
     ulndex++;
     buff_RxDat[ulndex]=c;
   }
   if(ulndex>=2)
   {
     onoff=!(buff_RxDat[2]-0x30);//LED 亮灭状态数据处理 。0x30 是 ASCII 字符'0'。
     switch(buff_RxDat[1])
     {
       case'1':
         LED1=onoff;
         break;
       case'2':
           LED2=onoff;
```

```
            break;
        }
        for(int i=0;i<=DATABUFF_SIZE;i++)
          buff_RxDat[i]=(uchar)NULL;
        ulndex=0;
    }
}

/**************************************
函数名称：main
功能：main 函数入口
*******************************/
void main(void)
{
  P1SEL &= ~ 0x03;              //设置 LED 为普通 I/O 端口
  P1DIR |= 0x03;                //设置 LED 为输出
  LED1=1;           //灭 LED
  LED2=1;
  CLKCONCMD &= 0x80;//时钟速度设置为 32 MHz
  initUART0();      //UARTO 初始化
    while(1);

}
/**************************************
函数名称：URX0_ISR()
功能：串口接收中断服务子程序入口
*******************************/

#pragma vecter = URX0_VECTOR  //串口 0 接收中断向量表的设置
__interrupt void URX0_ISR(void)
{
    URX0IF = 0; // 清除中断标志位
    receive_handler(); //调用接收数据后处理函数
}
```

任务 4.3　基于串口通信实现信息交互功能开发

学习型任务单	任务 4.3　基于串口通信实现信息交互功能开发
【任务描述】 某工厂需要对各设备进行监控，同时要求各设备反馈信息。本任务采用有线传输方式，模拟各设备基于串口通信实现信息交互功能。 开发板上 SW1 按下后才可以开启 PC 通过串口解锁密码锁工作。若 PC 下发的密码错误，开发板指示灯 LED1 闪烁 2 次，向计算机发送“输入信息无效”信息；若 PC 下发的密码正确，开发板指示灯 LED1、LED2、LED3 闪烁 2 次，并向计算机发送“信息校验正确”信息。	
【任务目标】 任务要求使用计算机通过串口连接 CC2530 的 UART0 来进行信息交互。主要目标包括： （1）检验对 CC2530 单片机串口硬件电路图的识读能力。 （2）检验使用 PC 通过串口控制 CC2530 的 I/O 口的技能。 （3）检验是否掌握串口通信实现信息交互的编程思路。	
【素养目标】 （1）培养学生在工作现场的 6S 意识和用电安全意识。 （2）爱惜工具，注意场地整洁。 （3）具备积极、主动的探索精神。	
【任务要求】 （1）通过学习，掌握以下知识点： ① 掌握 CC2530 单片机串口使用的相关寄存器。 ② 掌握 CC2530 单片机串口通信编程的方法。 （2）通过 CC2530 开发板，编程实现使用 PC 端的串口调试程序与实验板进行信息交互的功能，掌握以下技能点： ① 根据实际应用实现串口发送或接收数据。 ② 利用接收到的数据实现 LED 的控制。 （3）拓展训练。	
【学习总结】	

一、相关知识

UART 模式提供异步串行接口。在 UART 模式中，接口使用 2 线或含有 RXD、TXD、可选的 RTS 和 CTS 的 4 线。

（一）UART 发送

当 USART 收/发数据缓冲器 UxDBUF 写入数据时，UART 发送启动。该字节发送到输出引脚 TXDx。寄存器 UxDBUF 是双缓冲器。当字节传送开始时，UxCSR.ACTIVE 位设置为 1，而当字节传送结束时，UxCSR.ACTIVE 位清零。当传送结束时，UxCSR.TX_ BYTE 位设置为 1。当 UxDBUF 寄存器就绪，准备接收新的发送数据时，就产生了一个中断请求。该中断在传送开始之后立刻发生，因此当字节正在发送时，新的数据字节能够装入数据缓冲器。

（二）UART 接收

当在 UxCSR.RE 位写入 1 时，UART 上数据接收就开始了。UART 会在输入引脚 RXDx 中寻找有效起始位，并且设置 UxCSR.ACTIVE 位为 1。当检测出有效起始位时，收到的字节就传入接收寄存器。UxCSR.RX_BYTE 位设置为 1。该操作完成时，产生接收中断。同时，UXCSR.ACTIVE 位设置为 0。

通过寄存器 UxDBUF 接收发来的数据。当 UxDBUF 读出时，UbCSR.RX_BYTE 位由硬件清零。

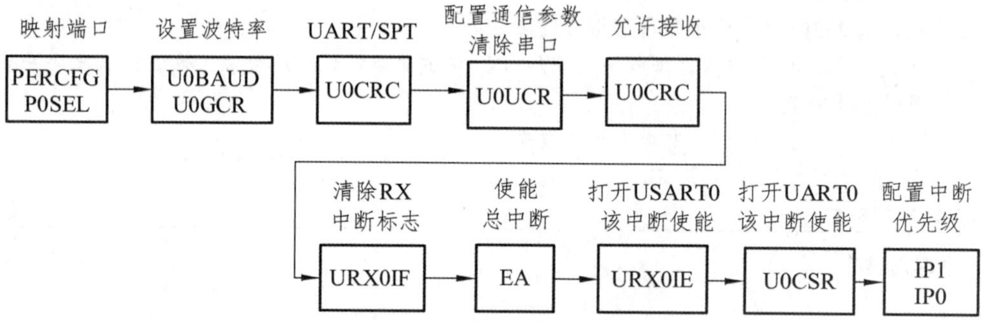

图 4.3.1　CC2530 串口接收的配置

二、任务实施

（一）功能要求

开发板上 SW1（P1_0）按下后才可以开启 PC 通过串口解锁密码锁工作。用户发送密码以'#'结束。若 SW1（P1_0）没有按下，PC 发送密码，开发板向计算机发送“输入信息无效”信息；若 SW1（P1_0）按下，PC 下发的密码错误，开发板指示灯 LED1 闪烁 2 次，向计算机发送“密码错误!”“请重新输入密码:”信息；若此时 PC 下发的密码正确，开发板指示灯 LED1、LED2、LED3 闪烁 2 次，并向计算机发送“密码正确！”信息。校验成功后开发板发送“密码已经确认”信息。

（二）设计思路

SW1（P1_0）按键采用查询方式处理。本任务配置 UART0 的工作寄存器，配置串口工作的波特率为 57 600 b/s。

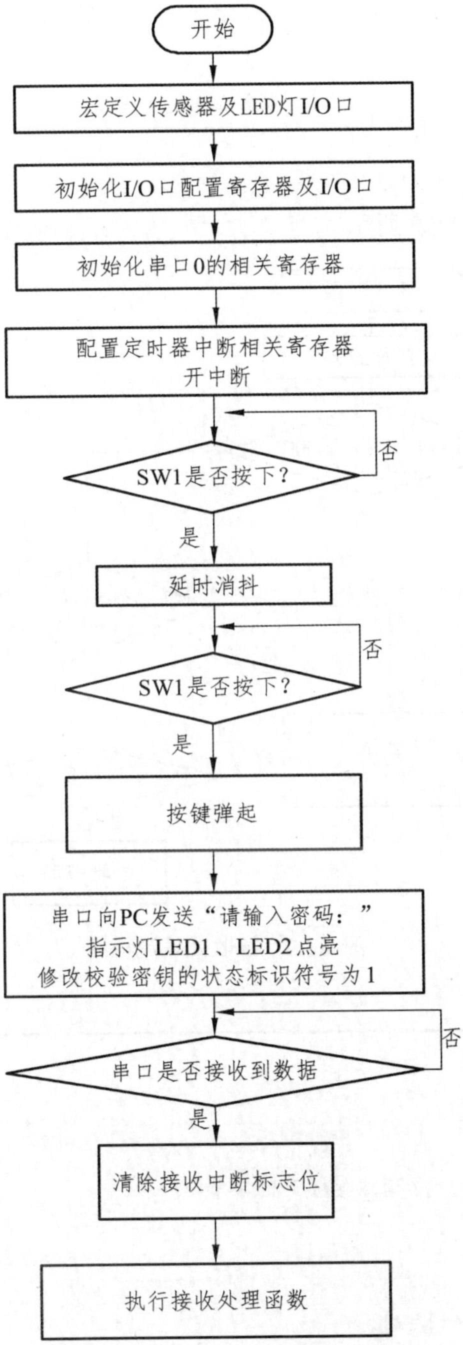

图 4.3.2　CC2530 串口接收的配置

（三）关键代码

1. 准备工作

编程开始需要定义接收数据缓冲区，串口数据缓冲区的下标，密钥，以及校验密钥标识符。

```
uchar buff_RxDat[DATABUFF_SIZE+1];    //数据缓冲区
uchar uIndex = 0;                      //串口数据缓冲区的下标
uchar pwd[3] = "123";
uchar ischeck = 0;                     //校验密钥标识符
```

2. 接收处理函数

接收处理流程如图 4.3.3 所示。

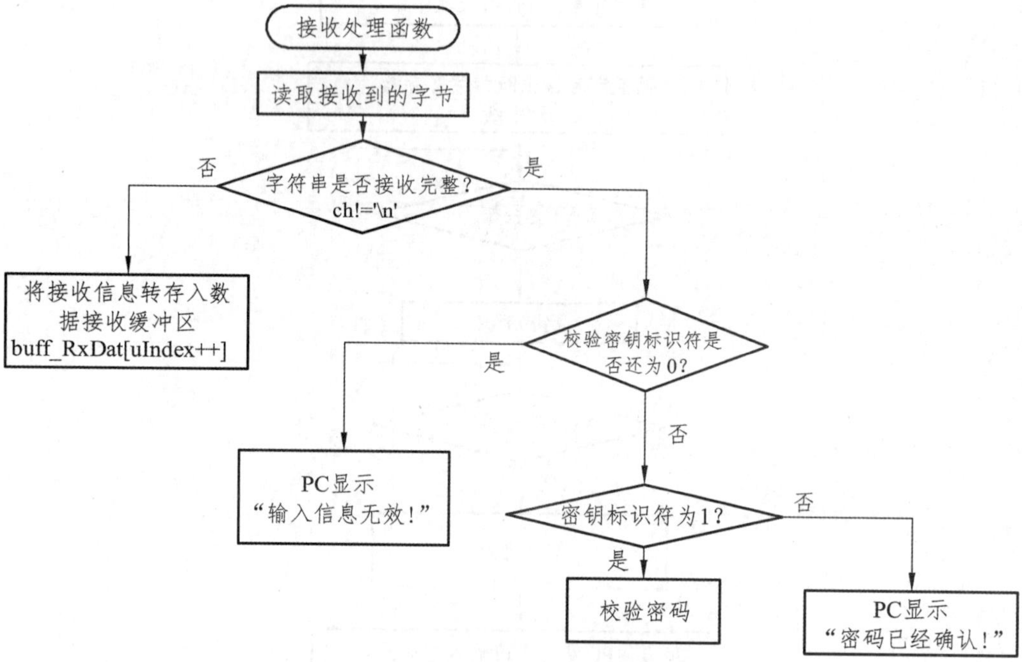

图 4.3.3　接收处理流程图

有关代码如下：

```
void receive_handler(void)
{
    uchar ch;
    ch = U0DBUF;              //读取接收到的字节
    if(ch !='#')
    {
      buff_RxDat[uIndex++] = ch;
    }
```

```
else
{
  uIndex = 0;
  if(ischeck == 0)
     halUartWriteString("输入信息无效!\r\n");  //按键按下后才有效，否则无效
  else if(ischeck == 1)
    {
       Checkpwd();
       if(ischeck == 2)
       {
          halUartWriteString("密码已经确认！ \r\n");
       }
    }
  }
}
```

3. 校验密钥函数

校验密钥流程如图 4.3.4 所示。

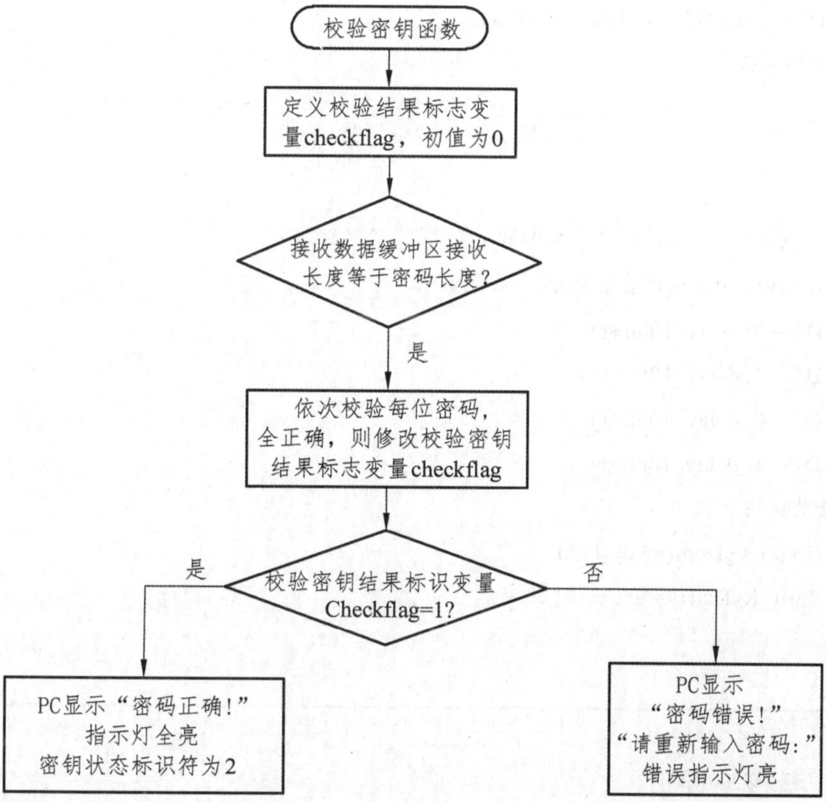

图 4.3.4　校验密钥流程图

有关代码如下：

```
void checkpwd()
{
    uchar checkflag = 0;                //密码校验结果: 0——失败；1——成功
    uchar i;
    for(i= 0;i < sizeof(pwd); i++)
        if(buff_RxDat[i] != pwd[i])
            break;
    if(i==sizeof(pwd))
        checkflag = 1;

    //返回密钥校验信息
    if(checkflag == 1)
    {
      halUartWriteString("密码正确!\n");
      LED1 = 0; LED2 = 0; delay_100ms();
      LED1 = 1; LED2 = 1; delay_100ms();
      LED1 = 0; LED2 = 0; delay_100ms();
      LED1 = 1; LED2 = 1; delay_100ms();
      ischeck = 2;
    }
    else
    {
      halUartWriteString("密码错误!\r\n");
      halUartWriteString("请重新输入密码:\n");
      LED1 = 0; delay_100ms();
      LED1 = 1; delay_100ms();
      LED1 = 0; delay_100ms();
      LED1 = 1; delay_100ms();
      //接收缓冲区清 0
      for(i= 0;i < sizeof(pwd); i++)
          buff_RxDat[i] ='\0';
    }
}
```

三、考核与评价

基于串口通信信息交互功能开发任务评分表如表 4.3.1 所示。

表 4.3.1　基于串口通信实现信息交互功能开发任务评分表

一级指标	二级指标	分值	扣分及扣分原因	单项分值	得分
训练过程（80%）	计划与准备	10	做好测试前的准备，不进行清点接线、设备、材料等操作扣除 2 分	5	
			带电拔插元器件扣除 1 分	5	
	电路分析	20	CC2530 引脚功能	5	
			LED 灯与 CC2530 引脚关系	5	
			LED 灯电平的关系	5	
			串口初始化、波特率设置	5	
	代码设计	30	正确建立工程	5	
			编写流程图	5	
			程序设计，包括引用头文件、设计延时程序、初始化 I/O、接收处理函数、密钥校正函数、主程序代设计等	20	
	职业素养	10	编程过程中及结束后，桌面及地面不符合 7S 基本要求的扣除 3～5 分	10	
		10	对耗材浪费，不爱惜工具，扣除 3 分；损坏工具、设备扣除本大项的 20 分；发生严重违规操作或作弊，取消成绩	10	
训练结果（20%）	实作结果及质量	20	工艺和功能验证	10	
			撰写考核记录报告	10	
总计		100			

四、任务小结

（1）UxBUF 寄存器是双缓冲的寄存器。当数据缓冲器寄存器 UxBUF 写入数据时，该字节发送到输出引脚 TXDx；UART 接收到的数据也存放在 UxBUF，通过读取寄存器 UxBUF 来获得接收到的数据字节。

（2）每个 USART 都有两个中断：发送数据完成中断（URXxIP）和接收数据完成中断（UTXxIP）。

（3）通信交互要注意流程之间的逻辑关系。

【思政小课堂】

系统思维切忌“瞎子摸象”

在之前的项目中，都是单一的对某个模块进行设置和调试，本项目则是第一次有了“通信”和“传输”的概念，形成了一个交互“系统”。在现实生活中，尽管我们每个人都认为要有“大局观”，实际做起来却经常犯“本位主义”的毛病。很多时候，“盲人摸象”并不是一个故事，而是现实的写照。系统思考的本质是整体思考，其中一个基本要求是：条理清晰地梳理复杂关系，确保不遗漏重要实体。

动画 系统思维切忌“瞎子摸象”

具有系统思考智慧的人，既要看到自身的因素，也要看到自己与他人之间的关联。就像《荀子·荣辱》篇所讲：“自知者不怨人，知命者不怨天，怨人者穷，怨天者无志。”意思是，有自知之明的人不怪怨别人，懂得大势和规律的人不埋怨苍天；怪怨别人的人成不了事，埋怨苍天的人就不会立志进取。

要想做好工作、完成任务，我们可以使用“思考的罗盘”进行分析，预想、探索各种可能性，从而在工作任务开始之前做到“胸有成竹”“运筹帷幄之中，决胜千里之外”。第一步，明确我们的关键问题及其衡量指标。第二步，列出完成工作必需的利益相关者。第三步，列出各个相关实体的关键要因或施加的影响。第四步，列出这些实体受到的影响。第五步，梳理互动关系与反馈回路。第六步，分析并确定策略。系统思维，是一种可以培养的能力。在分析问题时，将周围所有的相互影响的关系放在视野内，在决定自己的方向时，将利益相关方都作为影响因素。

五、参考代码

```
/**************************************************************
功能：在 PC 上用串口解锁密码锁
**************************************************************/
#include "ioCC2530.h"
#include <string.h>
//定义 LED 灯端口
#define LED1 P1_0        // P1_0 定义为 LED1
#define LED2 P1_1        // P1_1 定义为 LED2
#define SW1   P0_1        // P0_1 定义为 SW1

#define uint unsigned int
#define uchar unsigned char
#define DATABUFF_SIZE   32  //数据缓冲区大小

uchar buff_RxDat[DATABUFF_SIZE+1]={0}; //数据缓冲区
//uchar uRxLen = 0;
uchar uIndex = 0;                   //串口数据缓冲区的下标
uchar pwd[10] = "123";
uchar ischeck = 0;                  //校验密钥标识符

void halUartWriteByte(uchar ch);
```

```
void halUartWriteString(uchar *str);
void checkpwd();

//延时函数
void delay_100 ms()
{
  int i,j;
  for(i=0;i<250;i++)
    for(j=0;j<1000;j++);
}
//串口发送字符函数
void halUartWriteByte(uchar ch)
{
  U0DBUF = ch;
  while(!UTX0IF);
  UTX0IF = 0;
}
//串口发送字符串函数
void halUartWriteString(uchar *str)
{
  while(*str != '\0')
  {
     halUartWriteByte(*str++);
  }
}

/*
函数名称: InitUART0
功能: UART0 初始化
入口参数: 无
出口参数: 无
返回值: 无
*/
void initUART0(void)
{
  PERCFG=0x00;           //位置 1 P0 端口
  P0SEL= 0x3c;           //P0 用作串口,P0_2、P0_3 作为串口 RX、TX
  U0BAUD= 216;
  U0GCR = 10;
  U0CSR |= 0x80;          //UART 模式
  U0UCR |= 0x80;         //进行 USART 清除,并设置数据格式为默认值
  URX0IF = 0;            //清零 UART0 RX 中断标志
```

```
   U0CSR |=0x40;          //允许接收
   EA=1;                  //使能全局中断
}

//接收数据后处理
void receive_handler(void)
{
       uchar ch;
       ch = U0DBUF;          //读取接收到的字节
       if(ch !='#')
       {
          buff_RxDat[uIndex++] = ch;
       }
       else
       {
          uIndex = 0;
          if(ischeck == 0)
              halUartWriteString("输入信息无效!\r\n");        //按键按下后才有效,否则无效
          else if(ischeck == 1 )
          {
                 checkpwd();
                 if(ischeck == 2)
                 {
                       halUartWriteString("密码已经确认!\r\n");
                 }
          }
       }
}
//校验密钥函数
void checkpwd()
{
   uchar checkflag = 0;                  //密码校验结果: 0——失败; 1——成功
   uchar i;
   for(i= 0;i < sizeof(pwd); i++)
        if(buff_RxDat[i] != pwd[i])
             break;
    if(i==sizeof(pwd))
          checkflag = 1;

   //返回密钥校验信息
   if(checkflag == 1)
   {
     halUartWriteString("密码正确!\n");
     LED1 = 0; LED2 = 0; delay_100 ms();
     LED1 = 1; LED2 = 1; delay_100 ms();
```

```
        LED1 = 0; LED2 = 0; delay_100 ms();
        LED1 = 1; LED2 = 1; delay_100 ms();
        ischeck = 2;
    }
    else
    {
        halUartWriteString("密码错误!\r\n");
        halUartWriteString("请重新输入密码:\n");
        LED1 = 0; delay_100ms();
        LED1 = 1; delay_100ms();
        LED1 = 0; delay_100ms();
        LED1 = 1; delay_100ms();
        //接收缓冲区清 0
        for(i= 0;i < sizeof(pwd); i++)
            buff_RxDat[i] ='\0';
    }
}
//主函数
void main(void)
{
    int delay;
    P1SEL &= ~0x03;              //设置 LED12 为普通 IO 口
    P1DIR |= 0x03 ;              //设置 LED12 为输出
    LED1 = 1;                    //灭 LED
    LED2 = 1;


    CLKCONCMD &= 0x80;           //时钟速度设置为 32 MHz
    initUART0();                 //UART0 初始化
    while(1)
    {
        if(SW1 == 0)
        {
            delay = 10000;
            while(delay--);
            if(SW1 == 0)
            {
                while(!SW1);
                //向串口发送数据:
                    halUartWriteString("请输入密码:\n");
                LED1 = 0; LED2 = 0;
                ischeck = 1;
            }
        }
        //接收串口数据
```

```
        if(URX0IF)
        {

          URX0IF = 0;            //清中断标志
          U0CSR &=~0X40;     //允许接收
          LED1=1;
          receive_handler();    //调用接收数据后处理函数
          U0CSR |=0X40;         //允许接收

        }

    }
}
```

编译项目，将生成的程序烧写到 CC2530 中。使用串口调试软件时应注意以下几点：

（1）根据计算机串口连接情况，选择正确的串口号。如果使用 USB 转串口线连接，则需要安装好驱动程序。通过计算机的设备管理器查找出正确的串口号。

（2）选择正确的串口参数，波特率为 57 600 b/s，无奇偶校验，一位停止位。

（3）发送模式选择文本模式。

串口助手上校验密钥过程如图 4.3.5 所示。

图 4.3.5　串口助手上校验密钥

六、拓展训练

（1）PC 按照控制命令对指定的 LED 进行点亮或熄灭。例如：PC 发送字符“#1/1@”时，点亮第一个 LED 灯；发送字符“#2/0@”时，熄灭第二个 LED 灯。若 PC 发送的命令不符合要求，CC2530 将向 PC 上报，要求用户重新输入命令字。

（2）使用 PC 端的串口调试程序向开发板发送 20 字节（Byte）的字符串，如果字符串不足 20 字节，则以 '#' 为字符串末字符，CC2530 在收到字节后将这一字符串反向发送到 PC，并用串口调试软件显示出来。

七、启发与思考

PC 按照控制命令对指定的 LED 进行点亮或熄灭。例如：PC 发送字符“#1/1@”时，点亮第一个 LED 灯；PC 发送字符“#2/0@”时，熄灭第二个 LED 灯。接收的第一个字符不是'#'，则反馈“格式错误 1，请重新输入。”若接收的第三个字符非'/'，或者第五个字符非'@'则反馈“格式错误 2，请重新输入。”若控制 LED 编号的不是数字 1、2，则反馈“格式错误 3，请重新输入。”若控制 LED 亮灭的信号不是 0 或 1，则反馈”格式错误 4，请重新输入。“

```
/*计算机控制发光二极管亮灭 V1.0*/
/**********************************************88
   使用计算机的串口调试程序,向 CC2530 实验板发送控制字符,
   使 LED1~LED2 呈现亮灭状态:
        指令格式: #x/y@
        例如:#1/0@: LED1 灭;
                #1/1@: LED1 亮。
*****************************************************/
#include"ioCC2530.h"
#include<string.h>
//定义 LED 灯端口
#define LED1 P1_0 //定义 P1_0
#define LED2 P1_1 //定义 P1_1


#define uint unsigned int
#define uchar unsigned char
#define DATABUFF_SIZE 5       //数据缓冲区大小


uchar buff_RxDat[DATABUFF_SIZE+1];  //数据缓冲区
uchar ulndex=0;        //数据缓冲区的下标
```

```
//UART0 初始化
void initUART0(void)
{
  PERCFG = 0x00;  //位置 1 P0 口
  P0SEL = 0x3c;   //P0 用作串口,P0_2、P0_3 作为串口 RX、TX
  U0BAUD = 216;
  U0GCR = 10;      //设置波特率为 57 600 b/s
  U0CSR |= 0x80;   //配置通信参数采用 VART 模式
  U0UCR |= 0x80;  //打开 UART0 读中断使能
  UTX0IF = 0;      //清零 UART0 TX 中断标志
  URX0IF = 0;      //清零 UART0 RX 中断标志
  U0CSR |= 0x40;  //允许接收
  EA = 1;          //使能全局中断
}
//串口发送字节数据
void UART0SendByte(unsigned char c)
{
  U0DBUF = c;              //给串口 0 写入数据,即发送数据
  while (!UTX0IF);         //等待 TX 中断标志,即 U0DBUF 就绪
  UTX0IF = 0;             //清零 TX 中断标志
}
//串口发送字符串
void UART0SendString(unsigned char *str)
{
  while(*str != '\0')
  {
    UART0SendByte(*str++);   //发送 1 字节
  }
}
//接收数据后处理
void receive_handler(void)
{
  uchar onoff=0;         //LED 灯的开关状态
  uchar c;
  c=U0DBUF;          //读取接收到的字节

  if(c=='#')
```

```
{
  buff_RxDat[0]=c;
  ulndex=0;
}
 else if(buff_RxDat[0]=='#')
  {
    ulndex++;
    buff_RxDat[ulndex]=c;
  }else
  {
     UART0SendString("格式错误 1,请重新输入。\n");
     UTX0IF=0; //清除中断标志
   }
if(ulndex>=4)
{
    if(buff_RxDat[2]!='/'|| buff_RxDat[4]!='@')
   {
     UART0SendString("格式错误 2,请重新输入。\n");
     UTX0IF=0; //清除中断标志
   }
   if(buff_RxDat[1]!='1'&& buff_RxDat[1]!='2')
   {
     UART0SendString("格式错误 3,请重新输入。\n");
     UTX0IF=0; //清除中断标志
   }
    if(buff_RxDat[3]!='0'&& buff_RxDat[3]!='1')
   {
     UART0SendString("格式错误 4,请重新输入。\n");
     UTX0IF=0; //清除中断标志
    }
   if(buff_RxDat[2]=='/'&& buff_RxDat[4]=='@')
   {
     onoff=!(buff_RxDat[3]-0x30);
     switch(buff_RxDat[1])
       {
        case'1':
          LED1=onoff;
```

```
            break;
        case'2':
            LED2=onoff;
            break;
        }
      for(int i=0;i<=DATABUFF_SIZE;i++)   //清空接收到的字符串
          buff_RxDat[i]='\0';
      uIndex=0;
    }
  }

}
//main 函数入口
void main(void)
{
  P1SEL&=~0x03;           //设置 LED 为普通 I/O 接口
  P1DIR|=0x03;             //设置 LED 为输出
  LED1=1;                  //灭 LED
  LED2=1;

  CLKCONCMD&=0x80;  //时钟速度设置为 32 MHz
  initUART0();           //UART0 初始化
  while(1)
  {
    if(URX0IF)
    {
      URX0IF=0;             //清除中断标志
      U0CSR &= ~0x40;      //不允许接收
      receive_handler();     //调用接收数据后处理函数
      U0CSR |= 0x40;        //允许接收
    }
  }
}
```

项目五　智慧工厂环境监测系统

动画 项目五 智慧工厂环境监测系统

任务 5.1　基于 A/D 采集外部电压值测量功能开发

<table>
<tr><td>学习型任务单</td><td>任务 5.1　基于 A/D 采集外部电压值测量功能开发</td></tr>
<tr><td colspan="2">

【任务描述】
某车间需要测量光线的强弱，可以由光敏电阻将其转换成电压的高低，经 ADC 转换以后通过串口将电压值发送给 PC，通过串口调试软件读取电压值来实现。在任务中，每次开始 ADC 转换一次，LED1 点亮，转换完成后发送一次电压值的字符串消息。具体工作方式如下：
（1）通电后 LED1 和 LED2 熄灭。
（2）UART0 串口初始化，设置 ADC。
（3）LED1 点亮。
（4）开启单通道 ADC。
（5）ADC 对通道 6 进行模数转换测量电压。
（6）发送字符串测量电压值。
（7）LED1 熄灭。
（8）延时一段时间。
（9）返回（3）循环执行。
</td></tr>
<tr><td colspan="2">

【任务目标】
采用光敏传感和 CC2530 组成一个模拟量传感器采集系统，当光敏传感器检测到光的强度时，启动 ADC 转换，转换为数字量。主要目标包括：
（1）掌握通过 CC2530 单片机设置 ADC 模块寄存器的技能。
（2）掌握通过 CC2530 单片机对测量的电压进行转换和设定转换精度的技能，PC 通过串口通信发送传感器相关参数的技能。
（3）能编写程序，实现 CC2530 通过 ADC 模块实现读取实验板外部光敏电阻电压值的功能。
</td></tr>
<tr><td colspan="2">

【素养目标】
（1）培养学生在工作现场的 6S 意识和用电安全意识。
（2）爱惜工具，注意场地整洁。
（3）具备积极、主动的探索精神。
</td></tr>
<tr><td colspan="2">

【任务要求】
（1）通过学习，掌握以下知识点：
① 了解 A/D 转换相关概念，CC253 模数转换相关寄存器，CC2530 模数转换实施过程。
② 熟悉 CC2530 单片机 A/D 配置寄存器，能根据需要配置相关寄存器。
（2）基于 IAR 和 CC2530 开发板，编程实现通过 A/D 转换实现光敏电阻外部电压值的测量。通过学习，掌握以下技能点：
① 根据实际应用串口调试软件发送 ADC 转换后的值。
② 利用串口调试软件进行程序调试。
（3）拓展训练。
</td></tr>
<tr><td colspan="2">

【学习总结】
</td></tr>
</table>

一、相关知识

（一）光敏传感器的工作原理

光敏传感器内装有一个高精度的光电管，光电管内有一块由“针式二极管”组成的小平板，当光电管两端施加一个反向的固定电压时，任何光对它的冲击都将导致其释放出电子，结果是，当光照强度越高，光电管的电流也就越大，电流通过一个电阻时，电阻两端的电压被转换成可被采集器的数/模转换器接收的 0 ~ 5 V 电压，然后以适当的形式把结果保存下来。简单地说，光敏传感器就是利用光敏电阻受光线强度影响而阻值发生变化的原理，向主机发送光线强度的模拟信号。

（二）光敏传感器的组成

1. 敏感元件

它能直接感受被测非电量，并按一定规律将其转换成与被测非电量有确定对应关系的其他物理量。

2. 转换元件

将敏感元件输出的非电物理量（如光强等）转换成电路参量。

3. 信号调节（转换）电路

将转换元件输出的电信号进行放大、运算处理等，以获得便于显示、记录、处理和控制的有用电信号。

4. 辅助电源

它的作用是提供能源。有的传感器需要外部电源供电，有的传感器则不需要外部电源供电，如压电传感器。

（三）电信号的形式与转换

模数转换器（Analog to Digital Converter，ADC）用来将输入的模拟信号转换为数字信号。各种被测控的物理量（如速度、压力、温度、光照强度、磁场等）是一些连续变化的物理量，传感器将这些物理量转换成与之相对应的电压和电流，即模拟信号。单片机只能接收数字信号，要处理这些信号就必须将其转换成数字信号，模拟/数字转换是数字测控系统中必需的信号转换。

从电信号的表现形式上，可以分为模拟信号和数字信号。

1. 模拟信号

模拟信号是指用连续变化的物理量所表达的信息，如温度、湿度、压力、长度、电流、电压等，我们通常又把模拟信号称为连续信号，它在一定的时间范围内可以有无限多个不同的取值。

2. 数字信号

在数字电路中，由于数字信号只有 0、1 两个状态，它的值是通过中央值来判断的，在中央值以下规定为 0，以上规定为 1，所以即使混入了其他干扰信号，只要干扰信号的值不超过阈值范围，就可以再复现出原来的信号，即使因干扰信号的值超过阈值范围而出现了误码，只要采用一定的编码技术，也很容易将出错的信号检测出来并加以纠正。因此，与模拟信号相比，数字信号在传输过程中具有更高的抗干扰能力，更远的传输距离，且失真幅度小。

（四）CC2530 的 ADC 模块

微课 5.1 A/D 转换基础知识

CC2530 的 ADC 模块支持最高 14 位二进制数的模拟数字转换，具有 12 位的有效数据位。它包括 1 个输入多路切换器，8 个各自可配置的通道以及 1 个参考电压发生器。转换结果通过 DMA 写入存储器，还具有多种运行模式。ADC 模块结构如图 5.1.1 所示。

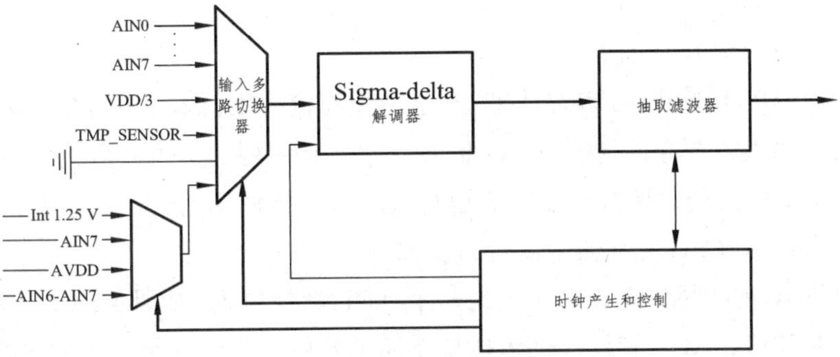

图 5.1.1　ADC 框图

CC2530 的 ADC 模块有如下主要特征：① 可选的抽取率，设置分辨率（7 ~ 12 位）；② 8 个独立的输入通道，可接收单端或差分信号；③ 参考电压可选为内部单端、外部单端、外部差分或 AVDD5；④ 转换结束产生中断请求；⑤ 转换结束时可发 DMA 触发；⑥ 可以将片内温度器作为输入；⑦ 电池电压测量。

（五）ADC 的工作模式

1. ADC 模块的输入

对于 CC2530 的 ADC 模块，端口 P0 引脚可以配置为 ADC 输入端，依次为 AIN0 ~ AIN7。可以把输入配置为单端或差分输入。在选择差分输入的情况下，差分输入包括输入对 AIN0-AIN1、AIN2-AIN3、AIN4-AIN5 和 AIN6-AIN7。除了输入引脚 AIN0 ~ AIN7，片上温度传感器的输出也可以选择作为 ADC 的输入用于温度测量:还可以输入一个对应 AVDD5/3 的电压作为一个 ADC 输入，在应用中这个输入可以实现一个电池电压监测器的功能。特别提醒，负电压和大于 VDD（未调节电压）的电压都不能用于这些引脚。它们之间的转换结果是在差分格式下每对输入端之间的电压差值。

8 位模拟量输入来自 I/O 引脚，不必通过编程将这些引脚变为模拟输入。但是，当相应的模拟输入端在 APCFG 寄存器中被禁用时，此通道将被跳过。当使用差分输入时，相应的两个引脚都必须在 APCFG 寄存器中设置为模拟输入引脚。APCFG 寄存器描述如表 5.1.1 所示。

表 5.1.1 APCFG 寄存器的描述

位	位名称	复位值	操作	描述
7：0	APCFG（7:0）	0x00	R/W	模拟外设 I/O 口。 APCFG（7:0）选择 P0.7～P0.0 作为模拟输入： 0：模拟 I/O 口禁用； 1：模拟 I/O 口使用

单端电压输入 AIN0～AIN7 以通道号码 0～7 表示。通道号码 8～11 表示差分输入，它们分别由 AIN0-AIN1、AIN2-AIN3、AIN4-AIN5 和 AIN6-AIN7 组成。通道号码 12～15 分别用于 GND（12）、预留通道（13）、温度传感器（14）和 AVDD/3（15）。

2. 序列 ADC 转换与单通道 ADC 转换

CC2530 的 ADC 模块可以按序列进行多通道的 ADC 转换，并把结果通过 DMA 传送到存储器，而不需要 CPU 参与。

转换序列可以由 APCFG 寄存器设置，8 位模拟输入来自 I/O 引脚，不必经过编程变为模拟输入。如果一个通道是模拟 I/O 输入，它就是序列的一个通道，如果相应的模拟输入在 APCFG 中禁用，那么此 I/O 通道将被跳过。当使用差分输入，处于差分对的两个引脚都必须在 APCFG 寄存器中设置为模拟输入引脚。

寄存器位 ADCCON2.SCH 用于定义一个 ADC 转换序列，如果 ADCCON2.SCH 设置为一个小于 8 的值，ADC 转换序列包括从 0 通道开始，直到并包括所设置的通道号码。当 ADCCON2.SCH 设置为一个 8 和 12 之间的值，转换序列包括从通道 8 开始差分输入，到 ADCCON2.SCH 所设置的通道号码结束。

除可以设置为按序列进行 ADC 转换之外，CC2530 的 ADC 模块可以编程实现任何单个通道执行一个转换，包括温度传感器（14）和 AVDD5/3（15）两个通道。单通道 ADC 转换通过写 ADCCON3 寄存器触发，转换立即开始。除非一个转换序列已经正在进行，在这种情况下序列一旦完成，单个通道的 ADC 转换就会被执行。

（六）ADC 的相关寄存器

ADC 有两个数据寄存器：ADCL（0xBA）——ADC 数据低位寄存器、ADCH（0xBB）——ADC 数据高位寄存器，如表 5.1.2 和表 5.1.3 所示。

表 5.1.2 ADCL（0xBA）——ADC 数据低位寄存器的描述

位	位名称	复位值	操作	描述
7:2	ADC[5:0]	0000 00	R	ADC 转换结果的低位部分
1:0		00	R0	没有使用。读出来一直是 0

表 5.1.3　ADCH（0xBB）——ADC 数据高位寄存器的描述

位	位名称	复位值	操作	描述
7:0	ADC[13:6]	00	R	RADC 转换结果的高位部分

ADC 有三个控制寄存器：ADCCON1、ADCCON2 和 ADCCON3，如表 5.1.4、表 5.1.5 和表 5.1.6 所示。这些寄存器用来配置 ADC，并返回转换结果。

表 5.1.4　ADCC0N1——ADC 控制高位寄存器的描述

位	位名称	复位值	操作	描述
7	EOC	0	R/H0	转换结束。当 ADCH 被读取的时候清除。如果已经读取前一数据之前，完成一个新的转换，EOC 位仍然为高。 0: 转换没有完成； 1: 转换完成
6	ST	0		开始转换。读为 1，直到转换完成。 0: 没有转换正在进行； 1: 如果并且没有序列正在运行就启动一个转换序列
5:4	STSEL[1:0]	11	R/W1	启动选择。选择该事件，将启动一个新的转换序列。 00: P2.0 引脚的外部触发； 01: 全速，不等待触发器； 10: 定时器 1 通道 0 比较事件； 11: ADCCON1.ST=1
3:2	RCTRL[1:0]	00	R/W	控制 16 位随机发生器。当写 01 时，当操作完成时设置将自动返回到 00。 00: 正常运行（13X 型展开）； 01: LFSR 的时钟一次（没有展开）； 0: 保留； 11: 停止，关闭随机数发生器
1:0		11	R/W	保留，一直设为 11

表 5.1.5　ADCCON2——ADC 控制寄存器的描述

位	位名称	复位值	操作	描述
7:6	SREF[1:0]	00	R/W	选择用于序列转换的参考电压： 00:内部参考电压； 01: AIN7 引脚上的外部参考电压； 10: AVDD5 引脚； 11: AIN6-AIN7 差分输入外部参考电压
5:4	SDIV[1:0]	01	R/W	设置转换序列通道的抽取率。抽取率也决定完成转换需要的时间和分辨率。 00: 64 位抽取率（7 位 ENOB）； 01: 128 位抽取率（9 位 ENOB）； 10:256 位抽取率（10 位 ENOB）； 11:512 位抽取率（12 位 ENOB）

3:0	SCH[3:0]	0000	R/W	序列通道选择。 当读取的时候，这些位将代表有转换进行的通道号码。 0000：AIN0； 0001：AIN1； 0010：AIN2； 0011：AIN3； 0100：AIN4； 0101：AIN5； 0110：AIN6； 0111：AIN7； 1000：AIN0-AIN1； 1001：AIN2-AIN3； 1010：AIN4-AIN5； 1011：AIN6-AIN7； 1100：GND； 1110 ：温度传感器； 1111：VDD/3

表 5.1.6 ADCCON3——ADC 控制寄存器的描述

位	位名称	复位值	操作	描述
7:6	SREF[1:0]	00	R/W	选择用于单通道转换的参考的电压： 00:内部参考电压； 01:AIN7 引脚上的外部参考电压； 10:AVDD5 引脚； 11:AIN6-AIN7 差分输入外部参考电压
5:4	SDIV[1:0]	00	R/W	设置单通道 ADC 转换设置的抽取率。抽取率也决定完成转换需要的时间和分辨率： 00:64 位抽取率（7 位 ENOB）； 01:128 位抽取率（9 位 ENOB）； 10:256 位抽取率（10 位 ENOB）； 11:512 位抽取率（12 位 ENOB）
3:0	CH[3:0]	00	R/W	单个通道选择。 选择写 ADCCON3 触发的单个通道转换所在的通道信码。当单个转换完成，该位自动清零。 0000:AIN0； 0001:AIN1； 0010:AIN2； 0011:AIN3； 0100:AIN4； 0101:AIN5； 0110:AIN6； 0111:AIN7； 1000:AIN0-AIN1； 1001:AIN2-AIN3； 1010:AIN4-AIN5； 1011:AIN6-AIN7； 1100:GND； 1110:温度传感器； 1111:VDD/3

（七）ADC 的配置和应用

微课 5.2 A/D 转换编程方法

ADC 有 ADCCON1、ADCCON2 和 ADCCON3 共 3 种控制寄存器。这些寄存器用于配置 ADC 以及读取 ADC 转换的状态。

ADCCON1.EOC 是一个状态位， 当一个转换结束时，设置为高电平:当读取 ADCH 时，它就被清除。

ADCCON1.ST 用于启动一个转换序列。当没有转换正在运行时这个位设置为高电平，ADCCON1.STSEL 是 11，就启动一个序列。当这个序列转换完成，ADCCON1.ST 就被自动清零。

ADCCON1.STSEL 位选择哪个事件将启动一个新的转换序列。该选项可以选择为外部引脚 P2.0 上升沿或外部引脚事件，之前序列的结束事件，定时器 1 的通道 0 比较事件或 ADCCON1.ST 是 1。

ADCCON2 寄存器设置转换序列的执行方式，ADCCON2.SREF 用于选择参考电压。

ADCCON2.SDIV 位用来选择抽取率，抽取率的设置决定分辨率和完成一个转换所需要的时间。ADCCON2.SCH 设置转换序列的最后一个通道数。

ADCCON3 寄存器控制单个转换的通道号码、参考电压和抽取率。该寄存器位的设置选项和 ADCCON2 是完全一样的。单通道转换在寄存器 ADCCON3 设置后将立即发生，如果一个转换序列正在进行，该序列结束之后立即启动 ADC 转换。

二、任务实施

微课 5.3 光照强度采集

（一）功能要求

本任务使用 P0_6 作为检测引脚，利用光敏传感器进行数据采集，启动 ADC 转换，每转换一次就切换 LED1 的亮灭状态。

将光敏电阻传感器模块安装在节点电路板上，光敏电阻的阻值大小会按照环境光线的变化而变化，经串联的电阻 R 分压后连接在 CC2530 的 13 脚。第 19 脚是 C2530 的片内 ADC 模块的 6 通道输入端，通过测量输入的电压来感知环境光照的强弱。电路连接情况如图 5.1.2 所示。

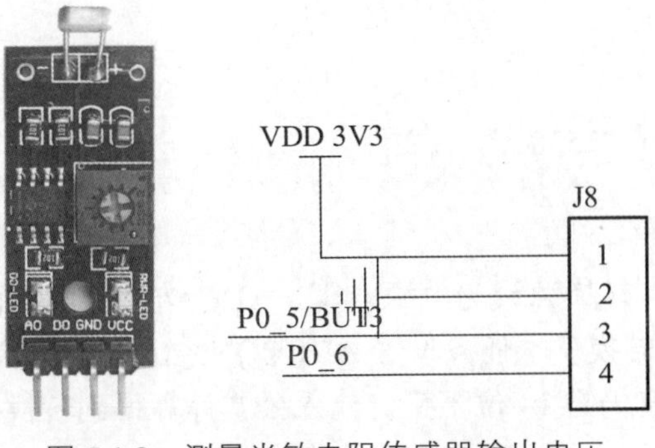

图 5.1.2　测量光敏电阻传感器输出电压

（二）设计思路

根据任务要求，实现外部电压值的测量流程如图 5.1.3 所示。

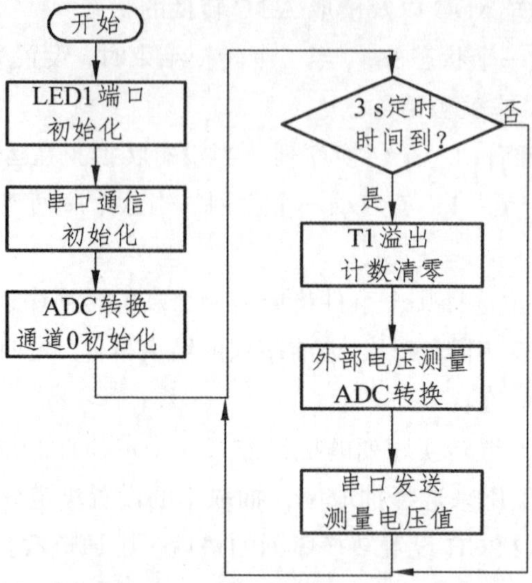

图 5.1.3　外部电压测量流程图

定时器 T1 定时启动 ADC 转换电压值，定时器中断服务函数流程如图 5.1.4 所示。

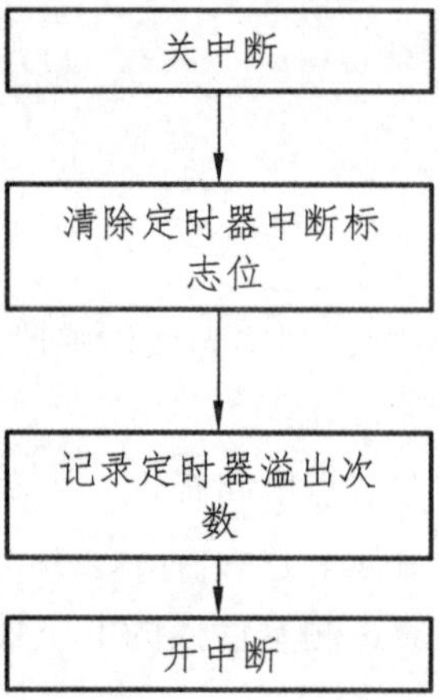

图 5.1.4　定时器 0.2 s 中断溢出程序

（三）关键代码

在代码中引用“ioCC2530.h”头文件。

1. ADC 初始化函数

函数功能：将 A/D 转换源设为电源电压，ADC 结果分辨率设为 14 位，A/D 模式为单次转换，启动 ADC 转换。本任务设置 ADCCON3=0x96，即参考电压选择模拟电源电压（3.3 V），转化精度仍是 14 位不变，代入公式计算得到转换电压值。

```
void adc_Init(void)
{
    APCFG   |=0x40;   //光敏电阻接 P0_6
    P0SEL   |=(1<<(6));
    P0DIR   &=~(1<<(6)) ;
}
```

2. 读取 ADC 转换电压值函数

单通道的 ADC 转换，只需将控制字写入 ADCCON3 即可。采用基准电压 AVDD5：3.3 V，通道 6，对应的控制字代码如下：

```
ADCCON3 = (0x80 | 0x10 | 0x06);
```

ADCCON3 控制寄存器一旦写入控制字，ADC 转换就会启动，使用 while()语句查询 ADC 中断标志位 ADCIF，等待转换结束，代码如下：

```
while (!ADCIF )
{
    ;  //等待 A/D 转化结束
}
```

ADC 转换结束，读取 ADCH、ADCL 并进行电压值的计算。采用基准电压 3.3 V，测得电压值 value 与 ADCH、ADCL 的计算关系是：

```
value = (ADCH*256+ ADCL)*3.3/32768 (V)
```

电压值计算的实现代码如下：

```
value = ADCH;
value = value<< 8;
value |= ADCL;
value = (value * 330);//电压值=(value*3.3)/32 768(V)
value = value >> 15;   //215=32768
```

通过 ADC 获取外部 0 通道电压的函数 get_adc()完整代码如下：

```
uint16 get_adc(void)
{
    uint32 value;
    ADCIF = 0;    //清 ADC 中断标志
    //采用基准电压 AVDD5:3.3 V,通道 0,启动 A/D 转化
    ADCCON3 = (0x80 | 0x10 | 0x00);
    while(!ADCIF)
    {
        ;  //等待 AD 转化结束
```

```
    }
    value = ADCH;
    value = value<< 8;
    value |= ADCL;
    // AD 值转化成电压值
    // 0 表示 0 V, 32 768 表示 3.3 V
    // 电压值= (value*3.3)/32768 (V)
    value = (value * 330);
    value = value >> 15;    //除以 32 768
    // 返回分辨率为 0.01 V 的电压值
    return (uint16)value;
}
```

3. 主程序代码

CC2530 的 ADC 模块测量外部电路通道 6 的电压，通过串口发送电压值。主程序代码如下：

```
void main(void)
{
    InitLED();
    inittTimer1();  //初始化 Timer1
    initUART0();  // UART0 初始化
    adc_Init(); // ADC 初始化
    while(1)
    {
        if(counter>=15)          //定时器每 0.2 s 溢出中断计次
        {
            counter=0;         //清标志位
            LED1 = 1;          //指示灯点亮
            Get_val();
            UART0SendString("光照传感器电压值   ");
            UART0SendString(s);
            LED1 = 0;    //指示灯熄灭
        }
    }
}
```

三、考核与评价

外部电压值 AVDD 测量任务训练评分表如表 5.1.7 所示。

表 5.1.7　基于 AD 采集外部电压值测量任务训练评分表

一级指标	二级指标	分值	扣分点及扣分原因	单项分值	得分
训练过程（80%）	计划与准备	10	做好测试前的准备，不进行清点接线、设备、材料等操作扣除 2 分	5	
			带电插拔元器件扣除 1 分	5	
	电路分析	20	CC2530 引脚功能	5	
			ADC 的工作模式	5	
			ADC 寄存器的设置	5	
			ADC 转换	5	
	代码设计	30	正确建立工程	5	
			编写流程图	5	
			程序设计，包括引用头文件、设计延时程序、初始化 I/O、ADC 数据采集程序设计、主程序代码设计等	20	
	职业素养	10	编程过程中及结束后，桌面及地面不符合 7S 基本要求的扣除 3～5 分	20	
		10	对耗材浪费，不爱惜工具，扣除 3 分；损坏工具、设备扣除本大项的 20 分；发生严重违规操作或作弊，取消成绩		
训练结果（20%）	实作结果及质量	20	工艺和功能验证	10	
			撰写考核记录报告	10	
总计		100			

四、任务小结

（1）ADC 支持 14 位的模拟数字转换，具有多达 12 位的 ENOB（有效数据）。

（2）ADC 的主要特性如下：可选的抽取率，这也设置了分辨率（7 到 12 位）；8 个独立的输入通道，可接收单端或差分信号；参考电压可选为内部单端、外部单端、外部差分或 AVDD5 产生中断请求；转换结束时的 DMA 触发温度传感器输入；电池测量功能。

（3）多通道的序列转换：由寄存器 ADCCON2 控制；单通道的单个转换：由寄存器 ADCCON3 控制启动方式。

（4）可以软件启动也可以事件触发启动。注意事项:参考电压的选择只能在没有转换运行的时候更改；多通道的序列转换时，如果想禁用某个通道，就在 APCFG 里面禁用该 I/O 的模拟输入功能；每次转换时都要设置相应的 ADCCON 寄存器；当用作电池的电量检测时，AVDD 5 不能用作基准电压。

注意：ADC 数据采集只能利用 P0 口实现。

【思政小课堂】

守正创新、追求卓越

光敏传感器是利用光敏电阻受光线强度影响而阻值发生变化的原理，向主机发送光线强度的模拟信号，其对光照强度有极其敏锐的判断及反应，就像我们对职业的敏感度一样，需要保持精益求精、追求卓越的职业精神。无论在传统行业还是现代智能新兴领域，工匠始终是我国各行各业的中坚力量。工匠们的守正创新、追求卓越是我国从“中国制造”走向“中国智造”、从“富起来”走向“强起来”的必要支撑。2016 年 3 月 5 日，李克强总理在第十二届全国人大四次会议的政府工作报告中首次提到“工匠精神”。“工匠精神”就是追求卓越的创造精神、精益求精的品质精神、用户至上的服务精神。让工匠精神深入人心，就要创造更多“工匠故事”。被誉为“发动机焊接第一人”的高凤林，港珠澳大桥建设中的“深海钳工”管延安，做好电线电缆“守门员”的叶金龙，与电动机结缘一辈子的吴玉泉……，一批批国家级技能大师，坚守产业报国的初心，在平凡的岗位上成就了不平凡的业绩。

五、参考代码

```
/* 包含头文件 */
#include "ioCC2530.h"
#include <string.h>
#define LED1 P1_0              // P1_0 定义为 P1_0  LED 灯端口
#define uint16 unsigned short
#define uint32 unsigned long
#define uint unsigned int

unsigned int flag,counter=0;     //统计溢出次数
unsigned char s[8];              //定义一个数组大小为 8

void InitLED()
{
    P1SEL&=~0X01;                   //P1_0 设置为普通的 I/O 口 1111 1110
    P1DIR |= 0x01;                  //配置 P1_0 的方向为输出
    LED1=0;
}

void adc_Init(void)
{
    APCFG   |=1;
    P0SEL   |= 0x40;     //通道 6,即 P0_6 设置位外设型 I/O 口
    P0DIR    &= ~0x40;
}
/*************************************************************
* 名称：get_adc
* 功能：读取 ADC 通道 6 电压值
* 入口参数：无
* 出口参数：16 位电压值,分辨率为 10 mV
```

```
***************获取 ADC 通道 0 电压值************************/
uint16 get_adc(void)
{
    uint32 value;
    ADCIF = 0;    //清 ADC 中断标志
    //采用基准电压 avdd5:3.3 V,通道 6,启动 AD 转化
    ADCCON3 = (0x80 | 0x10 | 0x06);
    while(!ADCIF)
    {
        ;  //等待 AD 转化结束
    }
    value = ADCH;
    value = value<< 8;
    value |= ADCL;
    // AD 值转化成电压值
    // 0 表示 0 V ,32 768 表示 3.3 V
    // 电压值 = (value*3.3)/32 768 (V)
    value = (value * 330);
    value = value >> 15;    // 除以 32 768
    // 返回分辨率为 0.01 V 的电压值
    return (uint16)value;
}
/**********串口通信初始化************************/
void initUART0(void)
{
    PERCFG = 0x00;
    P0SEL = 0x3c;
    U0CSR |= 0x80;
    U0BAUD = 216;
    U0GCR = 10;
    U0UCR |= 0x80;
    UTX0IF = 0;  // 清零 UART0 TX 中断标志
    EA = 1;    //使能全局中断
}

/************************************************
* 函数名称:inittTimer1
* 功     能:初始化定时器 T1 控制状态寄存器
*****************定时器初始化****************************/
void inittTimer1()
{
    CLKCONCMD &= 0x80;    //时钟速度设置为 32 MHz
    T1CTL = 0x0E; // 配置 128 分频,模比较计数工作模式,并开始运行
    T1CCTL0 |= 0x04;  //设定 timer1 通道 0 比较模式
    T1CC0L =50000 & 0xFF;      // 把 50 000 的低 8 位写入 T1CC0L
```

```
    T1CC0H = ((50000 & 0xFF00) >> 8); //把 50 000 的高 8 位写入 T1CC0H

    T1IF=0;             //清除 Timer1 中断标志(同 IRCON &= ~0x02)
    T1STAT &= ~0x01;    //清除通道 0 中断标志

    TIMIF &= ~0x40;   //不产生定时器 1 的溢出中断
    //定时器 1 的通道 0 的中断使能 T1CCTL0.IM 默认使能
    IEN1 |= 0x02;      //使能定时器 1 的中断
    EA = 1;            //使能全局中断
}
/************************************************************
* 函数名称:UART0SendByte
* 功    能:UART0 发送一个字节
* 入口参数:c
* 出口参数:无
* 返 回 值:无
************************************************************/
void UART0SendByte(unsigned char c)
{
    U0DBUF = c;          // 将要发送的 1 字节数据写入 U0DBUF
    while (!UTX0IF) ;  // 等待 TX 中断标志,即 U0DBUF 就绪
    UTX0IF = 0;          // 清零 TX 中断标志
}

/**************************************************************
* 函数名称:UART0SendString
* 功    能:UART0 发送一个字符串
* 入口参数:*str
* 出口参数:无
* 返 回 值:无
************************************************************/
void UART0SendString(unsigned char *str)
{
    while(*str != '\0')
    {
        UART0SendByte(*str++);    // 发送 1 字节
    }
}

/**************获取电压值并处理数据*****************/
void Get_val()
{
    uint16 sensor_val;
    sensor_val=get_adc();
    s[0]=sensor_val/100+'0';
```

```
    s[1]='.';
    s[2]=sensor_val/10%10+'0';
    s[3]=sensor_val%10+'0';
    s[4]='V';
    s[5]='\n';
    s[6]='\0';
}
/*****************************************
* 功能:定时器 T1 中断服务子程序
**************************************/
#pragma vector = T1_VECTOR //中断服务子程序
__interrupt void T1_ISR(void)
{
    EA = 0;   //禁止全局中断
    counter++;
    T1STAT &= ~0x01;  //清除通道 0 中断标志
    EA = 1;   //使能全局中断
}
/*****************************************
* 函数名称:main
* 功    能:main 函数入口
* 入口参数:无
* 出口参数:无
* 返 回 值:无
*********************************************/
void main(void)
{
    InitLED();
    inittTimer1();  //初始化 Timer1
    initUART0();  // UART0 初始化
    adc_Init(); // ADC 初始化
    while(1)
    {
        if(counter>=15)      //定时器每 0.2S 溢出中断计次
        {
          counter=0;        //清标志位
          LED1 = 1;     //指示灯点亮
          Get_val();
          UART0SendString("光照传感器电压值  ");
          UART0SendString(s);
          LED1 = 0;     //指示灯熄灭
        }
    }
}
```

打开串口助手。根据计算机串口连接情况，选择正确串口号。如果使用 USB 转串口线连接，则需要安装好驱动程序，通过计算机的设备管理器查找出正确的串口号。选择正确的串口参数，波特率为 57 600 b/s，无奇偶校验，1 位停止位。

计算机串口调试截图如图 5.1.5 所示。

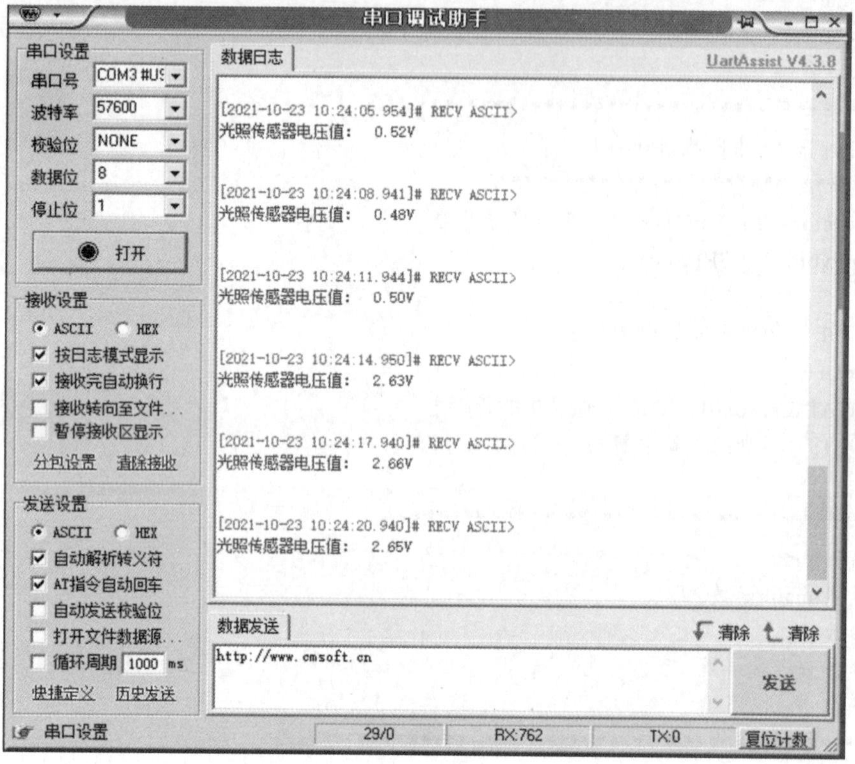

图 5.1.5　ADC 测量外部同电压-光照传感器

通过检测，光照强的时候，测得的电压数据很小，0.5 V 左右；光照弱时测得的数据值较大。可以设置阈值，从而自动开启执行器，比如 LED 灯。

六、拓展训练

（1）编程利用 ADC 中断方式实现 ADC 转换。

（2）编程实现利用定时器 T3 或看门狗定时启动 ADC 转换，间隔 1 s 采集数据。

（3）使用 CC253x 系列片上系统的片内温度传感器作为 A/D 源，采用单端转换模式，将相应的 ADC 转换后的片内温度值显示在 PC 的串口助手上。

七、启发与思考

当使用 ADC 时，采集口 Px 必须配置成 ADC 输入作为 8 位 ADC 输入；把 Px 相应的引脚当作 ADC 输入时，寄存器 ADCCFG 相应的位设置为 1，否则寄存器 ADCCFG 的各位初始值为 0；ADC 完成顺序模/数转换以及把采集到的数据送到内存（使用 DMA 模式）是不需要 CPU 干涉的。

任务 5.2 基于 A/D 采集 CO 浓度功能开发

学习型任务单	任务 5.2 基于 A/D 采集 CO 浓度功能开发任务单
【任务描述】 某车间需要检测其环境中的 CO 的浓度。本任务采用 CO 传感器 MQ-2 和 CC2530 组成一个模拟量传感器采集系统，当 CO 传感器检测到气体时，启动 ADC 转换，将其气体浓度转换为数字量。	
【任务目标】 通过 CO 传感器采集环境浓度并经 ADC 转换例子进一步熟悉 CC2530 的 ADC 模块。进一步分析模数转换的主要应用，掌握 ADC 编程技巧，主要目标包括： （1）CO 传感器数据采集的技能。 （2）CO 数据串口传输的技能。	
【素养目标】 （1）培养学生在工作现场的 6S 意识和用电安全意识。 （2）爱惜工具，注意场地整洁。 （3）具备积极、主动的探索精神。	
【任务要求】 （1）通过学习，掌握以下知识点： ① 熟悉 A/D 转换相关概念，CC2530 模数转换相关寄存器，CC2530 模数转换实施过程。 ② 进一步熟悉 CC2530 单片机 AD 配置寄存器，能根据需要配置相关寄存器。 （2）基于 IAR 和 CC2530 开发板，编程通过 A/D 转换及 CO 传感器实现对 CO 浓度的测量。通过学习，掌握以下技能点： ① CC2530 单片机对测量的 CO 气体浓度数据进行转换和设定转换精度的技能。 ② 通过串口通信发送传感器相关数据的技能。 （3）拓展训练。	
【学习总结】	

一、相关知识

（一）CO 传感器选型

MQ-2 气体传感器所使用的气敏材料是在清洁空气中电导率较低的二氧化锡（SnO_2）。当传感器所处环境中存在可燃气体时，传感器的电导率随空气中可燃气体浓度的增加而增大。使用简单的电路即可将电导率的变化转换为与该气体浓度相对应的输出信号。MQ-2 气体传感器对液化气、丙烷、氢气的灵敏度高，对天然气和其他可燃蒸气的检测也很理想。这种传感器可检测多种可燃性气体，是一款适合多种应用的低成本传感器。

（二）CO 传感器的接线方式

（1）VCC：接电源正极（5 V）。
（2）ND：接电源负极。
（3）DO：TTL 开关信号输出 。
（4）AO：模拟信号输出（悬空没有使用）。

二、任务实施

（一）功能要求

MQ-2 烟雾传感器所处环境中存在可燃气体时，烟雾传感器的电导率随空气中可燃气体浓度的增加而增大。使用简单的电路即可将电导率的变化转换为与该烟雾传感器气体浓度相对应的输出信号。

MQ-2 需要加电预热 20 s 以上，通过 A/D 采样电路获取电压模拟量数值。

通过按键 ADC 模块转换 CO 传感器对不同气体浓度的测量（模拟信号连接在 P0_6 口），转换一次切换 LED1 的亮灭状态，如图 5.2.1 所示。

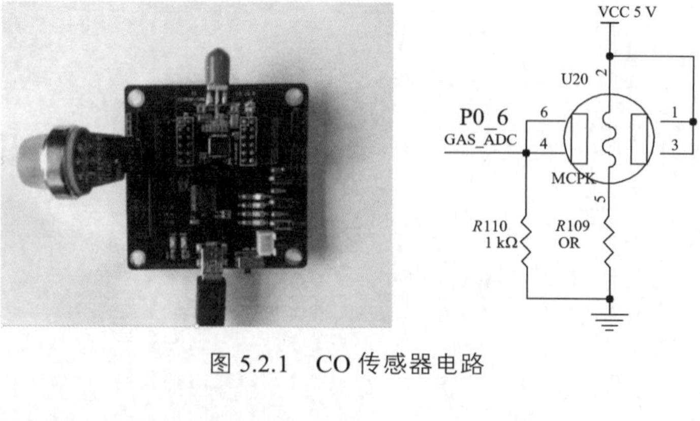

图 5.2.1　CO 传感器电路

（二）设计思路

根据任务要求，实现 CO 烟雾浓度的测量并用流程图进行表示，如图 5.2.2 所示。

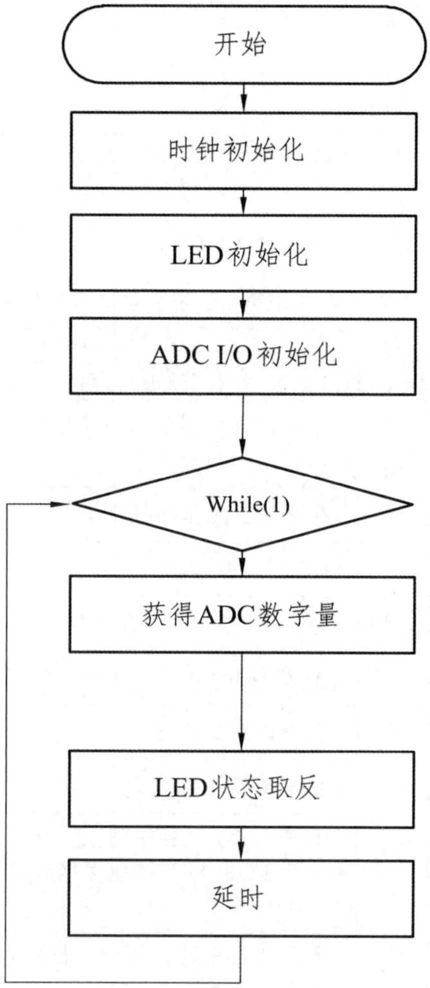

图 5.2.2　开发思路

（三）关键代码

使用 P0_6 作为检测引脚，并且通过 ADC 把采集到的模拟量电压值变成数字量从而得到浓度值，MQ-2 传感器可以调整灵敏度，用蓝色电阻来调整，插好后用火机放点气体出来：

```
ADCCFG |= 0x40; /* 选择通道 */
/*启动 AD 转换*/
ADCCON3 = 0x86;
/* 等待转换完成 */
while (!(ADCCON1 & 0x80));
/* 禁用通道 */
ADCCFG &= (0x80 ^ 0xFF); //按位异或,如 1010^1111=0101(二进制)
/* 读取并处理转换值 */
reading = ADCL;
```

```
reading |= (int16) (ADCH << 8);
reading >>= 8;
```

三、考核与评价

CO 传感数据采集任务评分表如表 5.2.1 所示。

表 5.2.1　基于 A/D 采集 CO 浓度功能开发任务评分表

一级指标	二级指标	分值	扣分点及扣分原因	单项分值	得分
训练过程（80%）	计划与准备	10	做好测试前的准备，不进行清点接线、设备、材料等操作扣除 2 分	5	
			带电插拔元器件扣除 1 分	5	
	电路分析	20	CC2530 引脚功能	5	
			设置 ADC 数据采集引脚	5	
			ADC 初始化	10	
	代码设计	30	正确建立工程	5	
			编写流程图	5	
			程序设计，包括引用头文件、设计延时程序、初始化 I/O、ADC 数据采集程序设计、主程序代码设计等	20	
	职业素养	10	编程过程中及结束后，桌面及地面不符合 7S 基本要求的扣除 3～5 分	10	
		10	对耗材浪费，不爱惜工具，扣除 3 分；损坏工具、设备扣除本大项的 20 分；发生严重违规操作或作弊，取消成绩	10	
训练结果（20%）	实作结果及质量	20	工艺和功能验证	10	
			撰写考核记录报告	10	
总计		100			

四、任务小结

（1）本任务使用 P0_6 作为检测引脚，利用 CO 传感器进行数据采集，启动 ADC 转换。对于不同厂家的 ADC 转换，主要修改 APCFG 和 ADCCON3 的值，实现程序代码的移植性和通用性。

（2）设置该端口模拟 I/O 口使用（APCFG |=0x40;）。

（3）查询实现，ADC 数据采集步骤为：设置参考电压（ADCCON3 |=0x80//采用 AVDD5 引脚，即 3.3 V）→选择抽取率（ADCCON3 |=0x00//采用 7 位采样）→选择工作

通道并启动 ADCCON3 |=0x06//采用 6 通道启动，共 16 个通道），其中通道 0 ~ 7 对应 P0_0 ~ P0_7。ADC 数据采集只能利用 P0 口实现。

（4）如果采用定时器 1 中断实现，ADC 数据采集步骤为：串口位置（PERCFG）→串口。

【思政小课堂】

树立安全责任意识

本项目讲解气体烟雾报警器电路的调试及应用，可应用于如何预防火灾及其他危险情况，遇到危险如何自救和互救，加深同学们对生命的珍惜和重视。学生在利用气敏传感器制作一种简易酒精浓度检测仪时，可理解气敏传感器控制电路的组成和工作原理，掌握气敏传感器控制电路的焊接、测试与调整方法。过度饮酒不但会损害自身健康，也会危害公共安全。酒后驾驶的危害触目惊心，已经成为导致交通事故的主要原因。根据 2010 年 8 月十一届全国人大常委会第十六次会议首次审议刑法修正案(八)草案决议，醉酒驾驶或被判刑。因此，同学们要增强法治意识，树立安全意识，尊重生命、热爱生命、敬畏生命。

五、参考代码

```
/* 包含头文件 */
#include "ioCC2530.h"
#include "string.h"



typedef unsigned char uchar;
typedef unsigned int   uint;
typedef signed short int16;
typedef unsigned short uint16;

uchar TxBuf[10];
uint16 GasData;

uint16 ReadGasData(void);

/*********************************************************************
* 名     称: InitUart()
* 功     能: 串口初始化函数
* 入口参数: 无
* 出口参数: 无
*********************************************************************/
void InitUart(void)
{
  PERCFG = 0x00;              //外设控制寄存器 USART 0 的 I/O 位置:0 为 P0 口位置 1
  P0SEL = 0x0c;               //P0_2,P0_3 用作串口（外设功能）
  //P2DIR &= ~0XC0;           //P0 优先作为 UART0
```

```
  U0CSR |= 0x80;                  //设置为 UART 方式
  U0GCR = 8;
  U0BAUD = 59;                    //波特率设为 9 600
  UTX0IF = 0;                     //UART0 TX 中断标志初始置位 0
}

/************************************************************
* 函数名称:UART0SendByte
* 功    能:UART0 发送一个字节
* 入口参数:c
* 出口参数:无
* 返 回 值:无
************************************************************/
void UART0SendByte(unsigned char c)
{
    U0DBUF = c;              //将要发送的 1 字节数据写入 U0DBUF
    while (!UTX0IF);         //等待 TX 中断标志,即 U0DBUF 就绪
    UTX0IF = 0;              //清零 TX 中断标志
}
/*************************************************************
* 函数名称:UART0SendString
* 功    能:UART0 发送一个字符串
* 入口参数:*str
* 出口参数:无
* 返 回 值:无
***********************************************************/
void UART0SendString(unsigned char *str)
{
    while(*str != '\0')
    {
        UART0SendByte(*str++);    // 发送 1 个字节
    }
}
/*************************************************************************
* 名    称: DelayMS()
* 功    能: 以毫秒为单位延时,16 MHz 时约为 535 ms,32 MHz 时要调整,系统时钟不修改默认为
16 MHz
* 入口参数: msec 延时参数,值越大延时越久
* 出口参数: 无
*************************************************************************/
void DelayMS(uint msec)
{
  uint i,j;
```

```
  for (i=0; i<msec; i++)
    for (j=0; j<1070; j++);
}
  /*********************************************************************
  * 名    称: ReadGasData()
  * 功    能: 读取 CO 气体浓度值（AD 模块值）
  * 入口参数: 无
  * 出口参数: 16 位无符号整形数（AD 值）
  **********************************************************************/
uint16 ReadGasData(void)
{
   uint16 reading = 0;

   /* Enable channel */
  // ADCCFG |= 0x40;
   APCFG |=0X40;

   /* writing to this register starts the extra conversion */
   ADCCON3 = 0x86;//10: AVDD5 引脚, 00: 64 抽取率（7 位 ENOB）, 0110: AIN6
   ADCIF = 0;     //清 ADC 中断标志
   /* 等待转换完成*/
  // while(!(ADCCON1 & 0x80));
   while(!ADCIF)
   {
       ;  //等待 AD 转化结束
   }
   /* Disable channel after done conversion */
  // ADCCFG &=(0x40 ^ 0xFF); //按位异或，如 1010^1111=0101(二进制)

   /* Read the result */       // 读数
   reading = ADCL;
   reading |=(int16) (ADCH << 8);

   reading >>= 8;

   return(reading);
 }

 void main(void)
 {
   CLKCONCMD &= ~0x40;            //设置系统时钟源为 32 MHz 晶振
   while(CLKCONSTA & 0x40);       //等待晶振稳定为 32 MHz
```

```
CLKCONCMD &= ~0x47;             //设置系统主时钟频率为 32 MHz

InitUart();                     //设置串口相关寄存器

while(1)
{
  GasData = ReadGasData();  //读取烟雾传感器引脚上的 A/D 转换值，并没有换算成能表示
                            //烟雾浓度的值
 //读取到的数值转换成字符串,供串口函数输出
  TxBuf[0] = GasData / 100 + '0';
  TxBuf[1] = GasData / 10%10 + '0';
  TxBuf[2] = GasData % 10 + '0';
  TxBuf[3] = '\n';
  TxBuf[4] = '\0';
  UART0SendString("CO 气体值:");
  UART0SendString(TxBuf);     //向串口助手送出数据,波特率是 9 600
  UART0SendString("\n");
  DelayMS(2000);              //延时函数
}
```

打开串口助手，根据计算机串口连接情况，选择正确串口号。如果使用 USB 转串口线连接，则需要安装好驱动程序，通过计算机的设备管理器查找出正确的串口号。选择正确的串口参数，波特率为 9 600 b/s，无奇偶校验，1 位停止位。

计算机串口调试如图 5.2.3 所示。

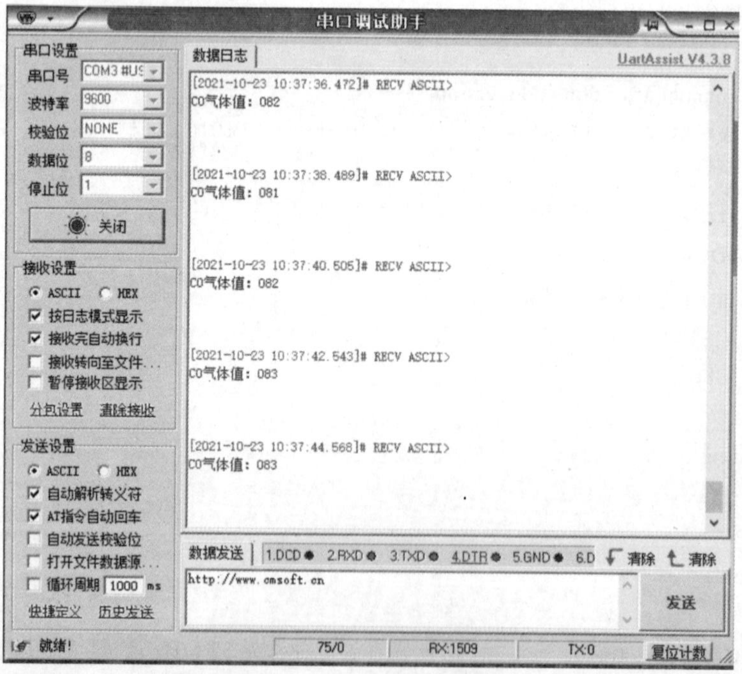

图 5.2.3　CO 气体浓度采样

六、拓展训练

利用 ADC 测量芯片内部温度。CC2530 芯片的 ADC 模块有一个芯片温度传感器输入通道，通道编号为 15，使用 1.25 V 内部参考电压，12 位分辨率。编程实现测量芯片内部温度并通过 UART0 串口发送到计算机。

提示：测量芯片温度时，ADC 转换信号在芯片内部，不需要输入端通道设置，直接将控制字写入到 ADCCON3 即可启动 ADC 转换。设置使用 1.25 V 内部参考电压，12 位分辨率，通道 15 的指令是：

```
ADCCON3 |= 0x3E;
```

转换接收后，转换结果存放在 ADCH、ADCL 中，其中低两位二进制数无效，温度值计算公式：

Temperature = (ADCH*256+ADCL)/4*0.06229-311.43

实现温度计算公式的程序参考代码如下：

```
Temperature = ADCL;
Temperature |= （int）ADCH<<8;
Temperature >=2;
Temperature = Temperature*0.06229-311.43;
```

七、启发与思考

定时器 1 定时采集 CO 传感器数据，开发流程图如图 5.2.4 所示。

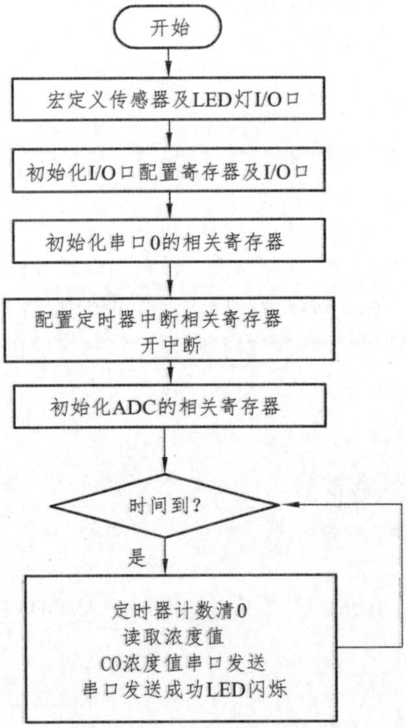

图 5.2.4　开发流程图

串口波特率调整为 38 400 b/s，参考代码如下：

```
#include "ioCC2530.h"  //引用头文件，包含对 CC2530 的寄存器、中断向量等的定义
#include <string.h>
/*******************************************************************************/
//定义 LED 灯端口
#define LED1 P1_0       // P1_0 定义为 LED1

typedef unsigned short uint16;
typedef unsigned long uint32;
typedef unsigned int uint;

unsigned int flag,counter=0;          //统计溢出次数
char s[6];        //定义一个数组的大小为 6
/*******************************************************************************/
void InitLED()
{
  P1SEL&=~0X01;        //P1_0 设置为普通的 I/O 口     1111 1110
  P1DIR |= 0x01;           /* 配置 P1_0 的方向为输出 */
  LED1=0;
}
/**********************************************************************/
void hal_adc_Init(void)
{
  APCFG   |=0x40;
  P0SEL     |= (1 << (6));
  P0DIR   &= ~(1 << (6));

}
/**********************************************************************************************
 * 名称：get_adc
 * 功能：读取 A/D 值
 * 入口参数：无
 * 出口参数：16 位气体浓度值,分辨率为 10 mV，如 0x0102 表示 2.58 V
 *********************************************************************************************/
uint16 get_adc(void)
{
    uint32 value;
    hal_adc_Init();       //ADC 初始化
    ADCIF = 0;           //清 ADC 中断标志

    ADCCON3 =(0x80 | 0x10 | 0x06);       //采用基准电压 AVDD5:3.3 V,通道 6,启动 A/D 转化
    While(!ADCIF)
    {
      ;  //等待 A/D 转化结束
    }
```

```
  // A/D 值转化成气体浓度值
  value = ADCL;
  value |=(uint16) (ADCH << 8);
  value >>= 8;
  return (uint16)value;
}
/**************串口通信初始化************************************/
void initUART0(void)
{
  PERCFG = 0x00;   //位置 1 P0 口
  P0SEL = 0x3c;

  /* UART0 波特率设置 */
  /* 波特率: 38 400 */
  U0BAUD = 59;
  U0GCR = 10;

  U0CSR |= 0x80;      // UART 模式
  U0UCR |= 0x80;      //进行 USART 清除
  UTX0IF = 0;         //清零 UART0 TX 中断标志
  EA = 1;             //使能全局中断
}
/*******************************************************************
 * 函数名称: UART0SendString
 * 功     能: UART0 发送字节
 * 入口参数:char *Data,int len(传输的字符串，字符串长度)
 * 出口参数: 无
 * 返 回 值: 无
 *******************************************************************/
void UART0SendString(char *Data,int len)
{
  uint i;
  for(i=0;i<len;i++)
  {
    U0DBUF=*Data++;
    while(UTX0IF==0);
    UTX0IF=0;
  }
}
/**************获取气体浓度值并处理数据***************************************/
```

```
void Get_val()
{
    uint16 sensor_val;
    sensor_val=get_adc();
    s[0]=sensor_val/10%10+'0';
    s[1]=sensor_val%10+'0';
    s[2]='\n';
}

/*****************************************************************
 * 函数名称:main
 * 功    能:main 函数入口
 * 入口参数:无
 * 出口参数:无
 * 返 回 值:无
 *****************************************************************/
void main(void)
{
  InitLED();
  initUART0();                    //UART0 初始化
  T1CTL = 0x05;                   //定时器 1 通道 0,8 分频; 自动重载模式(0x0000->0xffff)
  CLKCONCMD &= 0x80;              //时钟速度设置为 32 MHz
   while(1)
   {
     if((IRCON & 0x02)==0x02)     //查询溢出中断标志,是否有中断并且为定时器 1 发出的中断
      {  IRCON &= ~0x02;              //清溢出标志
         counter++;
        if(counter ==60)   //1 s
        {
          counter = 0;
          Get_val();
          UART0SendString("CO 气体浓度:            ",17);
          UART0SendString(s,6);
        }
      }
   }
}
```

若 T1 采用中断方式，参考代码如下：

```
#include "ioCC2530.h"  // 引用头文件，包含对 CC2530 的寄存器、中断向量等的定义
#include <string.h>
/**********************************************************************/
//定义 LED 灯端口
#define LED1 P1_0      // P1_0 定义为 LED1

typedef unsigned short uint16;
typedef unsigned long uint32;
typedef unsigned int uint;

unsigned int flag,counter=0;     //统计溢出次数
char s[6];     //定义一个数组的大小为 6
/********************************************************************/
void InitLED()
{
  P1SEL&=~0X01;      //P1_0 设置为普通的 I/O 口    1111 1110
  P1DIR |= 0x01;        /* 配置 P1_0 的方向为输出 */
  LED1=1;
}
/*********************************************************/
void hal_adc_Init(void)
{
  APCFG |=0x40;
  P0SEL |= (1 << (6));
  P0DIR &= ~(1 << (6));

}
/***************************************************************************
 * 名称：get_adc
 * 功能：读取 A/D 值
 * 入口参数：无
 * 出口参数：16 位气体浓度值,分辨率为 10 mV，如 0x0102 表示 2.58 V
 ***************************************************************************/
uint16 get_adc(void)
{
   uint32 value;
   hal_adc_Init();    //ADC 初始化
   ADCIF = 0;       //清 ADC 中断标志

   ADCCON3 =(0x80 | 0x10 | 0x06);      //采用基准电压 AVDD5:3.3 V,通道 6,启动 A/D 转化
   while(!ADCIF)
   {
```

```
        ;  //等待 A/D 转化结束
    }
    // A/D 值转化成气体浓度值
    value = ADCL;
    value |= (uint16) (ADCH << 8);
    value >>= 8;
    return (uint16)value;
}
/**************串口通信初始化************************************/
void initUART0(void)
{
  PERCFG = 0x00;  //位置 1 P0 口
  P0SEL = 0x3c;

  /* UART0 波特率设置 */
  /* 波特率: 38 400 */
  U0BAUD = 59;
  U0GCR = 10;

  U0CSR |= 0x80;    // UART 模式
  U0UCR |= 0x80;  //进行 USART 清除
  UTX0IF = 0;       //清零 UART0 TX 中断标志
  EA = 1;           //使能全局中断
}
/*****************************************************************
 * 函数名称: UART0SendString
 * 功    能: UART0 发送字节
 * 入口参数: char *Data,int len(传输的字符串，字符串长度)
 * 出口参数: 无
 * 返 回 值: 无
 *****************************************************************/
void UART0SendString(char *Data,int len)
{
  uint i;
  for(i=0;i<len;i++)
  {
    U0DBUF=*Data++;
    while(UTX0IF==0);
    UTX0IF=0;
  }
}
/*****************************************************************
```

```
 * 函数名称: initTimer()
 * 功    能: 定时器 T1 初始化
 * 入口参数: 无
 * 出口参数: 无
 * 返 回 值: 无
 * 说    名: 配置定时器 1 的 16 位计数器的计数频率,定时为 0.2 s,计数 10 次,
            即 2 s 发一次数据。
   Timer Tick     分频     定时器的计数频次     T1CC0 的值     时长
    32 MHz         128         250 kHz           50 000        0.2 s
 ****************************************************************/
void initTimer()
{
  CLKCONCMD &= 0x80; //时钟配置为 32 MHz
  T1CTL = 0x0E;                //128 分频,模比较计数工作模式,并开始启动
  T1CCTL0 |= 0x04;             //设定 Timer1 通道 0 输出比较模式
  T1CC0L = 50000 & 0xff ;      //50000 的低 8 位写入 T1CC0L
  T1CC0H = ((50000 & 0xff00)>>8);    //把 50000 的高 8 位写入 T1CC0H

  IRCON &= ~0x02;              //清除中断标志位或 T1IF = 0;
  T1STAT &= ~0X01;             //清除通道 0 的中断标志位

  TIMIF &= ~0X40;              //不产生定时器 1 的溢出中断
  T1CCTL0 |= 0X04;             //定时器 1 的通道 0 中断使能 T1CCTL0.IM 默认使能
  IEN1 |= 0X02;                //使能定时器 1 的中断
  EA = 1;                      //使能全局中断
}
/**************获取气体浓度值并处理数据*************************************/
void Get_val()
{
     uint16 sensor_val;
     sensor_val=get_adc();
     s[0]=sensor_val/10%10+'0';
     s[1]=sensor_val%10+'0';
     s[2]='\n';


}
/****************************************************************
 * 函数名称: T1_ISR()
 * 功    能: 定时器 T1 中断服务子程序
 * 入口参数: 无
 * 出口参数: 无
 * 返 回 值: 无
```

```
 *****************************************************************/
#pragma vector =T1_VECTOR
__interrupt void T1_ISR()
{
  EA = 0;      //关中断
  counter++;
  if(counter>=10)           //每 0.2 s 发一次字符串
  {
    counter=0;          //清标志位
    flag=1;
  }
  T1STAT &= ~0X01;    //清除通道 0 中断标志
  EA = 1; //开中断

}
/*****************************************************************
 * 函数名称: main
 * 功    能: main 函数入口
 * 入口参数: 无
 * 出口参数: 无
 * 返 回 值: 无
 *****************************************************************/
void main(void)
{
  InitLED();
  initUART0();          //UART0 初始化
  initTimer();          //定时器初始化
  while(1)
  {
     if(flag==1)        //查询溢出中断标志,是否有中断并且为定时器 1 发出的中断
     {
        flag=0;
        Get_val();
        LED1 = 0;
        UART0SendString("CO 气体浓度:              ",17);
        UART0SendString(s,3);
        LED1 = 1;
     }
  }
}
```

任务 5.3　基于单总线采集厂区温湿度功能开发

<table>
<tr><td>学习型任务单</td><td>任务 5.3　基于单总线采集厂区温湿度功能开发</td></tr>
<tr><td colspan="2">【任务描述】
某车间环境需要监测当前温湿度。本任务实现对温湿度传感数据的采集，并在 PC 利用串口调试软件显示采集的数据值。</td></tr>
<tr><td colspan="2">【任务目标】
利用 CC2530 的 I/O 口，使用 I²C 通信读取温湿度传感器的数据。通过本任务，学生掌握单总线编程的要素。主要目标包括：
（1）具有温湿度（数据型）传感器数据采集的技能。
（2）具有 CC2530 单片机温湿度（数据型）传感器串口传输的技能。</td></tr>
<tr><td colspan="2">【素养目标】
（1）培养学生在工作现场的 6S 意识和用电安全意识。
（2）爱惜工具，注意场地整洁。
（3）具备积极、主动的探索精神。</td></tr>
<tr><td colspan="2">【任务要求】
（1）通过学习，掌握以下知识点：
① 熟悉单总线数据通信的实现方法。
② 熟悉采用 SHT10 进行启动传输时序、数据发送时序、通信复位时序编程实现。
（2）基于 IAR 和 CC2530 开发板，编程通过单总线实现对温湿度的测量。通过学习，掌握以下技能点：
① 检验温湿度（数据型）传感器数据采集的技能。
② 检验 CC2530 单片机温湿度（数据型）传感器串口传输的技能。
（3）拓展训练。</td></tr>
<tr><td colspan="2">【学习总结】</td></tr>
</table>

一、相关知识

（一）温湿度传感器选型

温湿度传感器主控器件采用瑞士 Sensirion 公司推出的 SHT10 单片数字温湿度集成 IC。SHT1x（包括 SHT10、SHT11 和 SHT15）属于 Sensirion 温湿度传感器家族中的贴片封装系列。传感器将传感元件和信号处理电路集成在一块微型电路板上，输出完全标定的数字信号。传感器采用专利的 CMOSens® 技术，确保产品具有极高的可靠性与卓越的长期稳定性。传感器包括一个电容性聚合体测湿敏感元件、一个用能隙材料制成的测温元件，并在同一芯片上，与 14 位的 A/D 转换器以及串行接口电路实现无缝连接。因此，该产品具有品质卓越、响应迅速、抗干扰能力强、性价比高等优点。SHT10 的内部结构如图 5.3.1 所示。

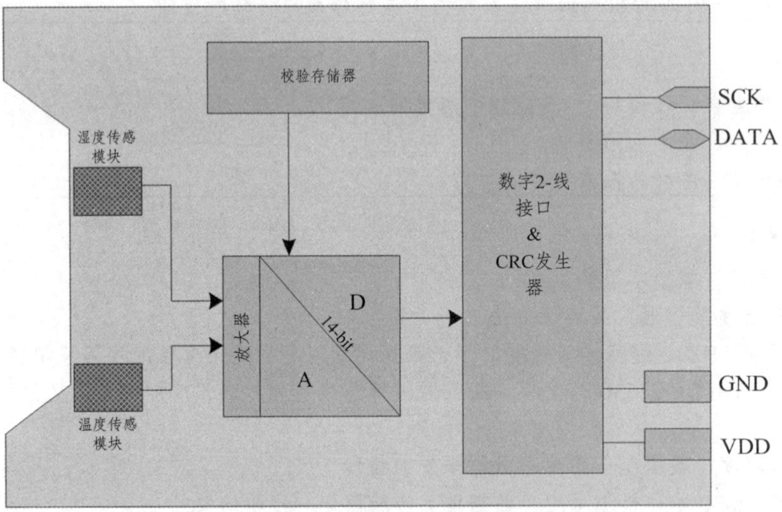

图 5.3.1　SHT10 的内部结构

在 SHT10 中，测温组件和测湿组件感知到的外界温湿度的模拟量将传输到内部的 A/D 组件，由 A/D 组件把模拟量转换为数字量传输到串行数据总线上。温湿度的测量数据需要通过组测量命令来获取，SHT10 的命令集如表 5.3.1 所示。

表 5.3.1　SHT10 的命令集

命令	代码
保留	0000x
温度测量	00011
湿度测量	00101
读状态寄存器	00111
写状态寄存器	00110
预留	0101x-1110x
软复位，复位接口，清空状态寄存器，即清空为默认值，下一次命令前等待至少 11 ms	11110

（二）SHT10 的接口

SHT10 的接口定义如图 5.3.2 所示。

引脚	名称	描述
1	GND	地
2	DATA	串行数据，双向
3	SCK	串行时钟，输入口
4	VDD	电源
NC	NC	必须为空

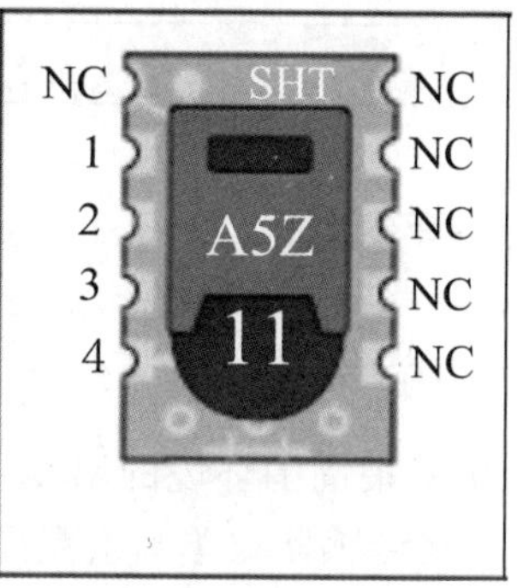

图 5.3.2　SHT10 的接口

（三）SHT10 温湿度传感器采集值的计算

获取到的温湿度测量数还要通过相应的公式转换成对应的温湿度值，相对湿度输出转换公式为

$$RH_{\text{linear}} = C_1 + C_2 \cdot SO_{RH} + C_3 \cdot SO_{RH}^2$$

其中，RH_{linear} 为 25 °C 时相对湿度的线性值；SO_{RH} 为传感器输出的相对湿度值，C_1、C_2、C_3 为系数。公式中各参数说明如表 5.3.2 所示。

表 5.3.2　相对湿度输出转换公式的参数说明

SO_{RH}	C_1	C_2	C_3
12 位	−4	0.040 5	-2.8×10^{-6}
8 位	−4	0.648	-8.2×10^{-4}

温度输出转换公式为

$$\text{Temperature} = d_1 + d_2 * SO_T$$

其中，Temperature 为实际温度；SO_{T} 为传感器输出的温度值，d_1、d_2 为系数。公式各参数说明如表 5.3.3 和表 5.3.4 所示。

表 5.3.3　温度输出转换公式参数说明 1

V_{DD}/V	d_1/°C	d_2/°F
5	−40.00	−40.00
4	−39.75	−39.55
3.5	−39.66	−39.39
3	−39.60	−39.28
2.5	−39.55	−39.19

表 5.3.4　温度输出转换公式参数说明 2

V_{DD}/V	d_1/°C	d_2/°F
14 位	0.01	0.018
12 位	0.04	0.072

二、任务实施

（一）功能要求

SHT10 采集周围环境的温度、湿度值传输给单片机，经数据处理传输给 PC 串口助手显示。该传感器与单片机是通过数据端口和时序端口实现通信。

SHT10 的供电电压为 2.4 ~ 5.5 V，建议为 3.3 V。在电源引脚（VDD，GND）之间须加一个 100 nF 的电容，用以去耦滤波。SHT10 的串行接口，在传感器信号的读取及电源损耗方面，都做了优化处理。传感器不能按照 I^2C 协议编址，但是，如果 I^2C 总线上没有挂接别的元件，传感器可以连接到 I^2C 总线上，但单片机必须按照传感器的协议工作。

综上所述，进行了电路设计，如图 5.3.3 所示。

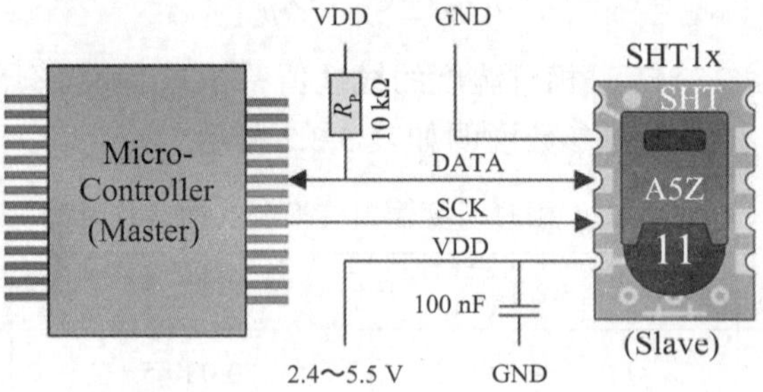

图 5.3.3　SHT10 的电路

其中，用 CC2530 的 P0_6 引脚作为数据引脚，P0_7 作为时钟引脚。

（二）设计思路

根据任务要求，实现外部电压值的测量用流程图进行表示，如图 5.3.4 所示。

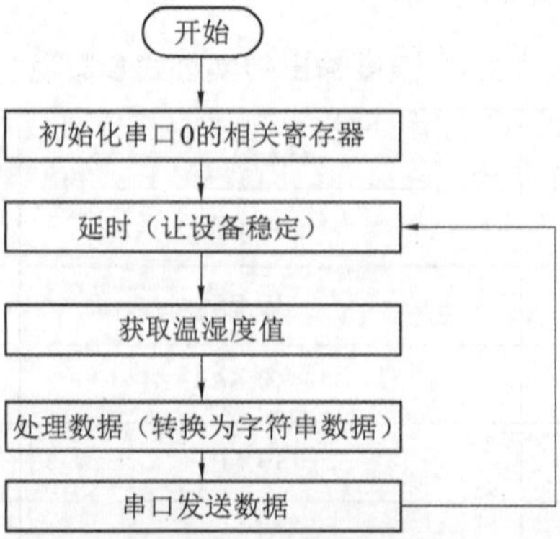

图 5.3.4　主函数流程图

（三）关键代码编写

程序主要完成的工作包括：首先，单片机发送命令给温湿度传感器，温湿度传感器再根据单片机的命令，执行温度和湿度的采集；然后，单片机读出相应的温度和湿度的数据，并把相关数据发送到 PC；最后，通过 PC 获取采集到的温度和湿度数据，并计算转换为具体的温湿度值。为了便于理解，将程序分为 3 个部分：各模块的初始化；单片机控制温湿度传感器采集温度和湿度；把采集的数据发送到 PC。

1. 串口的初始化

串口初始化代码（参考项目四）：

```
void initUARTtest(void)
{
    CLKCONCMD &=  ~0x40;                //晶振
    while(!(SLEEPSTA & 0x40));          //等待晶振稳定
    CLKCONCMD &=  ~0x47;                //TICHSPD128 分频，CLKSPD 不分频
    SLEEPSTA |= 0x04;      //关闭不用的 RC 振荡器
    PERCFG = 0x01;         //位置 1，串口 0
    P1SEL |= 0x30;         //P1 用作串口
    U0CSR |= 0x80;         //UART 方式
    U0GCR |= 8;            //baud_e
    U0BAUD |= 59;          //波特率设为 9 600
    UTX0IF = 1;
    U0CSR |= 0X40;         //允许接收
    IEN0 |= 0x84;          //开总中断，接收中断
}
```

2. 温度和湿度的采集

因为温湿度传感器只需要将 DATA 引脚和 SCK 引脚与单片机相连，所以将单片机的 P0_6 和 P0_7 引脚分别连接到 DATA 和 SCK 引脚，并且给两个引脚发送相应的时序，以便控制温湿度传感器。

```
#define DATA   P0_6       //定义通信数据端口
#define SCK    P0_7      //定义通信时钟端口
#define noACK    0        //继续传输数据，用于判断是否结束通信
#define ACK    1         //结束数据传输；
```

SHT10 的 V_{DD} 口接 CC2530 的 V_{CC}，供电要求为 2.4 ~ 3.3 V。SHT10 的“电量不足”功能可监测到 V_{DD} 电压低于 2.47 V 的状态，精度为 0.05 V。SHT10 的 GND 口接 CC2530 的 GND。

在设计驱动之前先来看看 SHT10 的时序图（见图 5.3.5）：

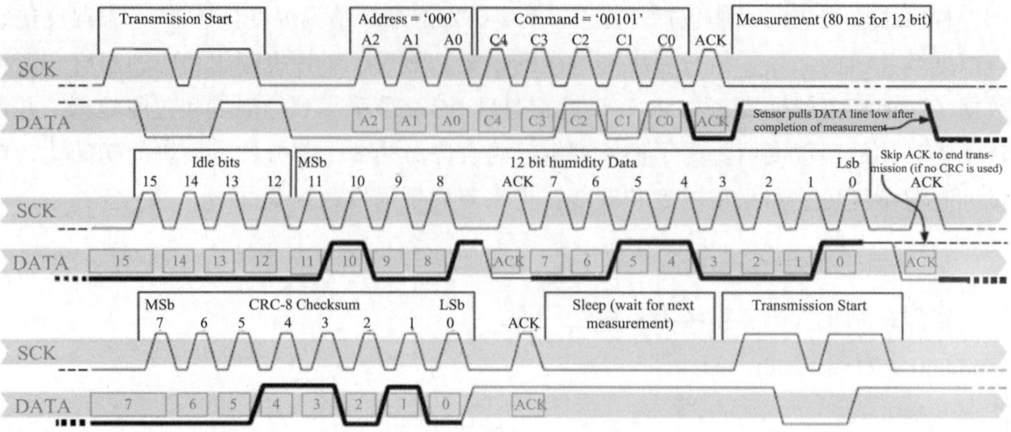

图 5.3.5　SHT10 的时序图

SHT10 的驱动程序：

```
void s_transstart(void); //启动传输
char s_measure(unsigned char *p_value, unsigned char *p_checksum, unsigned char mode);      //温度
//或者湿度转换转换函数，由参数 mode 决定转换内容
char s_write_byte(unsigned char value);     //写字节函数
char s_read_byte(unsigned char ack);        //读数据
void calc_sth11(float *p_humidity ,float *p_temperature);       //补偿及输出温度和相对湿度
float calc_dewpoint(float h,float t);        //计算绝对湿度值
```

函数内容较多，这里仅列出几个 SHT10 传感器函数详细研究：

1）启动传输程序函数

要驱动 SHT10 进行采样，必须发送一些命令。首先，向 SHT10 发送“启动传输”时序，完成数据传输的初始化。如图 5.3.6 所示，当 SCK 时钟高电平时，DATA 翻转为低电平；紧接着 SCK 变为低电平，随后在 SCK 时钟再次变为高电平时，DATA 翻转为高电平。初始化之后，单片机便可以向 SHT10 发送命令，通常的命令包括 3 个地址位（目前只支持“000”）和 5 个命令位，具体将在后面的代码中进行介绍。SHT10 会以下述方式表示已正确地接收到命令：在第 8 个 SCK 时钟的下降沿之后，将 DATA 下拉为低电平，并且在第 9 个 SCK 时钟的下降沿之后，将 DATA 位恢复为高电平。

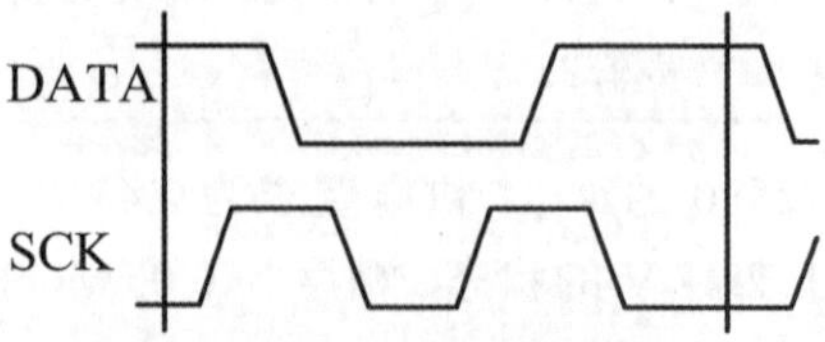

图 5.3.6　启动传输时序

启动传输程序，具体代码如下：

```
//--------------------------------------------------------------------------------
void s_transstart(void)
//--------------------------------------------------------------------------------
// 启动传输
//          ____         _________
// DATA:         |_______|
//               ___     ___
// SCK :   ___|     |___|     |______
{
  P0DIR |= 0xC0;

    DATA=1; SCK=0;
    delay1Us(1);
    SCK=1;
    delay1Us(1);
    DATA=0;
    delay1Us(1);
    SCK=0;
    delay1Us(3);
    SCK=1;
    delay1Us(1);
    DATA=1;
    delay1Us(1);
    SCK=0;
}
```

2）读 SHT10 传感器函数

```
//--------------------------------------------------------------------------------
char s_read_byte(unsigned char ack)
//--------------------------------------------------------------------------------
// 读数据
{
  unsigned char i，val=0;

  //DATA=1; //数据线为高

  P0DIR |= 0x80;
  P0DIR &= 0xBF;
  SCK=0;
  for(i=0x80;i>0;i>>=1)      //右移位
  {
    SCK=1;
    delay1Us(1);
    if(DATA)
      val=(val | i);          //读数据线的值
      SCK=0;
      delay1Us(1);
  }
```

```
    P0DIR |= 0xC0;
    DATA=!ack;                    //如果是校验，读取完后结束通信；
    SCK=1;
    delay1Us(3);
    SCK=0;
    DATA=1;                      //释放数据线
    return val;
}
```

下面介绍温湿度的测量过程。CC2530 发布一组测量命令后（“0000 0001”表示测量相对湿度，“0000 0010”表示测量温度），传感器开始采集数据。对应 8、12、14 位 3 种不同的测量，这个过程分别需要大约 20 ms、80 ms、320 ms。SHT10 通过下拉 DATA 至低电平并进入空闲模式，表示测量结束。单片机在触发 SCK 时钟来读取数据前，必须等待“数据备妥”信号。检测数据可以先被存储，这样单片机可以继续执行其他任务，在需要时再读出数据。在收到“数据备妥”信号之后，传输 2B 的测量数据和 1B 的 CRC 奇偶校检数据。单片机需要通过下拉 DATA 为低电平，以确认每字节。所有的数据都从 MSB 开始，右值有效。例如，对于 12 位数据，从第 5 个 SCK 时钟起算作 MSB；而对于 8 位数据，首字节无意义。用 CRC 数据的确认位表明通信结束，如果不使用 CRC 校验，控制器可以在测量值 LSB 后，通过保持确认位 ACK 高电平来中止通信。在测量和通信结束后，SHT10 自动转入休眠模式。

注意：为保证自身温升低于 0.1 °C，SHTXX 的激活时间不超过 10%。例如，对应 12 位精度测量，每秒最多进行 2 次测量。

3. 把采集的数据发送到 PC

单片机在获取温湿度数据之后，将数据发送给 PC，并通过 PC 计算具体的温湿度值。计算数据的函数如下：

```
void calc_sth11(float *p_humidity ,float *p_temperature)
//-----------------------------------------------------------------------------------
// 补偿及输出温度和相对湿度
{ const float C1=-4.0;                  // for 12 bit 湿度修正公式
  const float C2=+0.0405;               // for 12 bit 湿度修正公式
  const float C3=-0.0000028;            // for 12 bit 湿度修正公式
  const float T1=+0.01;                 // for 14 bit @ 5 V 温度修正公式
  const float T2=+0.00008;              // for 14 bit @ 5 V 温度修正公式
  float rh=*p_humidity;
  float t=*p_temperature;
  float rh_lin;
  float rh_true;
  float t_C;
  t_C=t*0.01 - 39.66;                   //补偿温度
```

```
    rh_lin=C3*rh*rh + C2*rh + C1;                    //相对湿度非线性补偿
    rh_true=(t_C-25)*(T1+T2*rh)+rh_lin;              //相对湿度对于温度依赖性补偿
    if(rh_true>100)rh_true=100;                      //湿度最大修正
    if(rh_true<0.1)rh_true=0.1;                      //湿度最小修正
    *p_temperature=t_C;                              //返回温度结果
    *p_humidity=rh_true;                             //返回湿度结果
    //UartTX_Send_String((int*)&t_C,1);
    //UartTX_Send_String((int*)&rh_true,1);
}
```

4. 主函数

首先，主函数初始化各模块；然后，向传感器发送命令，传感器把采集的数据发送给单片机；最后，单片机通过串口把数据发送给 PC。主函数的代码如下：

```
void main(void)
{
    unsigned char error,checksum;
    unsigned char HUMI,TEMP;
    HUMI=0X01;
    TEMP=0X02;

    initUARTtest();      //初始化串口
    s_connectionreset();
    while(1)
    {
        error=0;
        error+=s_measure((unsigned char*) &humi_val.i,&checksum,HUMI);   //湿度测量
        error+=s_measure((unsigned char*) &temp_val.i,&checksum,TEMP);   //温度测量

        temp_value = temp_val.i * 0.01 - 39.6;
        sprintf(temp_result,"%s","temperature: ");
        UartTX_Send_String(temp_result, 13);
        sprintf(temp_result,"%9.2f",temp_value);
        temp_result[9] = '\n';
        UartTX_Send_String(temp_result, 10);

        humi_value = humi_val.i * 0.0367 - 2.0468;
        sprintf(humi_result,"%s","humidity: ");
        UartTX_Send_String(humi_result, 10);
        sprintf(humi_result,"%9.4f",humi_value);
        humi_result[9] = '\n';
        UartTX_Send_String(humi_result, 10);

        if(error!=0)
        {
            s_connectionreset() ; //如果发生错误,系统复位
            led1 =   !led1;
```

```
            led2 =  !led2;
        }
        else
        {
            humi_val.f=(float)humi_val.i;                          //转换为浮点数
            temp_val.f=(float)temp_val.i;                          //转换为浮点数
            calc_sth11(&humi_val.f,&temp_val.f);                   //修正相对湿度及温度
        }
        Delay1(50000);                         //延时
    }
}
```

打开串口调试软件，选择相应的串口，通过 PC 的设备管理器查看串口，设置波特率为 9 600 波特，校验位为 NONE，数据位为 8，停止位为 1。根据温湿度的变化，可在 PC 的串口调试终端上显示不同的温湿度数据，运行结果如图 5.3.7 所示。

图 5.3.7　温湿度采集结果示意图

注意：SHT10 温湿度传感器的左侧是温度，通过手摸可以改变温度数据；SHT10 温湿度传感器的右侧是湿度，通过哈气可以改变湿度数据。从图 5.3.7 可以看出，哈气后，数据从 64 增加到 94。

三、考核与评价

SHT10 温度传感数据采集任务评分表如表 5.3.5 所示。

表 5.3.5　基于单总线采集厂区温湿度功能开发任务训练的评分表

一级指标	二级指标	分值	扣分点及扣分原因	单项分值	得分
训练过程（80%）	计划与准备	10	做好测试前的准备，不进行清点接线、设备、材料等操作扣除 2 分	5	
			带电插拔元器件扣除 1 分	5	
	电路分析	20	CC2530 引脚功能	5	
			数据采集引脚关系	5	
			设置采集数据引脚和时序引脚	5	
	代码设计	30	正确建立工程	5	
			编写流程图	5	
			程序设计，包括引用头文件、设计延时程序、初始化 I/O、温湿度数据采集程序设计、通信程序设计、主程序代码设计等	20	
	职业素养	10	编程过程中及结束后，桌面及地面不符合 7S 基本要求的扣除 3～5 分	10	
		10	对耗材浪费，不爱惜工具，扣除 3 分；损坏工具、设备扣除本大项的 20 分；发生严重违规操作或作弊，取消成绩	10	
训练结果（20%）	实作结果及质量	20	工艺和功能验证	10	
			撰写考核记录报告	10	
总计		100			

四、任务小结

传感器的通信过程为：发送“启动传输”时序，初始化传感器→发送命令→等待传感器应答及测量结束→接收传感器的 16 位数据值→接收 8 位的 CRC 校验数据→休眠，等待下一次传输开始。

SHT10 会以下述方式表示已正确接收指令：在第 8 个 SCK 的下降沿之后将 DATA 下拉为低电平作为 ACK 位，并在第 9 个 SCK 时钟的下降沿之后释放 DATA（恢复高电平）。SHT10 的命令集如表 5.3.6 所示。

表 5.3.6　SHT10 的命令集

命　令	代码
预留	0000x
温度测量	00011
湿度测量	00101
读状态寄存器	00111
写状态寄存器	00110
预留	0101x-1110x
软复位，接口复位，状态寄存器复位即恢复为默认状态.在要发送下一个命令前，至少等待 11ms.	11110

根据已知命令集，即可通过单总线向传感器发送命令。在“发送 1 字节数据”的驱动程序中可以采取的思路为：数据线先传送高位后传送低位，取位的方式为 mask=0x80 与命令值 value 进行“相与”，之后通过 mask<<=1 配合循环操作，即可实现将命令值由高位向低位逐位取出。在每取出 value 的 1 位后，首先延时 1 个_op_()　(在 12 MHz 的工作频率下为 1 μs)，使 DATA 引脚能够建立起稳定的电平，然后使 SCK 产生上升沿并延时 2 个_nop_()，使传感器读入 DATA 引脚的数据，然后再恢复 SCK 引脚的低电平，依次循环 8 次，使传感器读入 1 字节的命令数据。在读完 8 位数据之后，使 SCK 变高电平并检测 DATA 引脚是否拉低，以检测传感器是否发出了确认信息 ACK。然后，再将 SCK 恢复为低电平。

在发布完一组测量命令之后，单片机要等待测量结束，这个过程大约需要 10/80/120 ms,分别对应 8/12/14 bit 测量,确切时间由内部晶振速度决定,最多有 30%的变化。SHT10 通过下拉 DATA 至电平并进入空闲模式表示测量结束。单片机再次触发 SCK 时钟前必须等待这个“数据备妥”信号来读出数据（默认温度测量 14bit,湿度测量 12bit）。另外，还有 1 字节的 CRC，用于循环冗余校验。

【思政小课堂】

攻坚克难

本任务完成了对于温湿度的数据采集，并根据当前的温湿度对环境进行调控，使环境更加适宜居住。而在实际应用中，对温度的调控是非常困难的，需要克服非常多的难题。

青藏铁路是一条承载着中华民族百年梦想的铁路。它穿越戈壁、沙漠、盐湖、沼泽、雪山、草地，其中格尔木至拉萨段海拔 4 000 m 以上路段达 960 km，常年冻土路段超过 500 km，是世界上海拔最高、高原线路里程最长、运行环境最为恶劣的高原冻土铁路。

“笑傲昆仑问天下何处是雄关，跃马雪城引青藏高原飞铁龙”。青藏铁路开工建设以来，一千八百多个日日夜夜，五易炎夏寒冬，十多万建设大军驻扎在“生命禁区”，冒严寒，顶风雪，战缺氧，斗冻土，以惊人的毅力和勇气，挑战极限，战胜各种难以想象的困难，攻克了“高寒缺氧、多年冻土、生态脆弱”三大难题，谱写了人类铁路建设史上的光辉篇章。

五、参考代码

```
#include "ioCC2530.h"

#include <string.h>
#include "sht10.h"
#include <stdio.h>

//#define uint unsigned int
//#define uchar unsigned char
//#define Uint16 unsigned int
//定义控制灯的端口
#define led1 P1_0
#define led2 P1_1

//函数声明
void Delay1(uint);
void initUARTtest(void);
void UartTX_Send_String(char *Data,int len);
void initLED(void);

union
{ unsigned int i;
  float f;
}humi_val,temp_val;        //定义两个共同体,一个用于湿度,一个用于温度

char temp_result[15] = {0};
float temp_value = 0;

char humi_result[15] = {0};
float humi_value = 0;

/**************************************************************
*函数功能：主函数
*入口参数：无
*返 回 值：无
*说    明：无
**************************************************************/
void main(void)
{
    unsigned char error,checksum;
    unsigned char HUMI,TEMP;
```

```
    HUMI=0X01;
    TEMP=0X02;

    initUARTtest();     //初始化串口
    s_connectionreset();
    while(1)
    {
        error=0;
        error+=s_measure((unsigned char*) &humi_val.i,&checksum,HUMI);  //湿度测量
        error+=s_measure((unsigned char*) &temp_val.i,&checksum,TEMP);  //温度测量

        temp_value = temp_val.i * 0.01 - 39.6;
        sprintf(temp_result,"%s","temperature: ");
        UartTX_Send_String(temp_result, 13);
        sprintf(temp_result,"%9.2f",temp_value);
        temp_result[9] = '\n';
        UartTX_Send_String(temp_result, 10);

        humi_value = humi_val.i * 0.0367 - 2.0468;
        sprintf(humi_result,"%s","humidity: ");
        UartTX_Send_String(humi_result, 10);
        sprintf(humi_result,"%9.4f",humi_value);
        humi_result[9] = '\n';
        UartTX_Send_String(humi_result, 10);

        if(error!=0)
        {
            s_connectionreset() ; //如果发生错误,系统复位
            led1 =   !led1;
            led2 =   !led2;
        }
        else
        {
            humi_val.f=(float)humi_val.i;                    //转换为浮点数
            temp_val.f=(float)temp_val.i;                    //转换为浮点数
            calc_sth11(&humi_val.f,&temp_val.f);             //修正相对湿度及温度
        }
        Delay1(50000);                      //延时
    }
}

/*****************************************************************
```

```
*函数功能 :延时
*入口参数 :定性延时
*返 回 值 :无
*说    明 :
************************************************************/
void Delay1(uint n)
{
    uint i;
    for(i=0;i<n;i++);
    for(i=0;i<n;i++);
    for(i=0;i<n;i++);
    for(i=0;i<n;i++);
    for(i=0;i<n;i++);
}

/************************************************************
*函数功能 :初始化串口 1
*入口参数 :无
*返 回 值 :无
*说    明 :9600-8-n-1
************************************************************/
void initUARTtest(void)
{

    CLKCONCMD &= ~0x40;              //晶振
    while(!(SLEEPSTA & 0x40));       //等待晶振稳定
    CLKCONCMD &= ~0x47;              //TICHSPD128 分频, CLKSPD 不分频
    SLEEPSTA |= 0x04;               //关闭不用的 RC 振荡器

    PERCFG = 0x01;                  //位置 1 串口 0
    P1SEL |= 0x30;                  //P1 用作串口

    U0CSR |= 0x80;                  //UART 方式
    U0GCR |= 8;                     //baud_e
    U0BAUD |= 59;                   //波特率设为 9 600
    UTX0IF = 1;

    U0CSR |= 0X40;                  //允许接收
    IEN0 |= 0x84;                   //开总中断,接收中断
}

/************************************************************
```

```
*函数功能：串口发送字符串函数
*入口参数：Data:数据
*len：数据长度
*返 回 值：无
*说    明：无
***************************************************************/
void UartTX_Send_String(char *Data,int len)
{
   int j;
   for(j=0;j<len;j++)
   {
     U0DBUF = *Data++;
     while(UTX0IF == 0);
     UTX0IF = 0;
   }
}
```

在 SHT10.c 程序中，具体代码如下：

```
#include <math.h>
#include "sht10.h"

/***************************************************************************
****************
* @fn        delay1Us
*
* @brief     wait for x us. @ 32 MHz MCU clock it takes 32 "nop"s for 1 us delay.
*
* @param     x µs. range[0 ~ 65 536]
*
* @return    延时约为 0.4 µs
****************************************************************************
****************/
void delay1Us(Uint16 microSecs)
{
   while(microSecs--)
   {
     /* 32 NOPs == 1 usecs */
     asm("nop"); asm("nop"); asm("nop"); asm("nop"); asm("nop");
     asm("nop"); asm("nop"); asm("nop"); asm("nop"); asm("nop");
     asm("nop"); asm("nop"); asm("nop"); asm("nop"); asm("nop");
   }
}
/***************************************************************************
```

```
延时 1 μs 带参数(int)子程序
***************************************************************************/
void delay (unsigned int time){
unsigned int a;
for(a=0;a<time;a++)
{
    asm("nop"); asm("nop"); asm("nop"); asm("nop"); asm("nop");
    asm("nop"); asm("nop"); asm("nop"); asm("nop"); asm("nop");
    asm("nop"); asm("nop"); asm("nop"); asm("nop"); asm("nop");
    asm("nop"); asm("nop"); asm("nop"); asm("nop"); asm("nop");
    asm("nop"); asm("nop"); asm("nop"); asm("nop"); asm("nop");
    asm("nop"); asm("nop"); asm("nop"); asm("nop"); asm("nop");
    asm("nop"); asm("nop");
}
}

//------------------------------------------------------------------------------
void s_connectionreset(void)
//------------------------------------------------------------------------------
// 连接复位;
//       _____________________________________________________          ________
// DATA:                                                       |_______|
//        _    _    _    _    _    _    _    _    _       ___      ___
// SCK :  __| |__| |__| |__| |__| |__| |__| |__| |__| |______|   |___|   |______
{
  unsigned char i;

  P0DIR |= 0xC0;

  DATA=1; SCK=0;                   //准备
  for(i=0;i<9;i++)                 //DATA 保持高,SCK 时钟触发 9 次,发送启动传输,通迅即复位
  { SCK=1;
    SCK=0;
  }
  s_transstart();                  //启动传输
}
//------------------------------------------------------------------------------
void s_transstart(void)
//------------------------------------------------------------------------------
// 启动传输
//        _____         ________
// DATA:       |_______|
//          ___     ___
// SCK : ___|   |___|   |______
{
  P0DIR |= 0xC0;
```

```
    DATA=1; SCK=0;
    delay1Us(1);
    SCK=1;
    delay1Us(1);
    DATA=0;
    delay1Us(1);
    SCK=0;
    delay1Us(3);
    SCK=1;
    delay1Us(1);
    DATA=1;
    delay1Us(1);
    SCK=0;
}
//------------------------------------------------------------------------------------
char s_measure(unsigned char *p_value, unsigned char *p_checksum, unsigned char mode)
//------------------------------------------------------------------------------------
// 进行温度或者湿度转换,由参数 mode 决定转换内容;
{
   unsigned error=0;
   s_transstart();                          //启动传输
   switch(mode){
      case 0x02 : error+=s_write_byte(MEASURE_TEMP); break;
      case 0x01 : error+=s_write_byte(MEASURE_HUMI); break;
      default : break;
   }
   P0DIR |= 0x80;
   P0DIR &= 0xBF;
 // for (i=0;i<110;i++){
  //     delay(2000);
 //   if(DATA==0) break; //等待测量结束;
//   }
    while(DATA); //等待测量结束;
    if(DATA) error+=1;                        //如果长时间数据线没有拉低,说明测量错误
   *(p_value+1)=s_read_byte(ACK);        //读第一个字节,高字节 (MSB)
   *(p_value)=s_read_byte(ACK);             //读第二个字节,低字节 (LSB)
   *p_checksum =s_read_byte(noACK);       //read CRC 校验码
   //UartTX_Send_String(p_value,2);
   return error;
}
//------------------------------------------------------------------------------------
char s_write_byte(unsigned char value)
//------------------------------------------------------------------------------------
// 写字节函数
```

```
{
  char i;
  char error=0;

  P0DIR |= 0xC0;

  SCK=0;
  DATA=0;
 for(i=0;i<8;i++)  //发送 8 位数据,从机将在上升沿读取数据
 {
  SCK=0;
  if(value&(0x80>>i))
     DATA=1;
  else
     DATA=0;
  delay1Us(1);
  SCK=1;
  delay1Us(1);
 }

 SCK=0;       //在接下来的上升沿读取从机发送的“已收到”信号
 P0DIR |= 0x80;
 P0DIR &= 0xBF;
 delay1Us(1);
 SCK=1;
 delay1Us(1);
 error = DATA;
 delay1Us(1);
 SCK=0;

 P0DIR |= 0xC0;
 return error;

}
//--------------------------------------------------------------------------------
char s_read_byte(unsigned char ack)
//--------------------------------------------------------------------------------
  // 读数据
{
  unsigned char i,val=0;

  //DATA=1; //数据线为高

  P0DIR |= 0x80;
  P0DIR &= 0xBF;
```

```
    SCK=0;
    for (i=0x80;i>0;i>>=1)        //右移位
    {
      SCK=1;
      delay1Us(1);
      if (DATA)
        val=(val | i);            //读数据线的值
      SCK=0;
      delay1Us(1);
    }

    P0DIR |= 0xC0;
    DATA=!ack;                    //如果是校验,读取完后结束通讯;
    SCK=1;
    delay1Us(3);
    SCK=0;
    DATA=1;                       //释放数据线
    return val;
}
//----------------------------------------------------------------------------------
void calc_sth11(float *p_humidity ,float *p_temperature)
//----------------------------------------------------------------------------------
// 补偿及输出温度和相对湿度
{ const float C1=-4.0;                    // for 12 bit 湿度修正公式
   const float C2=+0.0405;                //for 12 bit 湿度修正公式
   const float C3=-0.0000028;             //for 12 bit 湿度修正公式
   const float T1=+0.01;                  //for 14 bit  5 V 温度修正公式
   const float T2=+0.00008;               //for 14 bit  5 V 温度修正公式
   float rh=*p_humidity;
   float t=*p_temperature;
   float rh_lin;
   float rh_true;
   float t_C;
   t_C=t*0.01 - 39.66;                      //补偿温度
   rh_lin=C3*rh*rh + C2*rh + C1;            //相对湿度非线性补偿
   rh_true=(t_C-25)*(T1+T2*rh)+rh_lin;      //相对湿度对于温度依赖性补偿
   if(rh_true>100)rh_true=100;              //湿度最大修正
   if(rh_true<0.1)rh_true=0.1;              //湿度最小修正
   *p_temperature=t_C;                      //返回温度结果
   *p_humidity=rh_true;                     //返回湿度结果
   //UartTX_Send_String((int*)&t_C,1);
   //UartTX_Send_String((int*)&rh_true,1);
}
//--------------------------------------------------------------------
float calc_dewpoint(float h,float t)
```

```
//----------------------------------------------------------------
// 计算绝对湿度值
{ float logEx,dew_point;
  logEx=0.66077+7.5*t/(237.3+t)+(log10(h)-2);
  dew_point = (logEx - 0.66077)*237.3/(0.66077+7.5-logEx);
  return dew_point;
}
```

六、拓展训练

若温湿度传感器采用其他类型的传感器，例如 DS18B20，实现本任务需求。编程思路可以参阅器件说明资料。

七、启发与思考

DHT11 程序采用模块化编程思想，只需要调用温度读取函数即可，移植到其他平台也非常容易。P0_6 的配置和 DHT11 使用 P0_6 的方法具体如下：

在 DHT11.c 中修改如下代码：

```
P0DIR |=0X80;             //定义 P0_7 为输入
P0DIR &= ~ 0X40;          //定义 P0_6 为输出
```

在 DHT11.h 中修改如下代码：

```
#define DATA P0_6;        //定义通信数据端口
#define SCK P0_7;         //定义通信时钟端口
```

在串口初始化程序中修改 PERCFG 和 PXSEL 的值：

```
void initUARTtest(void)
{
    CLKCONCMD &= 0x80;            //32 MHz 晶振
    PERCFG = 0x01;       //位置 1 串口 0
    P0SEL |= 0x0C;       //P0 用作串口
    U0CSR |= 0x80;       //UART 方式
    U0GCR |= 8;          //baud_e
    U0BAUD |= 59;         //波特率设为 9 600
    UTX0IF = 1;
    U0CSR |= 0X40;        //允许接收
    IEN0 |= 0x84;         //开总中断，接收中断
}
```

注意：

必须采用同样的晶振配置，才能保证采集时序的有效性。如果没有采集到数值，一般是因为时序脉宽过小导致的。

任务 5.4　基于人体红外感知功能开发

学习型任务单	任务 5.4　基于人体红外感知功能开发

【任务描述】

某车间需要通过单人安检门检测人体是否通行，并记录通行人数。设计时采用人体红外传感器和 CC2530 组成一个开关量传感器采集系统，通过看门狗定时采样传感器，并借助串口传输人体通行的情况。本任务通过指示灯 LED1 亮灭反映此刻有无行人通行，即若有人通行，指示灯点亮；无人通行，则指示灯熄灭。串口每发送一条数据，LED2 闪烁一次。

【任务目标】

对于开关量传感器采集系统案例的开发，主要目标包括：

（1）掌握人体红外传感器数据采集的技能。

（2）掌握人体红外传感数据串口传输的技能。

（3）掌握看门狗定时采样某类传感器的技能。

【素养目标】

（1）培养学生在工作现场的 6S 意识和用电安全意识。

（2）爱惜工具，注意场地整洁。

（3）具备积极、主动的探索精神。

【任务要求】

（1）通过学习，掌握以下知识点：

① 掌握数字量传感器的编程方法。

② 掌握看门狗定时采样数字量传感器的编程方法。

（2）基于 IAR 和 CC2530 开发板，编程实现通过看门狗定时采样人体红外传感器。通过学习，掌握以下技能点：

① 检验人体红外传感器数据采集的技能。

② 检验人体红外传感数据串口传输的技能。

③ 拓展训练。

【学习总结】

实训教学　照明灯+
传感器自动控制开发

一、相关知识

（一）人体红外检测传感器

本任务采用人体红外检测开关型模块 HC-SR501。HC-SR501 是基于红外线技术的自动控制模块，采用德国原装进口 LHI778 探头设计，灵敏度高，可靠性强，具有超低电压工作模式，广泛应用于各类自动感应电器，尤其是干电池供电的自动控制产品。人体红外传感器外观如图 5.4.1 所示。

图 5.4.1 人体红外传感器

热释电人体红外线传感器由敏感元件、阻抗变换器、滤光片、外壳等几部分组成。无人时，在电容的两端产生极性相反、电量相等的正负电荷，相互抵消，回路中无电流，传感器无输出。当检测到有人时，在电容两端产生极性相同的电荷，回路导通，传感器有输出。

（二）工作原理

人体都有恒定的温度，一般在 37 °C，所以会发出特定波长 10 μm 左右的红外线，被动式红外探头就是靠探测人体发射的 10 μm 左右的红外线而进行工作的。人体发射的 10 μm 左右的红外线通过菲泥尔滤光片增强后聚集到红外感应源上。

红外感应源通常采用热释电元件，这种元件在接收到人体红外辐射温度发生变化时就会失去电荷平衡，向外释放电荷，后续电路经检测处理后就能产生报警信号。

（三）人体红外检测传感器特性

（1）该传感器是以探测人体辐射为目标的，所以热释电元件对波长为 10 μm 左右的红外辐射必须非常敏感。

（2）为了仅仅对人体的红外辐射敏感，它的辐射照面通常覆盖有特殊的菲泥尔滤光片，使环境的干扰受到明显的控制作用。

（3）被动红外探头，其传感器包含两个互相串联或并联的热释电元，而且制成的两个电极化方向正好相反，环境背景辐射对两个热释元件几乎具有相同的作用，使其产生的释电效应相互抵消，于是探测器无信号输出。

（4）一旦人侵入探测区域内，人体红外辐射通过部分镜面聚焦，并被热释电元接收，但是两片热释电元接收到的热量不同，热释电也不同，不能抵消，经信号处理而报警。

（5）全自动感应：人进入其感应范围则输出高电平，人离开感应范围则自动延时关闭高电平，输出低电平。

（6）光敏控制：可设置光敏控制，白天或光线强时不感应。可选择，出厂时未设。

（7）温度补偿：在夏天当环境温度升高至 30 ~ 32 °C，探测距离稍变短，温度补偿可做一定的性能补偿。可选择，出厂时未设。

（8）两种触发方式：L 不可重复，H 可重复。可跳线选择，默认为 H。

不可重复触发方式：即感应输出高电平后，延时时间一结束，输出将自动从高电平变为低电平。

重复触发方式：即感应输出高电平后，在延时时间段内，如果有人体在其感应范围内活动，其输出将一直保持高电平，直到人离开后才延时将高电平变为低电平（感应模块检测到人体的每一次活动后会自动顺延一个延时时间段，并且以最后一次活动的时间为延时时间的起始点）。

（9）可调封锁时间及检测距离调节：

① 封锁时间：感应模块在每一次感应输出后（高电平变为低电平），可以紧跟着设置一个封锁时间，在此时间段内感应器不接收任何感应信号。此功能可以实现（感应输出时间和封锁时间）两者的间隔工作，可应用于间隔探测产品；同时此功能可有效抑制负载切换过程中产生的各种干扰（默认封锁时间 2.5 s）。

② 调节检测距离：调节距离电位器顺时针旋转，感应距离增大（约 7 m），反之，感应距离减小（约 3 m）。调节延时电位器顺时针旋转，感应延时加长（约 300 s），反之，感应延时减短（约 0.5 s）。

（10）工作电压范围宽：默认工作电压 DC4.5 ~ 20 V。

（11）微功耗：静态电流<50 μA，特别适合干电池供电的自动控制产品。

（12）输出高电平信号：可方便与各类电路实现对接。

HC-SR501 技术参数如表 5.4.1 所示。

表 5.4.1 HC-SR501 技术参数

工作电压范围	直流电压 4.5 ~ 20 V
静态电流	<50 μA
电平输出	高 3.3 V / 低 0 V
触发方式	L：不可重复触发；H：重复触发
延时时间	5 ~ 200 s（可调），可制作范围零点几秒至几十分钟
封锁时间	2.5 s（默认），可制作范围零点几秒至几十秒
电路板外形尺寸	32 mm × 24 mm
感应角度	<100°
工作温度	− 15 ~ +70 °C
感应透镜尺寸	直径 23 mm（默认）

二、任务实施

（一）功能要求

微课 5.4 人体传感器控灯

HC-SR501 人体红外感应模块是基于红外线技术的自动控制产品，灵敏度高、可靠性强、超低功耗，具有超低电压工作模式。接线方式如图 5.4.2 所示。

OUT——检测引脚；

VCC——接电源正极（5 V）；

GND——接电源负极。

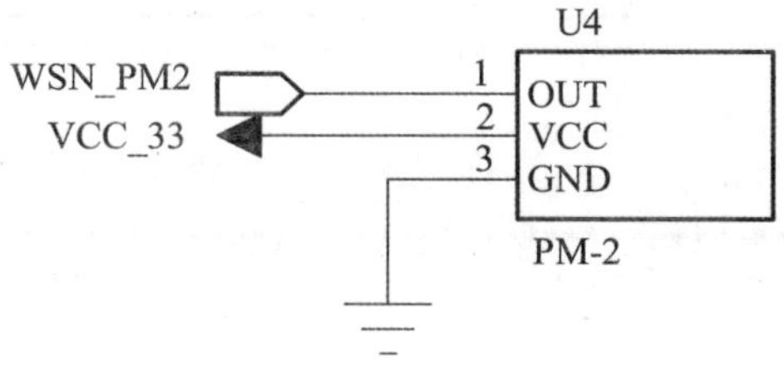

图 5.4.2　人体红外传感器

（二）设计思路

CC2530的看门狗定时计数器定时通过I/O口采集传感器的开关量，然后通过CC2530串口把数据发送给上位机，这样上位机就能集中采集和处理。如图 5.4.3 所示。

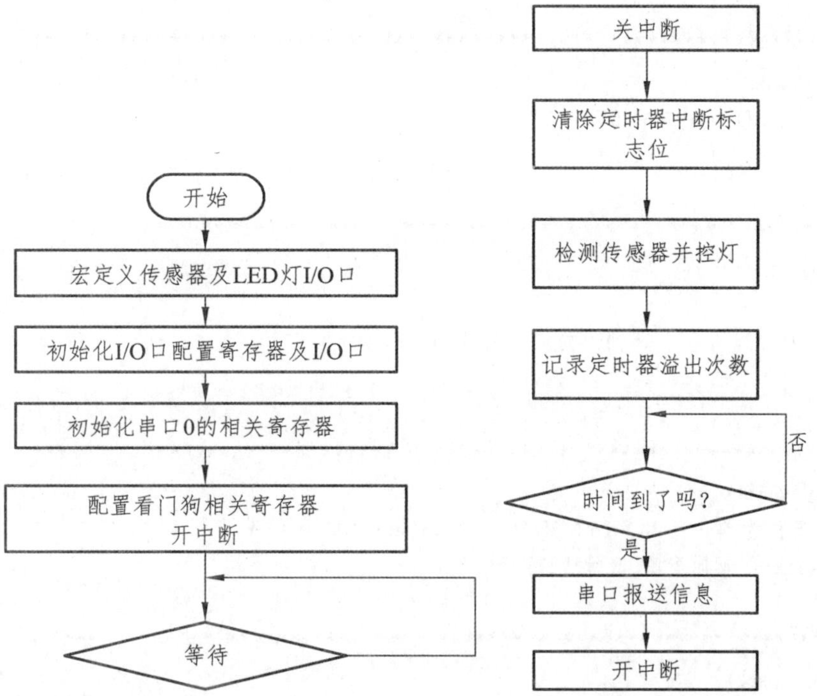

（a）主程序　　（b）中断服务程序

图 5.4.3　开发思路

（三）关键代码

采用数字量输出的人体红外传感器模块，传感器开关采集端口连接在 CC2530 的 P0_5 口。有人时，U4 的 OUT 将输出低电平；无人时，OUT 输出高电平。

```
if（P0_5）{//无人}
else {//有人}
```

根据任务需求，可以分成三个小任务逐步实现。

1. 根据人体红外传感器控制 LED

把人体红外传感器采集作为普通 I/O 口访问，采用查询法。

```
/******************************************************************************
* 文 件 名：人体红外实验(I/O 扫描)
* 描    述：无人时 LED1 灭,有人时 LED1 点亮
******************************************************************************/
#include <ioCC2530.h>

typedef unsigned char uchar;
typedef unsigned int  uint;

#define LED1 P1_0                //定义 P1.0 口为 LED1 控制端
#define DATA_PIN P0_5            //定义 P0.5 口为传感器输入端

/******************************************************************************
* 名    称：InitLed()
* 功    能：设置 LED 灯相应的 I/O 口
* 入口参数：无
* 出口参数：无
******************************************************************************/
void InitLed(void)
{
    P1DIR |= 0x01;               //P1.0 定义为输出口
}

/******************************************************************************
* 名    称：DelayMS()
* 功    能：以毫秒为单位延时，16 MHz 时约为 535 ms,系统时钟默认为 16 MHz
* 入口参数：msec——延时参数,值越大,延时越久
* 出口参数：无
******************************************************************************/
void DelayMS(uint msec)
{
    uint i,j;

    for (i=0; i<msec; i++)
        for (j=0; j<535; j++);
}


void main(void)
{
    P0DIR &= ~0x20;              //P0.5 定义为输入口
    InitLed();                   //设置 LED 灯相应的 I/O 口
    while(1)                     //死循环
    {
        if(DATA_PIN == 1)        //当无人时,P0.5 高电平，LED1 点亮
```

```
        {
            LED1 = 0;
            DelayMS(1000);
        }
        else
        {
            LED1 = 1;          //有人时,P0.5 为低电平，LED1 熄灭
            DelayMS(1000);
        }
    }
}
```

```
/*************************************************************************
* 文 件 名: 人体红外实验(中断)
* 描     述: 无人时 LED1 灭，有人时 LED1 点亮
*************************************************************************/

#include"ioCC2530.h"
#define   Sensor P0_5   //传感器

#define LED1 P1_0
unsigned char FLAG=0;

void main()
{
  P0SEL&=~0x30;               //配置 Sensor 和  LED3
  P1SEL&=~0x03;               //配置 LED1 和 LED2

  P0DIR&=~0x20;               //配置 Sensor
  P0DIR|=0x10;                //配置 LED3
  P1DIR|=0x03;                //配置 LED1 和 LED2

  LED1=1;   LED2=1;   LED3=1;

  //初始化 中断相关寄存器
  PICTL |=0x01;               //设置下降沿触发方式
  P0IFG=0;                    //清楚中断标志位
  P0IEN|=0x20;                //开 P0_5 口中断
  IEN1|=0x20;                 //开 P0 口中断
  EA=1;                       //开总中断
  while(1)
  {
    if(FLAG != 0)
    {
```

```
            LED1=0;
        }
        else
        {
            LED1=1;
        }
    }
}
#pragma vector=P0INT_VECTOR
__interrupt void P0_ISR()
{
    //关中断
    P0IEN&=~0x20;   //清楚中断标志位
    P0IF=0;
    P0IFG=0;
    FLAG=!FLAG;     //切换 LED 灯的状态
    P0IEN|=0x20;    //开中断
}
```

经过测试，中断法不是很稳定，还需要优化。

2. 看门狗定时访问人体红外传感器

```
/***************************************************************************
* 文 件 名：人体红外实验(看门狗定时采样)
* 描    述：看门狗定时间隔 0.25 s 采样传感器，无人时 LED1 灭，有人时 LED1 点亮
***************************************************************************/
#include "ioCC2530.h"
#define LED1   P1_0
#define Sensor P0_5

void main(void)
{
  //初始化 I/O 口配置寄存器及 I/O 口
  P1SEL &= ~0x01;
  P0SEL &= ~0x20;

  P0DIR&=0XDF;
  P1DIR |= 0x01;
  LED1 = 1;
  //初始化系统时钟
  CLKCONCMD &= 0x80;
  while(CLKCONSTA != CLKCONCMD);
  //初始化看门狗定时器
  WDCTL = 0x00;
  WDCTL |= 0x0d; //启动看门狗，  时间间隔为 0.25 s
```

```
    IEN2|=0X20;
    EA = 1;
    while(1);
}


#pragma vector = WDT_VECTOR
__interrupt void WDT_INT()
{
   EA=0;
   WDTIF = 0;
   if(Sensor==1)
   {
      LED1=1;
   }
   else
   {
      LED1=0;
   }
   EA=1;
}
```

3. 看门狗定时发送人体红外传感器状态

看门狗间隔 0.25 s 采集传感器一次，间隔 10 s 通过串口向 PC 报送一次数据信息。看门狗中断服务程序如下：

```
//看门狗中断服务子程序
#pragma vector = WDT_VECTOR
__interrupt void WDT_INT()
{
   EA=0;
   WDTIF = 0;
   counter++;
   if(DATA_PIN==0)//有人
   {
      LED1=0;
   }
   else
   {
      LED1=1;
   }
   if(counter>=40)            //每隔 10 s 向串口发送一次信息
   {
      counter=0;
      LED2=0;
```

```
    if(DATA_PIN ==1)
        UART0SendString("无人通行\n");
    else
        UART0SendString("有人通行\n");
    LED2=1;
  }

  EA=1;
}
```

三、考核与评价

基于人体红外感知功能开发任务评分表如表 5.4.2 所示。

表 5.4.2　基于人体红外传感功能开发任务训练评分表

一级指标	二级指标	分值	扣分点及扣分原因	单项分值	得分
训练过程（80%）	计划与准备	10	做好测试前的准备，不进行清点接线、设备、材料等操作扣除 2 分	5	
			带电插拔元器件扣除 1 分	5	
	电路分析	20	CC2530 引脚功能	10	
			数据采集与 CC2530 引脚关系	10	
	代码设计	30	正确建立工程	5	
			编写流程图	5	
			程序设计，包括引用头文件、设计延时程序、初始化 I/O、主程序代码设计等	20	
	职业素养	10	编程过程中及结束后，桌面及地面不符合 7S 基本要求的扣除 3～5 分	10	
		10	对耗材浪费，不爱惜工具，扣除 3 分；损坏工具、设备扣除本大项的 20 分；发生严重违规操作或作弊，取消成绩	10	
训练结果（20%）	实作结果及质量	20	工艺和功能验证	10	
			撰写考核记录报告	10	
总计		100			

四、任务小结

人体红外传感器是利用人体体温 37 °C 左右产生的特殊波长的红外线来检测报警，只要接收即可。

【思政小课堂】

居安思危

本任务通过人体传感器，完成了自动监测是否人体红外辐射温度发生变化，从而向外释放电荷产生报警信号。该系统可以有效检测到人体，起到防御和预警的功效。现今，我们用科学的方式加强预防工作，也是一种居安思危的手段。不仅如此，在学习和工作中，同学们也不能沉溺于安逸的环境，更要有“居安思危”的思想。

2018 年 4 月 17 日，习近平总书记主持召开十九届中央国家安全委员会第一次会议并发表重要讲话。他指出，前进的道路不可能一帆风顺，越是前景光明，越是要增强忧患意识，做到居安思危，全面认识和有力应对一些重大风险挑战。要聚焦重点，抓纲带目，着力防范各类风险挑战内外联动、累积叠加，不断提高国家安全能力。

五、参考代码

```
/***********************************************************************
* 文 件 名: 人体红外实验
* 描    述:
  (1)根据传感器状态,控制 LED1 亮灭:无人时 LED1 灭,有人时 LED1 点亮
  (2)看门狗间隔 0.25 s 采集一次传感器
  (3)看门狗间隔 10 s 通过串口向 PC 报送一次信息,LED2 闪烁一次
***********************************************************************/
/* 包含头文件 */
#include "ioCC2530.h"
#define LED1    P1_0
#define LED2    P1_1
#define DATA_PIN P0_5
unsigned int counter=0;           //统计定时器溢出次数
//串口初始化
void initUART0(void)
{
  PERCFG = 0x00;
  P0SEL = 0x3c;                   //设置 P0 为外设接口
  U0CSR |= 0x80;                  //配置通信参数采用 VART 模式
  U0BAUD = 216;
  U0GCR = 10;                     //设置波特率为 57 600 b/s
  U0UCR |= 0x80;                  //打开 UART0 读中断使能
  UTX0IF = 0;                     //清零 UART0 TX 中断标志
  EA = 1;                         //使能全局中断
}

//串口发送字节数据
void UART0SendByte(unsigned char c)
{
  U0DBUF = c;                     //给串口 0 写入数据,即发送数据
  while (!UTX0IF);                //等待 TX 中断标志,即 U0DBUF 就绪
```

```
  UTX0IF = 0;                //清零 TX 中断标志
}
//串口发送字符串
void UART0SendString(unsigned char *str)
{
  while(*str != '\0')
  {
    UART0SendByte(*str++);    // 发送一个字节
  }
}
//main 函数入口
void main(void)
{
  //初始化 I/O 口配置寄存器及 I/O 口
  P1SEL &= ~0x03;
  P0SEL &= ~0x20;

  P0DIR&=0XDF;
  P1DIR |= 0x03;
  LED1 = 1;
  //初始化系统时钟
  CLKCONCMD &= 0x80;
  while(CLKCONSTA != CLKCONCMD);
  //初始化看门狗定时器
  WDCTL = 0x00;
  WDCTL |= 0x0D; //启动看门狗定时器模式，定时周期为 0.25 s
  IEN2|=0X20;
  initUART0();   //UART0 初始化
  EA = 1;
  while(1);
}
//看门狗中断服务子程序
#pragma vector = WDT_VECTOR
__interrupt void WDT_INT()
{
    EA=0;
    WDTIF = 0;
    counter++;
    if(DATA_PIN==0)
    {
        LED1=1;
    }
    else//有人
    {
        LED1=0;
    }
    if(counter>=40)            //每隔 10s 向串口发送一次信息
    {
```

```
        counter=0;
        LED2=0;
        if(DATA_PIN ==1)
        {
          UART0SendString("无人通行,请关灯\n");
          UART0SendString("节约用电,人人有责\n");
        }
        else
        {
          UART0SendString("有人通行,请开灯\n");
          UART0SendString("节约用电,人人有责\n");
        }
        LED2=1;
      }

      EA=1;
}
```

打开串口助手，根据计算机串口连接情况，选择正确串口号。如果使用 USB 转串口线连接，则需要安装好驱动程序，通过计算机的设备管理器查找出正确的串口号。选择正确的串口参数，波特率为 57 600 b/s，无奇偶校验，1 位停止位。

计算机串口调试过程如图 5.4.4 所示。

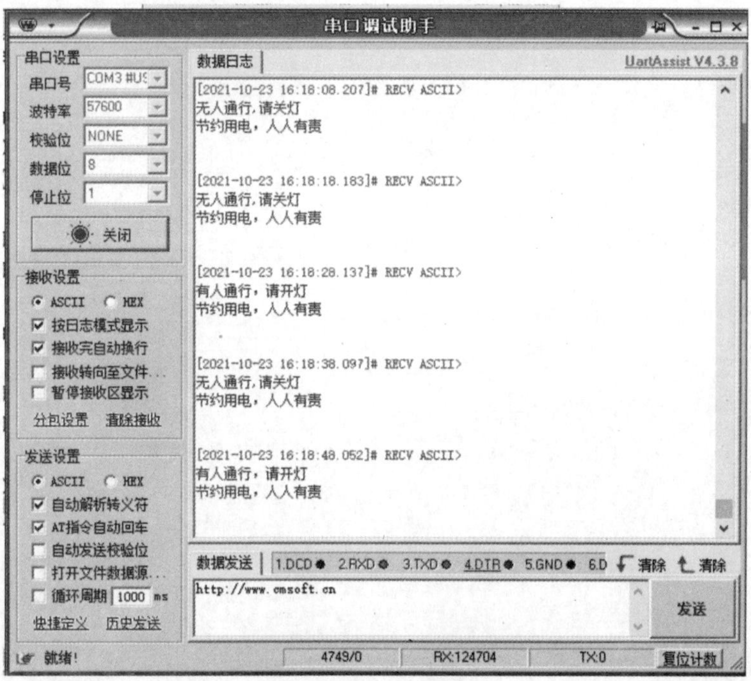

图 5.4.4　人体采集数据

通过串口助手，可以观察 PC 是间隔 10 s 接收一次数据。当传感器检测到有人时，接收信息为“有人通行，请开灯”“节约用电，人人有责”；当检测到无人时，接收信息为“无人通行，请关灯”“节约用电，人人有责”。

六、拓展训练

红外对射是利用发射端和接收端是否有阻挡来报警。若传感器采用红外对射模块，编程如何实现？

七、启发与思考

将本任务改为使用定时器 1 定时采集人体红外传感器数据，并以 5 s 为时间间隔向串口发送数据。

项目六 智慧工厂无线监测系统

动画 项目六 智慧工厂无线监测系统

实训教学 基于 Basic RF的控制报警系统开发

任务 6.1 基于 Basic RF 的控制报警系统开发

学习型任务单	任务 6.1 基于 Basic Rf 的控制报警系统开发

【任务描述】

某工厂为了提高生产管理效率，利用无线通信技术对企业的管理实现集成化、统一化。本开发任务围绕智慧工厂无线监测系统进行组网开发，这可以由网关节点通过按键采用 Basic RF 发送数据与子节点进行通信，子节点则根据要求完成对本节点上 LED 灯光的控制来实现。具体工作方式如下：

（1）通电后，子节点 LED 熄灭。

（2）I/O 口初始化，Basic RF 初始化。

（3）网关节点通过按键向子节点传送命令。

（4）子节点接收命令。

（5）子节点转换 LED 灯光状态。

（6）返回步骤（3）循环执行。

【任务目标】

通过实现网关节点对子节点的无线控制的例子学习 ZigBee 无线通信的流程及 Basic Rf 点对点通信的工作机制，掌握点对点通信编程技巧。主要目标包括：

（1）具有无线射频通信技术点对点通信的系统阅读技能。

（2）能编写程序，实现网关节点通过无线射频通信技术点对点通信完成对子节点的控制。

【素养目标】

（1）培养学生在工作现场的 6S 意识和用电安全意识。

（2）爱惜工具，注意场地整洁。

（3）具备积极、主动的探索精神。

【任务要求】

（1）通过学习，掌握以下知识点：

① 熟悉无线发送和接收函数。

② 理解发送地址和接收地址、PAN_ID、RF_CHANNEL 等概念。

③ 了解 Basic RF、board、common 等驱动文件的作用。

④ 了解 ZigBee 组网通信的主要参数及特性。

⑤ 熟悉点对点通信 Basic RF 的组织架构。

（2）基于 Basic RF 点对点通信，编程实现控制报警系统的应用开发。通过学习，掌握以下技能点：

① 能够使用 Basic RF 的运行机制。

② 应用 Basic RF 的主要射频接口函数的技能。

（3）拓展训练。

【学习总结】

一、相关知识

微课 6.1 无线通信基础知识

（一）无线通信 ZigBee 基础知识

ZigBee 一词源自蜜蜂群在发现花粉位置时，通过跳 ZigZag 形舞蹈来告知同伴，达到交换信息的目的，可以说是一种小动物实现“无线”沟通的方式。人们借此来称呼一种专注于低功耗、低成本、低复杂度、低速率的近程无线网络通信技术。ZigBee 联盟成立于 2001 年 8 月，2002 年下半年英国 Invensys 公司、日本三菱电气公司、美国摩托罗拉公司以及荷兰飞利浦半导体公司等加盟 ZigBee 联盟，这一事件成为 ZigBee 技术的里程碑。到目前为止，加盟 ZigBee 联盟的不仅仅只有当初的四大公司，而是涵盖了 IT 领域以及其他行业的多家企业。

ZigBee 一词主要包含了三层含义：首先，ZigBee 是一种协议，它是基于 IEEE802.15.4（低速率无线个人局域网，Low Rate Wireless Personal Area Networks，LR-WPAN）标准的低功耗个人局域网协议；其次，也是人们常说的 ZigBee 技术，IEEE802.15.4 标准协议规定了 ZigBee 技术是一种短距离、低功耗的无线通信技术；最后，ZigBee 还代表了一种微控器，目前市面上用得最多的就是 TI 公司的 CC2530。

1. ZigBee 的性能和技术特性分析

1）ZigBee 频带和 PANID

ZigBee 无线可使用的频段有 3 个，分别是 2.4 GHz 的 ISM 频段、欧洲的 868 MHz 频段以及美国的 915 MHz 频段，各频段可使用的信道数不同，如图 6.1.1 所示。在中国，ZigBee 采用 2.4 GHz 的 ISM 频段，是免申请和免使用费的频段，该频段具有 16 个信道，分布在 2.405 ~ 2.480 GHz，信道间隔为 5 MHz，带宽为 250 KHz，具有很强的信道抗串扰能力。ZigBee 无线可使用的频段及特性如图 6.1.1 所示。

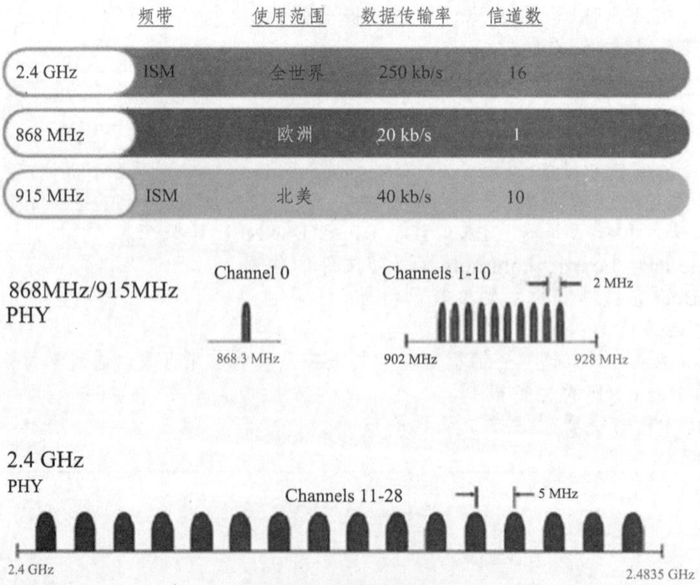

图 6.1.1　ZigBee 无线可使用的频段及特性

每个 PAN(Personal Area Networks，个域网)都有一个独立的 ID 号，即称为 PANID，整个个域网中的所有设备共享同一个 PANID。Zigbee 设备的 PANID 可以通过程序预先指定，也可以在设备运行期间自动加入到一个附近的 PAN 中。

2）无线网络标准的比较

由表 6.1.1 可知，ZigBee 无线传输带宽在 20 ~ 250 KB/s 范围，适合传感器数据采集和控制数据的传输。其特有的低功耗设计，可以保证电池工作很长时间。

表 6.1.1 ZigBee 与其他标准的对比

市场名标准	GPRS/GSMlxRTT/CDMA	Wi-Fi™ 802.11b	Bluetooth™ 802.15.1	ZigBee™ 802.15.4
应用重点	广阔范围 声音 & 数据	Web, Email, 图像	电缆替代品	监测 & 控制
系统资源	16 MB+	1 MB+	250 KB+	4 ~ 32 KB
电池寿命/天	1 至 7	0.5 至 5	1 至 7	100 至 1 000+
网络大小	1	32	7	255/65 000
带宽/(kB/s)	64 ~ 128$^+$	11.000	720	20 ~ 250
传输距离/m	1000$^+$	1 ~ 100	1 ~ 10$^+$	1 ~ 100$^+$
成功尺度	覆盖面大，质量好	速度快，灵活性好	价格便宜，方便	可靠，低功耗，价格便宜

同时，ZigBee 无线可以组建大规模网络，网络节点容量达到 65 535 个，具有非常强大的组网优势。

3）ZigBee 技术优势

ZigBee 是一种新兴的短距离、低功耗、低数据速率、低成本、低复杂度的无线网络技术。它有 IEEE802.15.4 强有力的无线物理层所规定的全部优点：省电、简单、成本低。同时，ZigBee 增加了逻辑网络、网络安全和应用层，主要应用于无线数据采集、无线工业控制、消费性电子设备、汽车自动化、家庭和楼宇自动化、医用设备控制、远程网络控制等领域，有以下技术优势：

（1）短距离。传输范围一般介于 10 ~ 100 m，在增加 RF 发射功率后，可增加到 1 ~ 3 km。这指的是相邻节点间的距离，如果通过路由和节点间通信的接力，传输距离可以更远。

（2）低功耗。在低耗电待机模式下，2 节 5 号干电池可支持 1 个节点工作 6 ~ 24 个月，甚至更长，这是 ZigBee 的突出优势。相比较，蓝牙能工作数周、WiFi 可工作数小时。

（3）低速率。数据传输速率只有 10 ~ 250 kb/s，专注于低速数据传输应用。

（4）低成本。通过大幅简化协议（不到蓝牙的 1/10），降低了对通信控制器的要求。

以 8051 的 8 位微控制器测算，全功能的主节点需要 32 KB 代码，子功能节点少至 4 KB 代码，而且 ZigBee 免协议专利费，每块芯片的价格大约为 2 美元。

（5）短时延。ZigBee 的响应速度较快，一般从睡眠转入工作状态只需 15 ms，节点连接进入网络只需 30 ms，进一步节省了电能。相比较，蓝牙需要 3 ~ 10 s、Wi-Fi 需要 3 s。

（6）高容量。ZigBee 可采用星状、片状和网状网络结构，由一个主节点管理最多 254 个子节点。同时主节点还可由上一层网络节点管理，最多可组成 65 000 个节点的大网络。

（7）高安全。ZigBee 提供了三级安全模式，包括无安全设定、使用接入控制清单（ACL）防止非法获取数据以及采用高级加密标准（AES128）的对称密码，以灵活确定其安全属性。

（8）工作频段灵活。使用的频段分别为全球的 2.4 GHz ISM 频段（16 个信道）、欧洲的 868 MHz 频段（1 个信道），以及美国的 915 MHz 频段（10 个信道），均为免执照频段。

2. ZigBee 网络的设备类型

ZigBee 网络支持两种功能类型的网络节点：全功能器件（Full Function Device，FFD）和精简功能器件（Reduce Function Device，RFD）。

全功能器件拥有完整的协议功能，在网络中可以作为协调器（Coordinator）、路由器（Router）和普通节点（Device）。而精简功能器件旨在实现最简单的协议功能而设计，只能作为普通节点存在于网络中。全功能器件可以与精简功能器件或其他的全功能器件通信，而精简功能器件只能与全功能器件通信，精简功能器件之间不能直接通信。

3. ZigBee 网络节点类型

ZigBee 网络包含三种节点类型：ZigBee 协调器（ZigBee Coordinator，ZC）、ZigBee 路由器（ZigBee Router，ZR）和终端设备（ZigBee End Device，ZED）。

协调器 ZC 只能是全功能器件 FFD。一个 PAN 的网络中，至少要有一个协调器，它可以看作是一个 PAN 的网关节点（SINK 节点）。它是网络建立的起点，负责 PAN 网络的初始化，确定 PAN 的 ID 号和 PAN 操作的物理信道并统筹短地址分配，充当信任中心和储存安全密钥，与其他网络的连接等。同时协调器还可以初始化、终止和转发网络消息。

注：在任何一个拓扑网络上，所有设备都有一个唯一的 64 位 IEEE 长地址，该地址可以在 PAN 中用于直接通信。协调器在加入网络之后获得一定的短地址空间，在这个空间内，它有能力允许其他节点加入网络，并分配 16 位短地址给节点。因此在设备发起连接时采用的是 64 位 IEEE 长地址，只有连接成功后以及系统分配了 PAN 的标志符后，才能采用 16 位的短地址来通信。

路由器 ZR 可以只运行一个存放有路由协议的精简协议栈，负责网络数据的路由，实现数据中转功能，其主要功能是允许设备加入网络以及扩展网络覆盖范围。

在网络中最基本的节点就是终端节点 ZED，一个终端节点可以是 FFD 或者 RFD，主要负责数据的采集。

ZigBee 网络拓扑结构比较流行的有三种：星状网络（Star）、簇状网络（Cluster）、网状网络（Mesh）。

（二）简单无线点对点传输协议——Basic RF

简单无线点对点传输协议（Basic RF）由 TI 公司提供，它包含了 IEEE 802.15.4 标准的数据包的收发。该协议只是用于演示无线设备是如何进行数据传输的，不包含完整功能的协议。它采用了与 IEEE 802. 15. 4 MAC 兼容的数据包结构及 ACK 包结构，部分功能限制如下：

（1）不提供“多跳”“设备扫描”功能。

（2）不提供多种网络设备，如协调器、路由器等。所有节点同级，只能实现点对点传输。

（3）传输时会等待信道空闲，但不按 IEEE 802.15.4 CSMA-CA 要求进行两次 CCA 检测。

（4）不重传数据。

因此，Basic RF 是简单的无线点对点传输协议，可用来进行无线数据传输的入门学习。Basic RF 软件组织结构较为复杂，如图 6.1.2 所示。

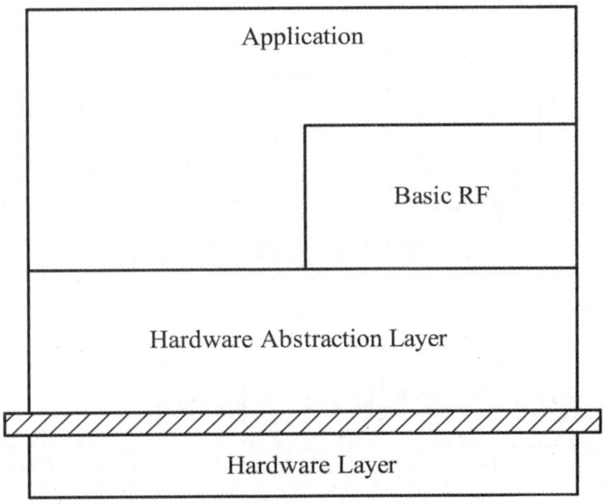

图 6.1.2　Basic RF 软件组织结构

Hardware layer：硬件层，最底层的硬件设备，是实现数据传输的基础。

Hardware Abstraction Layer：硬件抽象层，提供了访问 TIMER、GPIO、UART、ADC 等的接口，这些接口都通过相应的函数进行实现。

Basic RF Layer：无线传输层，为双向无线传输提供一种简单的协议。

Application Layer：用户应用层，是用户使用 Basic RF 层和 HAL 的接口。我们只需通过 Application Layer 就可以使用到封装好的 Basic RF 层和 HAL 层的函数。工程中 Basic Rf 架构如图 6.1.3 所示。

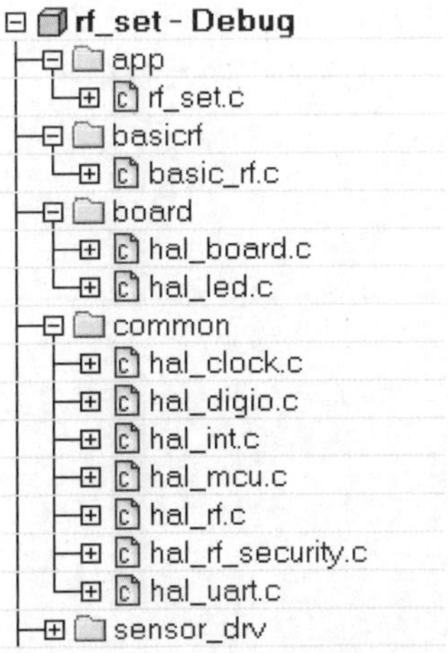

图 6.1.3　工程中的 Basic Rf 架构

二、任务实施

微课 6.2 点对点通信控灯案例

（一）功能要求

通过按下网关节点的 SW1（按键 SW1 接在 P0_1 口）发送命令，控制子节点转换 LED 灯（LED 接在 P1_0 口）的亮灭状态，如图 6.1.4 所示。

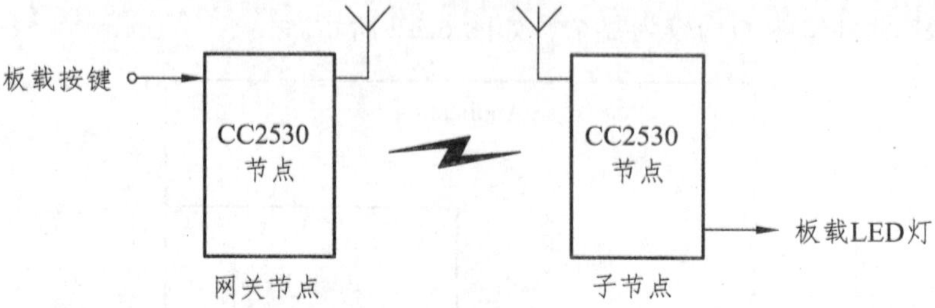

图 6.1.4　系统示意图

（二）设计思路

根据任务要求，主从节点的流程图如图 6.1.5 所示。

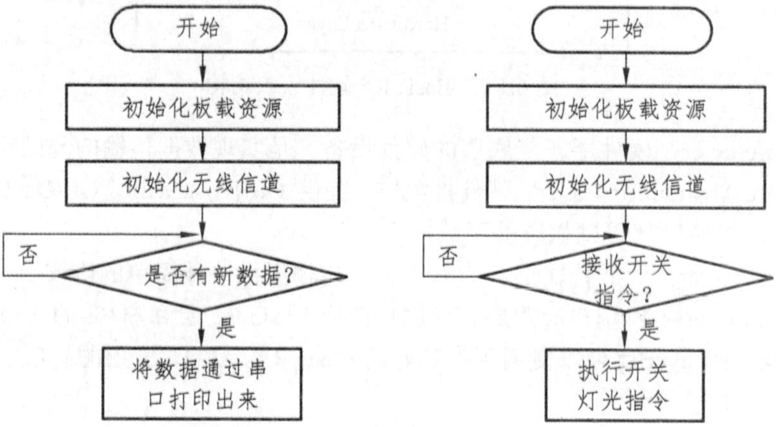

（a）网关节点　　（b）子节点

图 6.1.5　开发流程图

（三）关键代码

在代码中引用头文件如下：

```
#include "hal_defs.h"
#include "hal_cc8051.h"
#include "hal_int.h"
#include "hal_mcu.h"
#include "hal_board.h"
#include "hal_led.h"
#include "hal_rf.h"
#include "basic_rf.h"
#include "hal_uart.h"
```

```
#include "sensor_drv/sensor.h"
#include "stdio.h"
#include "string.h"
#include "stdarg.h"
```

1. Basic RF 无线通信初始化函数

函数功能：初始化 ZigBee 模块的硬件外设，配置 I/O 端口，设置无线通信的网络 ID、信道、接收和发送模块地址、安全加密等参数。在 basicrf——basic_rf.h 文件中可以找到初始化函数 basicRf_Init，以及已编写好的 basicRfCfg_t 数据结构的定义。

```
static basicRfCfg_t basicRfConfig;
void ConfigRf_Init(void)
{
    basicRfConfig.panId          =   PAN_ID;
    basicRfConfig.channel        =   RF_CHANNEL;
    basicRfConfig.myAddr         =   MY_ADDR;
    basicRfConfig.ackRequest     =   TRUE;
    while(basicRfInit(&basicRfConfig) == FAILED);
    basicRfReceiveOn();
}
```

接下来我们对结构体填充参数即可，在此我们采用了宏定义的方式：

```
/*****网关节点 点对点通信地址设置******/
#define RF_CHANNEL          24          //频道 11～26
#define PAN_ID              0x8004      //网络 ID
#define MY_ADDR             0x1111      //本机模块地址
#define SEND_ADDR           0x2222      //发送地址
/*****子节点 点对点通信地址设置******/
#define RF_CHANNEL          24          //频道 11～26
#define PAN_ID              0x8004      //网络 ID
#define MY_ADDR             0x2222      //本机模块地址
#define SEND_ADDR           0x1111      //发送地址
```

特别注意，由于主从节点要相互通信，因此两个节点的本机地址与发送地址相反，而频道和 PANID 则保持一致。

2. Basic RF 数据收发函数

动画 千里之堤，毁于蚁穴

网关节点发送数据时，需要完成两个任务：一是创建一个 buffer，把 payload 放入其中；二是调用 basicRfSendPacket()函数发送数据。

```
basicRfSendPacket(uint16 destAddr, uint8* pPayload, uint8 length);
```

destAddr：发送的目标地址，即接收模块的地址。

pPayload：指向发送缓冲区的地址，该地址的内容是将要发送的数据。

length：发送数据长度，单位是字节。

子节点接收数据时，同样需要完成两个任务：一是检查是否收到一个新的数据包，使用到函数 basicRfPacketIsReady()；二是将接收的数据复制到定义好的 pRxData 中，使用到函数 basicRfReceive()。

```
basicRfReceive(uint8* pRxData, uint8 len, int16* pRssi);
```

pRxData：接收数据缓冲区。

len：接收数据长度。

pRssi：说明无线信号强度，它与模块的发送功率以及天线的增益有关。

以上为主要用到的函数，除此之外，还有数据帧结构以及是否加密的相关函数等。

3. 主程序代码

网关节点通过按键 SW1 向从节点发送命令，从节点接收到命令后控制 LED 灯的亮灭。主程序代码具体如下：

```
网关节点：
void main()
{
    halBoardInit();         //硬件初始化
    ConfigRf_Init();        //网络初始化
    //初始化 sw1
    P1SEL&= ~ 0x02;
    P1DIR&=-0x02;           //输入
    uint8 fs[128];          //定义发送信号
    fs[0] = 0;              //将发送信号初始化为 0
    while(1)
    {
      if(!sw1)              //判断按钮是否按下
      {
         while(!sw1);       //等待按键释放
         fs[0] = !fs[0];    //将发送信号取反
         basicRfSendPacket(SEND_ADDR, fs, 1);      //通过射频发送数据
      }
    }
}
```

```
子节点：
void main(void)
{
    halBoardInit();         //硬件初始化
    ConfigRf_Init();        //网络初始化
    //初始化 LED
    P1SEL&= ~ 0x01;
    P1DIR|=0x01;            //输出
    LED=1;                  //关闭灯
```

```
    uint8 js[128];              //定义接收信号
    js[0] = 0;                  //将接收信号初始化为 0
    while(1)
    {
      if(basicRfPacketIsReady())                    //判断是否接收到数据
      {
        basicRfReceive(js, SEND_ADDR, NULL);        //将接收的数据放在变量 js 中
        LED = !js[0];                               //开关灯
      }
    }
}
```

（四）工程配置及程序烧写

工程配置及烧写步骤详见附录二。

在此处需要特别注意的是，由于工程中有网关节点（master.c）和子节点（slaver.c）两个主程序，因此，在编译前需分别排除另一个主程序。排除子节点（slaver.c）的具体操作如下：

如图 6.1.6 所示，在 IAR 中展开 app 组， workspace 下选择“task6.1”，左击选择“slaver.c”，然后右击“slaver.c”，弹出菜单中点击“Options…”。在弹出的窗口中，勾选“Exclude from build”，如图 6.1.7 所示，最后点击“OK”保存。

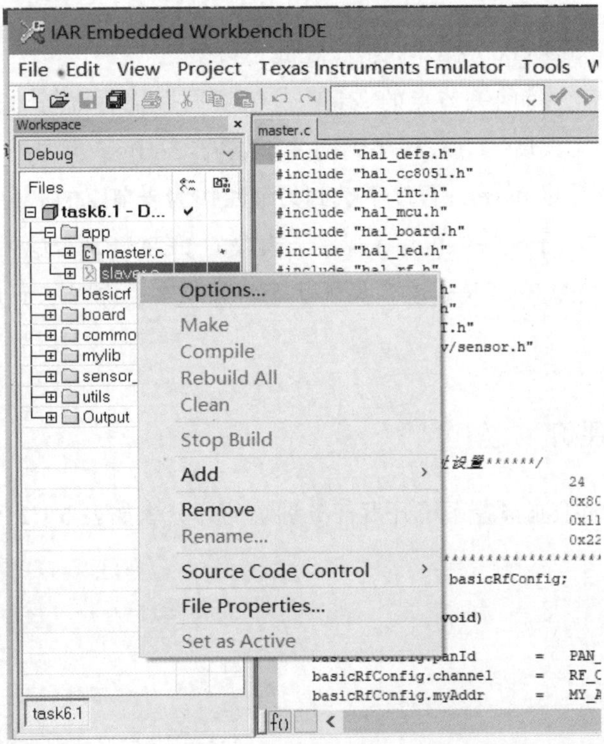

图 6.1.6　在 task6.1 工作空间中排除编译“slaver.c”

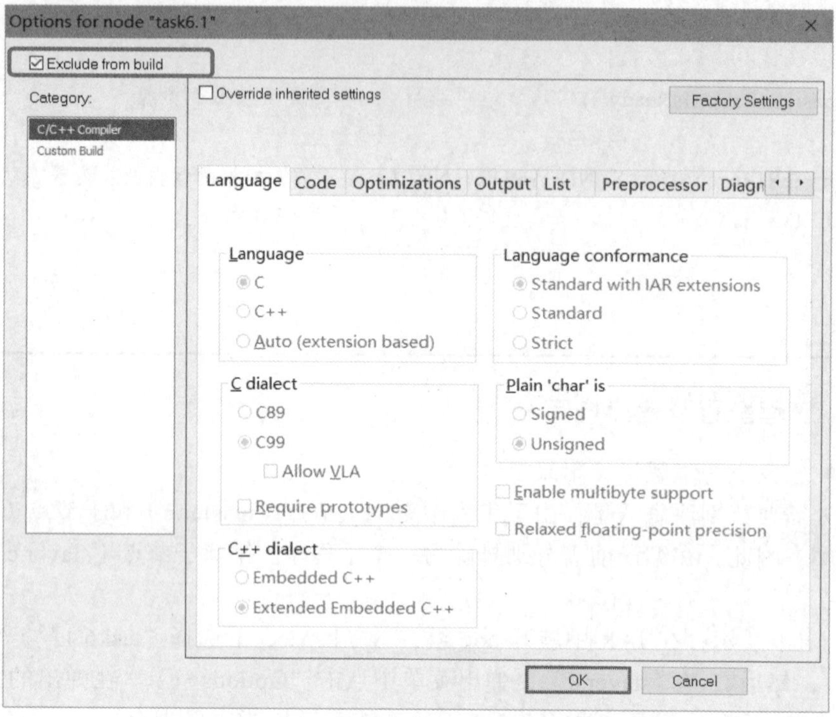

图 6.1.7　勾选“Exclude from build”

排除网关节点（master.c）操作同上，在此不再赘述。

工程配置完毕后，将网关节点的 ZigBee 模块通过烧写线与计算机相连，排除掉 slaver.c 并编译程序无误后，下载程序到网关节点的 ZigBee 模块中。类似地，排除掉 master.c 后，将编译后的 slaver.c 程序下载到另一块作为子节点的 ZigBee 模块中。

最后将网关模块与子模块供电后，观察子模块的 LED 灯是否熄灭；按下网关模块的 SW1 键，观察子模块的 LED 是否改变亮灭状态。如果有，说明基于 Basic RF 的无线数据已发送成功。

三、考核与评价

基于 Basic RF 的控制报警系统开发任务训练的评分表如表 6.1.2 所示。

表 6.1.2　基于 Basic RF 的控制报警系统开发任务训练评分表

一级指标	二级指标	分值	内容及扣分原因	单项分值	得分
训练过程（80%）	计划与准备	10	做好测试前的准备，不进行清点接线、设备、材料等操作每项扣除 2 分	5	
			带电拔插元器件每次扣除 1 分	5	
	电路分析	10	CC2530 引脚功能	5	
			主从节点的工作模式	5	
	代码设计	40	正确建立工程	5	
			编写流程图	5	
			程序设计，包括引用头文件、初始化 IO、初始化 BasicRf、主从节点发送及接收数据程序、主程序设计等	30	
	职业素养	10	编程过程中及结束后，桌面及地面不符合 7S 基本要求的每项扣除 3～5 分	10	
		10	浪费耗材，不爱惜工具，每项扣除 3 分；损坏工具、设备扣除本大项的 20 分；发生严重违规操作或作弊，取消成绩	10	
训练结果（20%）	实作结果及质量	20	工艺和功能验证	10	
			撰写考核记录报告	10	
总计		100			

四、任务小结

无线通信四要素：本机地址、发送地址、信道编号、PANID。

信道编号取值为 11～26。

一个网络只有一个 PANID。

收发双方节点的本机地址与发送地址相反，信道编号与 PANID 保持一致。

Basic RF 常用射频接口函数包括初始化函数、发送函数、查询新数据函数、接收数据函数。

【思政小课堂】

源于生活，应用于生活

在讲解“点对点”通信时，如同在面对新冠疫情时，我国政府迅速响应，通过信息技术进行精准防疫。以成都为例，通过天府健康通大数据追踪黄、红码持有者，当个人的电话号码与确诊号码在同一时空网格（范围是 800 m×800 m）共同停留超过 10 分钟，且最近 14 天任一方号码累计停留时长超过 30 小时，查出的号码即为“时空伴随号码”。个人的绿色健康码就会变成带有警告性质的黄色码，并被系统标记为“时空伴随”者。鼓励学生学以致用，将自己所学专业知识合理运用于祖国建设，由此挖掘青年一代爱国护国“使命感”，以此为动力，奋发图强，精益求精，刻苦努力，肩负起建设祖国的重任。

五、参考代码

```
网关节点：master.c
#include "hal_defs.h"
#include "hal_cc8051.h"
#include "hal_int.h"
#include "hal_mcu.h"
#include "hal_board.h"
#include "hal_led.h"
#include "hal_rf.h"
#include "basic_rf.h"
#include "hal_uart.h"
#include "sensor_drv/sensor.h"
#include "stdio.h"
#include "string.h"
#include "stdarg.h"
/* 定义按钮*/
#define sw1 P0_1
/*****点对点通信地址设置******/
#define RF_CHANNEL                    24          //频道 11~26
#define PAN_ID                        0x8004      //网络 ID
#define MY_ADDR                       0x1111      //本机模块地址
#define SEND_ADDR                     0x2222      //发送地址
/**************************************************/
static basicRfCfg_t basicRfConfig;
// 无线 RF 初始化
void ConfigRf_Init(void)
{
    basicRfConfig.panId        =  PAN_ID;
    basicRfConfig.channel      =  RF_CHANNEL;
    basicRfConfig.myAddr       =  MY_ADDR;
    basicRfConfig.ackRequest   =  TRUE;
    while(basicRfInit(&basicRfConfig) == FAILED);
    basicRfReceiveOn();
}

/********************MAIN************************/
void main()
{
    halBoardInit();
    ConfigRf_Init();
    //初始化 sw1
    P0SEL&=~0x02;
    P0DIR|=-0x02;
    uint8 fs[128];          //定义发送信号
    fs[0] = 0;              //将发送信号初始化为 0
    while(1)
    {
```

```
        if(!sw1)                //判断按钮是否按下
        {
            while(!sw1);        //等待按键释放
            fs[0] = !fs[0];     //将发送信号取反
            basicRfSendPacket(SEND_ADDR,fs,1); //通过射频发送数据
        }
    }
}
```

```
子节点：slaver.c
#include "hal_defs.h"
#include "hal_cc8051.h"
#include "hal_int.h"
#include "hal_mcu.h"
#include "hal_board.h"
#include "hal_led.h"
#include "hal_rf.h"
#include "basic_rf.h"
#include "hal_uart.h"
#include "sensor_drv/sensor.h"
#include "stdio.h"
#include "string.h"
#include "stdarg.h"
/* 定义灯与按钮*/
#define LED P1_0
/*****点对点通信地址设置******/
#define RF_CHANNEL              24          //频道 11~26
#define PAN_ID                  0x8004      //网络 ID
#define MY_ADDR                 0x2222      //本机模块地址
#define SEND_ADDR               0x1111      //发送地址
/**************************************************/
static basicRfCfg_t basicRfConfig;
// 无线 RF 初始化
void ConfigRf_Init(void)
{
    basicRfConfig.panId         =   PAN_ID;
    basicRfConfig.channel       =   RF_CHANNEL;
    basicRfConfig.myAddr        =   MY_ADDR;
    basicRfConfig.ackRequest    =   TRUE;
    while(basicRfInit(&basicRfConfig) == FAILED);
    basicRfReceiveOn();
}
/*******************MAIN***********************/
void main()
{
    halBoardInit();
    ConfigRf_Init();
    //初始化灯
    P1SEL&=~0x01;
```

```
        P1DIR|=0x01;
        LED=1; //关闭灯
        uint8 js[128];              // 定义接收信号
        js[0] = 0;                  //将接收信号初始化为 0
        while(1)
        {
          if(basicRfPacketIsReady())                        //判断是否接收到数据
          {
            basicRfReceive(js,SEND_ADDR,NULL);        //将接收的数据放在变量 js 中
            LED = !js[0];                                 //开关灯
          }
        }
}
```

六、拓展训练

微课 6.3 光照传感器远程控灯

（1）甲节点接光敏传感器，乙节点接 LED 灯。编程实现甲节点上光敏传感器在采集到不同灯光时对乙节点 LED 实现控制亮灭。

（2）编程实现网关节点与子节点分别对子节点的 LED 灯的控制。网关节点的 SW1 控制子节点的 LED1，子节点的 SW2 控制子节点的 LED2。

提示：该扩展训练在完成任务 6.1 的基础上，增添了 ZigBee 模块对本身节点的控制。因此，只需要在子节点部分增加按键检测及操作 LED 灯开关即可。参考代码如下：

```
网关节点
master.c
#include "hal_defs.h"
#include "hal_cc8051.h"
#include "hal_int.h"
#include "hal_mcu.h"
#include "hal_board.h"
#include "hal_led.h"
#include "hal_rf.h"
#include "basic_rf.h"
#include "hal_uart.h"
#include "sensor_drv/sensor.h"
#include "stdio.h"
#include "string.h"
#include "stdarg.h"
/* 定义按钮*/
#define SW1 P0_1
/*****点对点通信地址设置******/
#define RF_CHANNEL                  24          //频道 11～26
#define PAN_ID                      0x8004      //网络 ID
#define MY_ADDR                     0x1111      //本机模块地址
#define SEND_ADDR                   0x2222      //发送地址
/**************************************************/
static basicRfCfg_t basicRfConfig;
```

```
// 无线 RF 初始化
void ConfigRf_Init(void)
{
    basicRfConfig.panId         =   PAN_ID;
    basicRfConfig.channel       =   RF_CHANNEL;
    basicRfConfig.myAddr        =   MY_ADDR;
    basicRfConfig.ackRequest    =   TRUE;
    while(basicRfInit(&basicRfConfig) == FAILED);
    basicRfReceiveOn();
}

/*******************MAIN***********************/
void main()
{
    halBoardInit();
    ConfigRf_Init();
    //初始化 sw1
    P0SEL&= ~ 0x02;
    P0DIR|=-0x02;
    uint8 fs[128];            //定义发送信号
    fs[0] = 0;                //将发送信号初始化为 0
    while(1)
    {
        if(!SW1)              //判断按钮是否按下
        {
          while(!SW1);        //等待按键释放
          fs[0] = !fs[0];          //将发送信号取反
          basicRfSendPacket(SEND_ADDR, fs, 1);     //通过射频发送数据
        }
    }
}
```

```
子节点
slaver.c
#include "hal_defs.h"
#include "hal_cc8051.h"
#include "hal_int.h"
#include "hal_mcu.h"
#include "hal_board.h"
#include "hal_led.h"
#include "hal_rf.h"
#include "basic_rf.h"
#include "hal_uart.h"
#include "sensor_drv/sensor.h"
#include "stdio.h"
#include "string.h"
#include "stdarg.h"
/* 定义灯与按钮*/
#define LED1 P1_0
```

```
#define LED2 P1_1
#define SW2    P2_0

/*****点对点通信地址设置******/
#define RF_CHANNEL                  24          //频道 11~26
#define PAN_ID                      0x8004      //网络 ID
#define MY_ADDR                     0x2222      //本机模块地址
#define SEND_ADDR                   0x1111      //发送地址
/*************************************************/
static basicRfCfg_t basicRfConfig;
// 无线 RF 初始化
void ConfigRf_Init(void)
{
    basicRfConfig.panId         =   PAN_ID;
    basicRfConfig.channel       =   RF_CHANNEL;
    basicRfConfig.myAddr        =   MY_ADDR;
    basicRfConfig.ackRequest    =   TRUE;
    while(basicRfInit(&basicRfConfig) == FAILED);
    basicRfReceiveOn();
}
/*******************MAIN***********************/
void main(void)
{
    halBoardInit();
    ConfigRf_Init();

    //初始化灯和按键
    P1SEL&=~0x03;
    P1DIR|=0x03;
    P2SEL&=~0x01;
    P2DIR|=-0x01;
    //关闭灯
    LED1=1;
    LED2=1;
    uint8 js[128];          //定义发接收信号
    js[0]=0;                //将接收信号初始化为 0
    while(1)
    {
      if(basicRfPacketIsReady())                    //判断是否接收到数据
      {
        basicRfReceive(js, SEND_ADDR, NULL);    //将接收的数据放在变量 js 中
        LED1 = !js[0];                              //开关灯
      }
      if(!SW2)              //判断按钮是否按下
      {
          while(!SW2);      //等待按键释放
          LED2 = !LED2;     //开关灯操作
      }
    }
}
```

（3）编程实现网关节点与子节点的双向控制。网关节点与子节点的 SW1 分别控制对方节点的 LED1。

提示：本任务在完成任务 6.1 的基础上，新添加子节点的数据发送、网关节点的数据接收及控制。

参考代码：

```
网关节点:master.c
#include "hal_defs.h"
#include "hal_cc8051.h"
#include "hal_int.h"
#include "hal_mcu.h"
#include "hal_board.h"
#include "hal_led.h"
#include "hal_rf.h"
#include "basic_rf.h"
#include "hal_uart.h"
#include "sensor_drv/sensor.h"
#include "stdio.h"
#include "string.h"
#include "stdarg.h"
/* 定义灯与按钮*/
#define sw1 P0_1
#define LED1 P1_0
/*****点对点通信地址设置******/
#define RF_CHANNEL                24          // 频道 11~26
#define PAN_ID                    0x8004      //网络 ID
#define MY_ADDR                   0x1111      //本机模块地址
#define SEND_ADDR                 0x2222      //发送地址
/**************************************************/
static basicRfCfg_t basicRfConfig;
// 无线 RF 初始化
void ConfigRf_Init(void)
{
    basicRfConfig.panId         =   PAN_ID;
    basicRfConfig.channel       =   RF_CHANNEL;
    basicRfConfig.myAddr        =   MY_ADDR;
    basicRfConfig.ackRequest    =   TRUE;
    while(basicRfInit(&basicRfConfig) == FAILED);
    basicRfReceiveOn();
}
/*******************MAIN************************/
void main(void)
{
    halBoardInit();
    ConfigRf_Init();

    //初始化 sw1 和 led1
    P0SEL&=~0x02;
```

```
    P0DIR|=-0x02;
    P1SEL&=~0x01;
    P1DIR|=0x01;
    LED1=1; //关闭所有灯
    uint8 fs[128],js[128];            // 定义发送/接收信号
    fs[0] = 0; js[0]=0;               //将发送/接收信号初始化为 0
    while(1)
    {
      if(!sw1)               //判断按钮是否按下
      {
          while(!sw1);       //等待按键释放
          fs[0] = !fs[0];  //将发送信号取反
          basicRfSendPacket(SEND_ADDR,fs,1);     //通过射频发生数据
      }
      if(basicRfPacketIsReady())                    //判断是否接收到数据
      {
        basicRfReceive(js,SEND_ADDR,NULL);  //将接收的数据放在变量 js 中
        LED1 = js[0];                               //开关灯
      }
    }
}
```

```
子节点:slaver.c
#include "hal_defs.h"
#include "hal_cc8051.h"
#include "hal_int.h"
#include "hal_mcu.h"
#include "hal_board.h"
#include "hal_led.h"
#include "hal_rf.h"
#include "basic_rf.h"
#include "hal_uart.h"
#include "sensor_drv/sensor.h"
#include "stdio.h"
#include "string.h"
#include "stdarg.h"
/* 定义灯与按钮*/
#define sw1 P0_1
#define LED1 P1_0
/*****点对点通信地址设置******/
#define RF_CHANNEL              24          // 频道 11~26
#define PAN_ID                  0x8004      //网络 ID
#define MY_ADDR                 0x2222      //本机模块地址
#define SEND_ADDR               0x1111      //发送地址
/***************************************************/
static basicRfCfg_t basicRfConfig;
// 无线 RF 初始化
void ConfigRf_Init(void)
```

```
{
    basicRfConfig.panId          =    PAN_ID;
    basicRfConfig.channel        =    RF_CHANNEL;
    basicRfConfig.myAddr         =    MY_ADDR;
    basicRfConfig.ackRequest     =    TRUE;
    while(basicRfInit(&basicRfConfig) == FAILED);
    basicRfReceiveOn();
}
/*******************MAIN***********************/
void main(void)
{
    halBoardInit();
    ConfigRf_Init();
   //初始化 sw1 和 led1
    P0SEL&=~0x02;
    P0DIR|=-0x02;
    P1SEL&=~0x01;
    P1DIR|=0x01;
    LED1=1; //关闭灯
    uint8 fs[128], js[128];          // 定义发送/接收信号
    fs[0] = 0; js[0]=0;              //将发送/接收信号初始化为 0
    while(1)
    {
      if(basicRfPacketIsReady())                //判断是否接收到数据
      {
        basicRfReceive(js,SEND_ADDR,NULL);   //将接收的数据放在变量 js 中
        LED1 = js[0];                           //开关灯
      }
      if(!sw1)              //判断按钮是否按下
      {
         while(!sw1);       //等待按键释放
         fs[0] = !fs[0];    //将发送信号取反
         basicRfSendPacket(SEND_ADDR,fs,1);   //通过射频发送数据
      }
    }
}
```

七、启发与思考

当使用 Basic RF 点对点通信时，通信双方必须选择同一信道和 PANID。但在实际操作中，在同一个空间内同学们设置的信道相互之间可能会有干扰和冲突，因此，在发送数据时，常常会给一个随机的延时再进行发送。

任务 6.2　基于 Basic RF 的温湿度数据采集系统开发

学习型任务单	任务 6.2 基于 Basic RF 的温湿度数据采集系统开发
一、任务描述 某工厂为了提高生产管理效率，利用无线通信技术对企业的管理实现集成化、统一化。本开发任务围绕智慧工厂无线监测系统进行组网开发，这可以由子节点定时采集温湿度传感器的数据，并采用 Basic RF 通信协议的方式上传数据，网关节点接收数据后，通过串口将数据打印出来实现。具体工作方式如下： （1）通电后，网关节点、子节点 LED 熄灭。 （2）I/O 口初始化，Basic RF 初始化。 （3）定时器启动，2 s 后子节点采集温湿度数据，并通过通信协议将数据上传给网关节点，发送完毕时子节点 LED1 亮灯 0.1 s。 （4）网关节点检查是否有新数据，如果有，网关节点 LED1 亮灯 0.1 s 并接收数据。 （5）网关节点将数据打印到串口。 （6）返回步骤（3）循环执行。	
二、任务目标 通过实现网关节点与子节点的复杂数据通信的例子进一步熟悉 ZigBee 无线通信的流程及 Basic RF 通信协议的封装及解析。掌握点对点通信编程技巧，主要目标包括： （1）具有无线射频通信技术点对点通信的系统阅读技能。 （2）具有无线射频通信技术通信协议的设计、制定技能。 （3）能编写程序，实现网关节点通过无线射频通信点对点技术完成与子节点的通信。 素养目标： （1）培养学生在工作现场的 6S 意识和用电安全意识。 （2）爱惜工具，注意场地整洁。 （3）具备积极、主动的探索精神。	
三、任务要求 （1）通过学习，掌握以下知识点： ① 掌握通信协议的结构、封装及解析； ② 熟悉无线发送和接收函数。 ③ 理解发送地址和接收地址、PAN_ID、RF_CHANNEL 等概念。 ④ 了解 Basic RF、board、common 等驱动文件的作用。 ⑤ 了解 ZigBee 组网通信的主要参数及特性。 ⑥ 熟悉通信协议的用法及封装、解析的方法并熟练运用。 ⑦ 熟悉点对点通信 Basic RF 的组织架构。 ⑧ 熟悉 Basic RF 的主要射频接口函数并熟练应用。 （2）基于 Basic RF 点对点通信，编程实现温湿度传感数据采集系统应用开发。通过学习，掌握以下技能点： ① 能够使用 Basic RF 点对点的运行机制。 ② 能够在发送节点封装通信协议。 ③ 能够在接收节点接收无线数据，并根据通信协议执行相应操作。 （3）拓展训练。	
【学习总结】	

一、相关知识

本任务需采集温度值、湿度值这两个数据并同时传送，因此需要用到通信协议。通信协议是指双方实体完成通信或服务所必须遵循的规则和约定。协议定义了数据单元使用的格式，信息单元应该包含的信息与含义、连接方式、信息发送和接收的时序，从而确保网络中数据能够顺利地传送到确定的地方。

（一）通信协议三要素

通信协议主要由以下三个要素组成：语法——即如何通信，包括数据的格式、编码和信号等级（电平的高低）等；语义——即通信内容，包括数据内容、含义以及控制信息等；定时规则（时序）——即何时通信，明确通信的顺序、速率匹配和排序。

（二）通信协议的格式

通信协议可采用数据帧的形式来发送，帧格式一般含起始位、数据位、停止位（见图 6.2.1），并有以下几个特点：

数据在线路上的传送不连续；

数据以字符（一帧）为单位进行传送；

各帧（字符）必须是相同的格式；

停止位不固定。

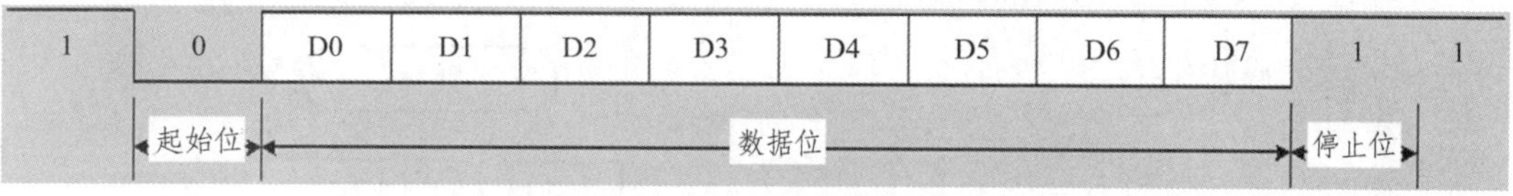

图 6.2.1　通信协议帧格式

在 ZigBee 的通信中，我们通常选用的传感器节点上传采集信息通信协议规划如表 6.2.1 所示。

表 6.2.1　传感器节点上传采集信息通信协议规划

START	CMD	LEN	COUNT	TYPE0	DATA0	TYPE1	DATA1	…	TYPEx	DATAx	CHK
起始位	命令类型	数据长度	传感器个数	传感器类型 0	数据域 0	传感器类型 1	数据域 1	…	传感器类型 x	数据域 x	检验位

其中：

START: 起始位，可选用 16 位二进制。

CMD: 命令类型。

LEN: 数据总长度，从 START 字节开始到 CHK 字节之前的长度。

COUNT：传感器个数，依据传感器种类决定。本任务中采集对象为温湿度传感器，因此个数为 2。

TYPEx: 传感器类型，可规定：1——温度传感器，2——湿度传感器。

DATAx: 数据域，即采集到的传感器数值。

CHK：校验位，可自行规定校验方法。可规定：从 START 字节开始到 CHK 字节之前的累加和，再与 0xFF 按位与运算（保留低 8 位），所得即为 CHK 的值。

二、任务实施

（一）功能要求

子节点定时向网关节点上报温湿度传感器数据，网关节点接收到数据后，通过串口将数据打印出来，如图 6.2.2 所示。

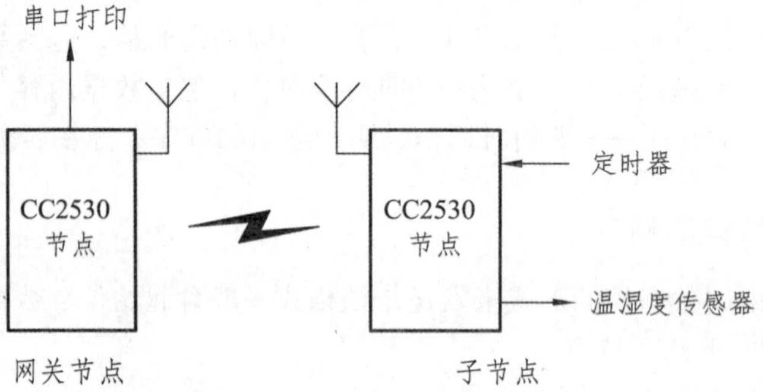

图 6.2.2　系统示意图

（二）设计思路

根据任务要求，主从节点的流程如图 6.2.3 所示。

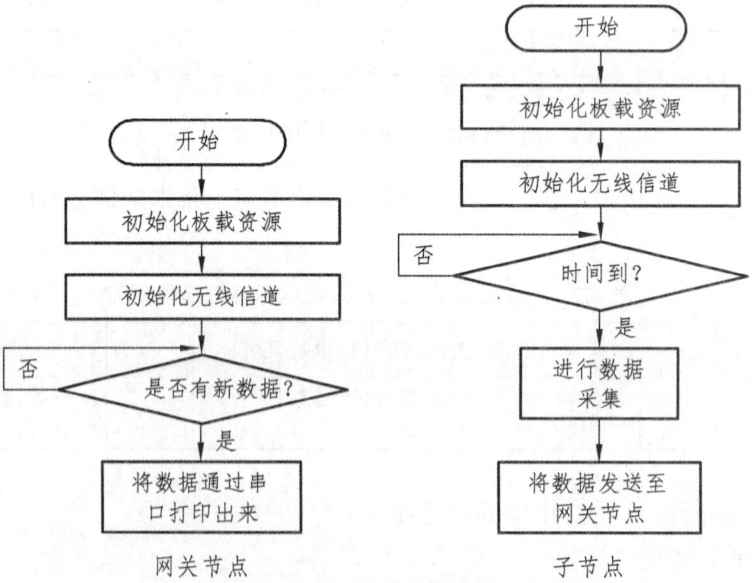

图 6.2.3　开发流程图

（三）关键代码

在代码中引用头文件如下：

```
网关节点：master.c
#include "hal_defs.h"
#include "hal_cc8051.h"
#include "hal_int.h"
#include "hal_mcu.h"
#include "hal_board.h"
#include "hal_led.h"
#include "hal_rf.h"
#include "basic_rf.h"
#include "hal_uart.h"
#include "hal_pwm.h"
#include "UART_PRINT.h"
#include "stdlib.h"
#include "string.h"
#include "stdio.h"
#include "DHT11.h"
#include "UART.H"
```

```
子节点：slaver.c
#include "hal_defs.h"
#include "hal_cc8051.h"
#include <ioCC2530.h>
#include "hal_int.h"
#include "hal_mcu.h"
#include "hal_board.h"
#include "hal_led.h"
#include "hal_adc.h"
#include "hal_rf.h"
#include "basic_rf.h"
#include "hal_uart.h"
#include "TIMER.h"
#include "get_adc.h"
#include "sh10.h"
#include "UART_PRINT.h"
#include "util.h"
#include "stdlib.h"
#include "string.h"
#include "stdio.h"
#include "math.h"
#include "DHT11.h"
#include "UART.H"
```

1. 通信协议的封装

将规划好的通信协议封装起来，方便数据的传输和解析。首先，我们需要定义无线发送缓冲区的大小。

```
static uint8 pTxData[MAX_SEND_BUF_LEN]; //定义无线发送缓冲区的大小
```

接下来进行数据的封装。参考表 6.2.1 的通信协议格式，本任务的协议规划如表 6.2.2

所示。

表 6.2.2　通信协议规划

START	CMD	LEN	COUNT	TYPE0	DATA0	TYPE1	DATA1	CHK
起始位	命令类型	数据长度	传感器个数	传感器类型	数据域 0	传感器类型	数据域 1	检验位
0XCC	1	8	2	SENSOR_TEMP	TEMP	SENSOR_HUMI	HUMI	Check_SUM

封装程序为：

```
DHT11();       //读取温湿度数据
memset(pTxData, '\0', MAX_SEND_BUF_LEN);     //清零
pTxData[0]=0xCC;          //帧头
pTxData[1]=1;             //命令
pTxData[2]=8;             //长度
pTxData[3]=2;             //2 组传感数据
pTxData[4]=SENSOR_TEMP;               //传感类型
pTxData[5]= wendu_shi*10+wendu_ge;   //将温度数据的个位和十位组装起来
pTxData[6]=SENSOR_HUMI;              //传感类型
pTxData[7]= shidu_shi*10+shidu_ge;     //将湿度数据的个位和十位组装起来
pTxData[8]=CheckSum((uint8 *)pTxData, pTxData[2]);
```

因此，子节点发送数据的程序为：

```
while(1)
{
    APP_SEND_DATA_FLAG = GetSendDataFlag();
    if(APP_SEND_DATA_FLAG == 1) //定时时间到
    { /*【传感器采集、处理】 开始*/
        /*****取温湿度数据********/
        DHT11();
        /*****数据封装********/
        memset(pTxData, '\0', MAX_SEND_BUF_LEN);
        pTxData[0]=0xCC;//帧头
        pTxData[1]=1;//命令
        pTxData[2]=8;//长度
        pTxData[3]=2;//2 组传感数据
        pTxData[4]=SENSOR_TEMP;//传感类型
        pTxData[5]= wendu_shi*10+wendu_ge;
        pTxData[6]=SENSOR_HUMI;//传感类型
        pTxData[7]= shidu_shi*10+shidu_ge;
        pTxData[8]=CheckSum((uint8 *)pTxData, pTxData[2]);
        /*****数据发送********/
        basicRfSendPacket((unsigned short)SEND_ADDR,(unsigned char*)pTxData, pTxData[2]+1);
        LED1=0;
        Delay_ms(100);
        LED1=1;
        //无线发送指示,LED1 亮 100 ms
```

```
        Timer4_On(); //打开定时
    } /*【传感器采集、处理】 结束*/
}
```

2. 通信协议的解析

当子节点发送的通信协议被网关节点接收后，我们将对接收到的协议进行解析。同样地，首先定义接收数据缓冲区：

```
static uint8 pRxData[MAX_RECV_BUF_LEN];        //定义无线接收缓冲区的大小
```

紧接着，要对数据的帧头、帧长、校验和分别进行检验，确认该数据来源及正确性。

```
if(basicRfPacketIsReady())          //接收无线数据
{
    len = basicRfReceive(pRxData, 128, NULL);
    int8 check = 0;
    if((pRxData[2]+1) > 128)   //检验数据长度不符合规则
        continue;
    check = CheckSum((uint8 *)pRxData, pRxData[2]);    //数据长度通过,计算校验和
    if((pRxData[0] == 0XCC) && (check == pRxData[pRxData[2]]))   //帧头正确且校验通过
    { ...... } //接收数据并完成相应操作
    else
    {
        continue;
    }
}
```

确认接收到正确数据后，将对协议中传感器对应的数据域内容进行提取，并在串口打印出来。

```
if(pRxData[4] == SENSOR_TEMP)
{
    uart_printf("当前温度：%d℃\r\n", pRxData[5]);
}
if(pRxData[6] == SENSOR_HUMI)
{
    uart_printf("当前相对湿度：%d%%\r\n", pRxData[7]);
}
```

3. 主程序代码

通过定时器定时，子节点每 2 s 采集一次传感器的数据，并传给网关节点；网关节点接收到数据后，通过串口打印出来。主程序代码具体如下：

```
1）子节点
void main()
{
  halBoardInit();        //模块相关资源的初始化
  ConfigRf_Init();       //无线收发参数的配置初始化
  Timer4_Init();         //定时器初始化
  Timer4_On();           //打开定时器
  P1SEL&=~0x01;
  P1DIR|=0x01;
  Delay_ms(1000);        //等待系统稳定
```

```
  while(1)
  {
      APP_SEND_DATA_FLAG = GetSendDataFlag();
      if(APP_SEND_DATA_FLAG == 1)        //定时时间到
      { /*【传感器采集、处理】 开始*/
        //取温湿度数据
        DHT11();
        /*****数据封装********/
        memset(pTxData, '\0', MAX_SEND_BUF_LEN);
        pTxData[0]=0xCC;      //帧头
        pTxData[1]=1;         //命令
        pTxData[2]=8;         //长度
        pTxData[3]=2;         //2 组传感数据
        pTxData[4]=SENSOR_TEMP;      //传感类型
        pTxData[5]= wendu_shi*10+wendu_ge;
        pTxData[6]=SENSOR_HUMI;      //传感类型
        pTxData[7]= shidu_shi*10+shidu_ge;
        pTxData[8]=CheckSum((uint8 *)pTxData, pTxData[2]);
        //数据发送
        basicRfSendPacket((unsigned short)SEND_ADDR,(unsigned char*)pTxData, pTxData[2]+1);
        LED1=0;
        Delay_ms(100);
        LED1=1;
        //无线发送指示,LED1 亮  100 ms
       Timer4_On(); //打开定时
      } /*【传感器采集、处理】 结束*/
  }
}
```

2）网关节点

```
void main()
{
  uint8 len;
  halBoardInit();        //模块相关资源的初始化
  ConfigRf_Init();       //无线收发参数的配置初始化
  P1SEL&=~0x01;
  P1DIR|=0x01;           //LED1 初始化
  while(1)
  {
/************************无线数据接收处理进程*****************/
   if(basicRfPacketIsReady())       //查询有没收到无线信号
   {
       LED1=0;
       Delay_ms(100);
       LED1=1;                    //无线接收指示,LED1 亮 100 ms
       //接收无线数据
       len = basicRfReceive(pRxData, 128, NULL);
       int8 check = 0;
       if((pRxData[2]+1) > 128)  //检验数据长度不符合规则
          continue;
       check = CheckSum((uint8 *)pRxData, pRxData[2]);       //数据长度通过,计算校验和
       if((pRxData[0] == 0xCC) && (check == pRxData[pRxData[2]]))    //帧头正确且校验通过
       {
```

```
            if(pRxData[4] == SENSOR_TEMP)
            {
              uart_printf("当前温度:%d℃\r\n",pRxData[5]);      //打印温度到串口
            }
            if(pRxData[6] == SENSOR_HUMI)
            {
              uart_printf("当前相对湿度:%d%%\r\n",pRxData[7]);      //打印湿度到串口
            }
          } //接收数据并打印到串口
          else
          {
              continue;
          }
      }
    }
}
```

（四）工程配置及程序烧写

操作步骤详见项目六任务 1。

烧写完毕后，将网关模块与子模块供电，观察是否每隔约 2 s 串口有温湿度的新数据打印出来，如果有，说明基于 Basic RF 的无线通信协议已发送成功。串口打印数据如图 6.2.4 所示。

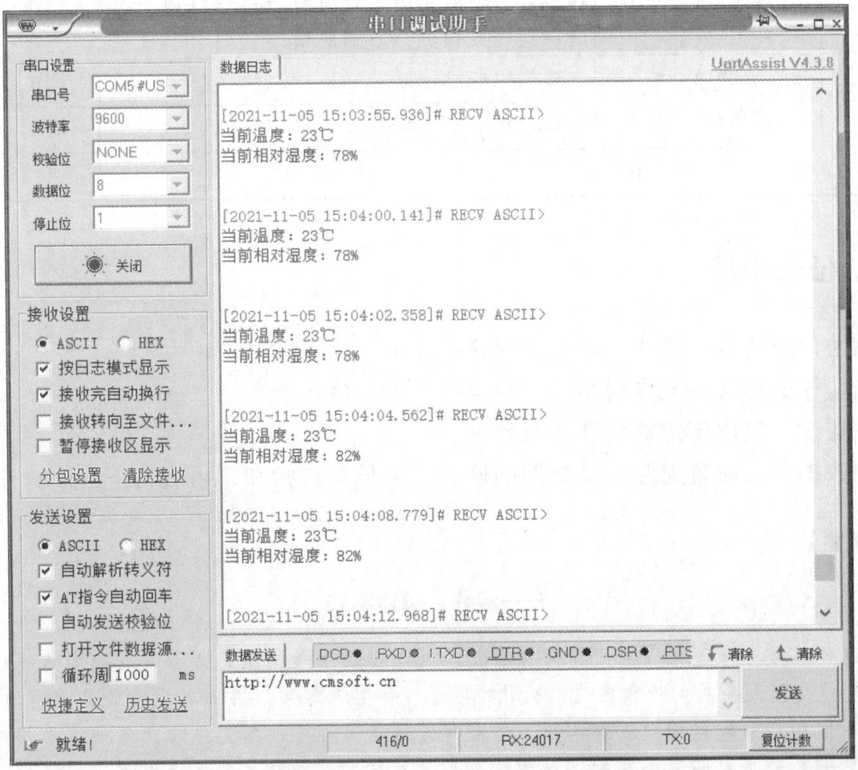

图 6.2.4　网关节点所接收温湿度数据串口打印图示

三、考核与评价

基于 Basic Rf 的温湿度数据采集系统开发任务训练的评分表如表 6.2.3 所示。

表 6.2.3　基于 Basic Rf 的温湿度数据采集系统开发任务训练评分表

一级指标	二级指标	分值	内容及扣分原因	单项分值	得分
训练过程（80%）	计划与准备	10	做好测试前的准备，不进行清点接线、设备、材料等操作每项扣除 2 分	5	
			带电拔插元器件扣除 1 分	5	
	电路分析	10	CC2530 引脚功能	5	
			主从节点的工作模式	5	
	代码设计	40	正确建立工程	5	
			编写流程图	5	
			程序设计，包括引用头文件、初始化 IO、初始化 BasicRf、通信协议的封装与解析、主从节点发送及接收数据程序、主程序设计等	30	
	职业素养	10	编程过程中及结束后，桌面及地面不符合 7S 基本要求的每项扣除 3～5 分	10	
		10	浪费耗材，不爱惜工具，每项扣除 3 分；损坏工具、设备扣除本大项的 20 分；发生严重违规操作或作弊，取消成绩	10	
训练结果（20%）	实作结果及质量	20	工艺和功能验证	10	
			撰写考核记录报告	10	
总计		100			

四、任务小结

通信协议三要素：语法、语义、时序。

通信协议的格式一般含起始位、数据位、停止位。

通信协议一般用于传输多项复杂数据。

收到数据后，应首先验证该数据的帧头、帧长及校验和，再进行下一步操作。

【思政小课堂】

善于观察，付诸实践

温湿度传感数据采集可以应用于大棚种植。对于植物生长而言，温湿度是衡量大棚的重要指标，它直接影响到蔬菜的生长和产量，采用的温湿度传感器就可以实时监测大棚内部环境的温度、湿度，然后把相应的数据转换成电信号，并及时传送给大棚中的智能系统，智能系统根据传感器反馈的信息进行分析，调节大棚的温湿度。可见，新技术、新科技的快速发展带给新农村翻天覆地的变化，国家出台的惠农新政策，激发同学们的爱国情怀，增强农村学生的幸福感和获得感，希望通过自己的所学所长圆梦家乡致富之路，实现振兴乡村、美丽中国的“中国梦”。

五、参考代码

```
子节点：slaver.c
#include "hal_defs.h"
#include "hal_cc8051.h"
#include "ioCC2530.h"
#include "hal_int.h"
#include "hal_mcu.h"
#include "hal_board.h"
#include "hal_led.h"
#include "hal_adc.h"
#include "hal_rf.h"
#include "basic_rf.h"
#include "hal_uart.h"
#include "TIMER.h"
#include "get_adc.h"
#include "sh10.h"
#include "UART_PRINT.h"
#include "util.h"
#include "stdlib.h"
#include "string.h"
#include "stdio.h"
#include "math.h"
#include "DHT11.h"
#include "UART.H"

/*****点对点通信地址设置*****/
#define RF_CHANNEL 24          //频道 11~26
#define PAN_ID 0x8004          //网络 ID
#define MY_ADDR 0x2222         //本机模块地址
#define SEND_ADDR 0x1111        //发送地址

/***** 自定义消息格式 *****/
#define SENSOR_TEMP 0x01   //温度
#define SENSOR_HUMI 0x02   //湿度
#define LED1 P1_0

uint8 APP_SEND_DATA_FLAG;
#define MAX_SEND_BUF_LEN 128                    //无线数据最大发送长度
static uint8 pTxData[MAX_SEND_BUF_LEN];         //定义无线发送缓冲区的大小
static basicRfCfg_t basicRfConfig;              //无线 RF 初始化

/*****无线初始化函数******/
void ConfigRf_Init(void)
{
    basicRfConfig.panId = PAN_ID;               //Zigbee 的 ID 号设置
    basicRfConfig.channel = RF_CHANNEL;         //Zigbee 的频道设置
    basicRfConfig.myAddr = MY_ADDR;             //设置本机地址
```

```
    basicRfConfig.ackRequest = TRUE;             //应答信号
    while(basicRfInit(&basicRfConfig) == FAILED);     //检测 Zigbee 参数是否配置成功
    basicRfReceiveOn(); //打开 RF
}

/********校验和函数******/
uint8 CheckSum(uint8 *buf, uint8 len)
{
  uint8 temp = 0;
  while(len--)
  {
    temp += *buf;
    buf++;
  }
  return (uint8)temp;
}
void main()
{
  halBoardInit();        //模块相关资源的初始化
  ConfigRf_Init();       //无线收发参数的配置初始化
  Timer4_Init();         //定时器初始化
  Timer4_On();           //打开定时器
  P1SEL&=~0x01;
  P1DIR|=0x01;
  Delay_ms(1000);
  while(1)
  {
      APP_SEND_DATA_FLAG = GetSendDataFlag();
      if(APP_SEND_DATA_FLAG == 1)          //定时时间到
      { /*【传感器采集、处理】 开始*/
        //取温湿度数据
        DHT11();
        /*****数据封装********/
        memset(pTxData, '\0', MAX_SEND_BUF_LEN);
        pTxData[0]=0xCC;         //帧头
        pTxData[1]=1;            //命令
        pTxData[2]=8;            //长度
        pTxData[3]=2;            //2 组传感数据
        pTxData[4]=SENSOR_TEMP;     //传感类型
        pTxData[5]= wendu_shi*10+wendu_ge;
        pTxData[6]=SENSOR_HUMI;     //传感类型
        pTxData[7]= shidu_shi*10+shidu_ge;
        pTxData[8]=CheckSum((uint8 *)pTxData, pTxData[2]);
        //数据发送
      basicRfSendPacket((unsigned short)SEND_ADDR,(unsigned char*)pTxData, pTxData[2]+1);
      LED1=0;
```

```
        Delay_ms(100);
        LED1=1;
        //无线发送指示,LED1 亮 100 ms
        Timer4_On(); //打开定时
      } /*【传感器采集、处理】结束*/
  }
}
```

```
网关节点: master.c
#include "hal_defs.h"
#include "hal_cc8051.h"
#include "hal_int.h"
#include "hal_mcu.h"
#include "hal_board.h"
#include "hal_led.h"
#include "hal_rf.h"
#include "basic_rf.h"
#include "hal_uart.h"
#include "hal_pwm.h"
#include "UART_PRINT.h"
#include "stdlib.h"
#include "string.h"
#include "stdio.h"
#include "DHT11.h"
#include "UART.H"

/*****点对点通信地址设置******/
#define RF_CHANNEL 24           //频道 11~26
#define PAN_ID 0x8004           //网络 ID
#define MY_ADDR 0x1111          //本机模块地址
#define SEND_ADDR 0x2222        //发送地址

/* 自定义消息格式 */
#define SENSOR_TEMP 0x01            //温度
#define SENSOR_HUMI 0x02            //湿度
#define LED1 P1_0

/********无线数据缓存********/
#define MAX_RECV_BUF_LEN 128
static uint8 pRxData[MAX_RECV_BUF_LEN];      //定义无线接收缓冲区的大小
static basicRfCfg_t basicRfConfig;

/*****无线初始化函数******/
void ConfigRf_Init(void)
{
    basicRfConfig.panId = PAN_ID;                  //Zigbee 的 ID 号设置
    basicRfConfig.channel = RF_CHANNEL;            //Zigbee 的频道设置
    basicRfConfig.myAddr = MY_ADDR;                //设置本机地址
    basicRfConfig.ackRequest = TRUE;               //应答信号
```

```
    while(basicRfInit(&basicRfConfig) == FAILED);      //检测 Zigbee 的参数是否配置成功
    basicRfReceiveOn();       //打开 RF
}

/********校验和函数******/
uint8 CheckSum(uint8 *buf, uint8 len)
{
  uint8 temp = 0;
  while(len--)
  {
    temp += *buf;
    buf++;
  }
  return (uint8)temp;
}

void main()
{
  uint8 len;
  halBoardInit();          //模块相关资源的初始化
  ConfigRf_Init();         //无线收发参数的配置初始化
  P1SEL&=~0x01;
  P1DIR|=0x01;               //LED1 初始化
  while(1)
  {
/************************无线数据接收处理进程*****************/
    if(basicRfPacketIsReady())       //查询是否收到无线信号
    {
       LED1=0;
       Delay_ms(100);
       LED1=1;          //无线接收指示,LED1 亮 100 ms
       //接收无线数据
       len = basicRfReceive(pRxData, 128, NULL);
       int8 check = 0;
       if((pRxData[2]+1) > 128)          //检验数据长度不符合规则
          continue;
       check = CheckSum((uint8 *)pRxData, pRxData[2]);  //数据长度通过,计算校验和
       if((pRxData[0] == 0xCC) && (check == pRxData[pRxData[2]]))  //帧头正确且校验通过
       {
           if(pRxData[4] == SENSOR_TEMP)
           {
               uart_printf("当前温度:%d℃\r\n",pRxData[5]);      //打印温度到串口
           }
           if(pRxData[6] == SENSOR_HUMI)
           {
               uart_printf("当前相对湿度:%d%%\r\n",pRxData[7]);      //打印湿度到串口
           }
       }     //接收数据并打印到串口
```

```
            else
            {
                continue;
            }
        }
    }
}
```

六、拓展训练

微课 6.4　基于 Basic RF 实现监测信息发布

（1）编程实现网关节点与子节点的通信，要求每隔 2 s 由网关节点向子节点发送命令要求上报温湿度数据，子节点接到命令后采集数据以通信协议的方式上报，并在网关节点处由串口打印出来。

提示：此处在任务 6.2 的基础上新增了网关节点定时发送命令要求上报的部分。因此，子节点不再需要定时器，而是在接收到命令后再采集数据并上报。本训练是将任务 6.1 与任务 6.2 的思想结合起来，形成完整的“控制—上报”的过程。

参考代码：

```
子节点:slaver.c
#include "hal_defs.h"
#include "hal_cc8051.h"
#include "hal_int.h"
#include "hal_mcu.h"
#include "hal_board.h"
#include "hal_led.h"
#include "hal_adc.h"
#include "hal_rf.h"
#include "hal_uart.h"
#include "ioCC2530.h"
#include "basic_rf.h"
#include "TIMER.h"
#include "sh10.h"
#include "UART_PRINT.h"
#include "util.h"
#include "stdlib.h"
#include "string.h"
#include "stdio.h"
#include "math.h"
#include "DHT11.h"
#include "UART.H"

/*****点对点通信地址设置*****/
#define RF_CHANNEL 24          //频道 11~26
#define PAN_ID 0x8004          //网络 ID
```

```
#define MY_ADDR 0x2222          //本机模块地址
#define SEND_ADDR 0x1111        //发送地址

/*****  自定义消息格式  *****/
#define SENSOR_TEMP 0x01    //温度
#define SENSOR_HUMI 0x02    //湿度
#define LED1 P1_0
#define LED2 P1_1

uint8 APP_SEND_DATA_FLAG;
uint8 len;
#define MAX_SEND_BUF_LEN 128      //无线数据最大发送长度
static uint8 pTxData[MAX_SEND_BUF_LEN];      //定义无线发送缓冲区的大小
static uint8 pRxData[MAX_SEND_BUF_LEN];      //定义无线发送缓冲区的大小
static basicRfCfg_t basicRfConfig;       //无线 RF 初始化

/*****无线初始化函数******/
void ConfigRf_Init(void)
{
  basicRfConfig.panId = PAN_ID;       //Zigbee 的 ID 号设置
  basicRfConfig.channel = RF_CHANNEL;        //Zigbee 的频道设置
  basicRfConfig.myAddr = MY_ADDR;            //设置本机地址
  basicRfConfig.ackRequest = TRUE;           //应答信号
  while(basicRfInit(&basicRfConfig) == FAILED);        //检测 Zigbee 参数是否配置成功
  basicRfReceiveOn();           //打开 RF
}

/********校验和函数******/
uint8 CheckSum(uint8 *buf, uint8 len)
{
  uint8 temp = 0;
  while(len--)
  {
    temp += *buf;
    buf++;
  }
  return (uint8)temp;
}


void main()
{
  halBoardInit();          //模块相关资源的初始化
  ConfigRf_Init();         //无线收发参数的配置初始化
```

```
  P1SEL&=~0x03;
  P1DIR|=0x03;
  Delay_ms(1000);
  while(1)
  {
/******************子节点等待接收命令*************************/
    if(basicRfPacketIsReady())        //查询有没收到无线信号
    {
        len = basicRfReceive(pRxData, 128, NULL);     //将数据装入 pRxData
        if(pRxData[0]==1)       //确认是网关节点发送的命令
        {
/******************子节点温湿度数据采集*********************/
            LED1=0;     //开始采集
            DHT11();     //取温湿度数据
/**********************数据封装******************************/
            memset(pTxData, '\0', MAX_SEND_BUF_LEN);
            pTxData[0]=0xCC;     //帧头
            pTxData[1]=1;         //命令
            pTxData[2]=8;         //长度
            pTxData[3]=2;         //2 组传感数据
            pTxData[4]=SENSOR_TEMP;     //传感类型
            pTxData[5]= wendu_shi*10+wendu_ge;
            pTxData[6]=SENSOR_HUMI;     //传感类型
            pTxData[7]= shidu_shi*10+shidu_ge;
            pTxData[8]=CheckSum((uint8 *)pTxData, pTxData[2]);
            LED1=1;     //采集完毕,LED1 熄灭
/******************子节点温湿度数据发送*******************/
            LED2=0;     //开始发送,LED2 亮
            basicRfSendPacket((unsigned short)SEND_ADDR,(unsigned char*)pTxData, pTxData[2]+1);
            LED2=1; //发送完毕,LED2 灭
          /*【传感器采集、处理】结束*/
        }
    }
  }
}
```

```
网关节点:master.c
#include "hal_defs.h"
#include "hal_cc8051.h"
#include "hal_int.h"
#include "hal_mcu.h"
#include "hal_board.h"
#include "hal_led.h"
#include "hal_rf.h"
#include "hal_uart.h"
#include "hal_pwm.h"
```

```
#include "ioCC2530.h"
#include "stdlib.h"
#include "string.h"
#include "stdio.h"
#include "DHT11.h"
#include "UART.H"
#include "UART_PRINT.h"
#include "TIMER.h"
#include "util.h"
#include "basic_rf.h"
#include "math.h"
/*****点对点通信地址设置******/
#define RF_CHANNEL 24           //频道 11~26
#define PAN_ID 0x8004           //网络 ID
#define MY_ADDR 0x1111          //本机模块地址
#define SEND_ADDR 0x2222        //发送地址

/* 自定义消息格式 */
#define SENSOR_TEMP 0x01        //温度
#define SENSOR_HUMI 0x02        //湿度
#define LED1 P1_0
#define LED2 P1_1

/********无线数据缓存********/
uint8 APP_SEND_DATA_FLAG;
uint8 fs[128]=0;
uint8 len;
#define MAX_RECV_BUF_LEN 128
static uint8 pRxData[MAX_RECV_BUF_LEN];       //定义无线接收缓冲区的大小
static basicRfCfg_t basicRfConfig;

/*****无线初始化函数******/
void ConfigRf_Init()
{
    basicRfConfig.panId = PAN_ID;               //Zigbee 的 ID 号设置
    basicRfConfig.channel = RF_CHANNEL;     //Zigbee 的频道设置
    basicRfConfig.myAddr = MY_ADDR;           //设置本机地址
    basicRfConfig.ackRequest = TRUE;          //应答信号
    while(basicRfInit(&basicRfConfig) == FAILED);     //检测 Zigbee 的参数是否配置成功
    basicRfReceiveOn();           //打开 RF
  }

/********校验和函数******/
uint8 CheckSum(uint8 *buf, uint8 len)
{
```

```
  uint8 temp = 0;
  while(len--)
  {
    temp += *buf;
    buf++;
  }
  return (uint8)temp;
}

void main(void)
{
  halBoardInit();              //模块相关资源的初始化
  ConfigRf_Init();             //无线收发参数的配置初始化
  Delay_ms(1500);              //系统稳定
  Timer4_Init();               //定时器初始化
  Timer4_On();                 //打开定时器
  P1SEL&=~0x03;
  P1DIR|=0x03;                 //LED 初始化
  while(1)
  {
    APP_SEND_DATA_FLAG = GetSendDataFlag();
    if(APP_SEND_DATA_FLAG == 1)          //定时时间到
    {
 /*************************网关节点发送数据采集命令******************/
      LED1=0;    //开始发送,亮灯
      fs[0]=APP_SEND_DATA_FLAG;
      basicRfSendPacket(SEND_ADDR,fs,1);
      fs[0]=0;
      Delay_ms(200);
      LED1=1;
      //发送完命令,等待子节点采集,熄灭
/*************************网关节点等待接收数据*******************/
      if(basicRfPacketIsReady())       //查询是否收到新数据
      {
       //温湿度数据来了,LED2 亮
       LED2=0;
       //接收无线数据
       len = basicRfReceive(pRxData, 128, NULL);
       int8 check = 0;
       if((pRxData[2]+1) > 128)       //检验数据长度不符合规则
          continue;
       check = CheckSum((uint8 *)pRxData, pRxData[2]);      //数据长度通过,计算校验和
       if((pRxData[0] == 0xCC) && (check == pRxData[pRxData[2]]))   //帧头正确且校验通过
       {
           if(pRxData[4] == SENSOR_TEMP)
```

```
            {
                uart_printf("当前温度:%d℃\r\n",pRxData[5]);       //打印温度到串口
            }
            if(pRxData[6] == SENSOR_HUMI)
            {
                uart_printf("当前相对湿度:%d%%\r\n",pRxData[7]);       //打印湿度到串口
            }
        } //接收数据并打印到串口
        else
        {
            continue;
        }
        LED2=1; //温湿度数据打印完,LED2 灭
    }
  }
  Timer4_On(); //打开定时
 }
}
```

串口打印数据如图 6.2.5 所示。

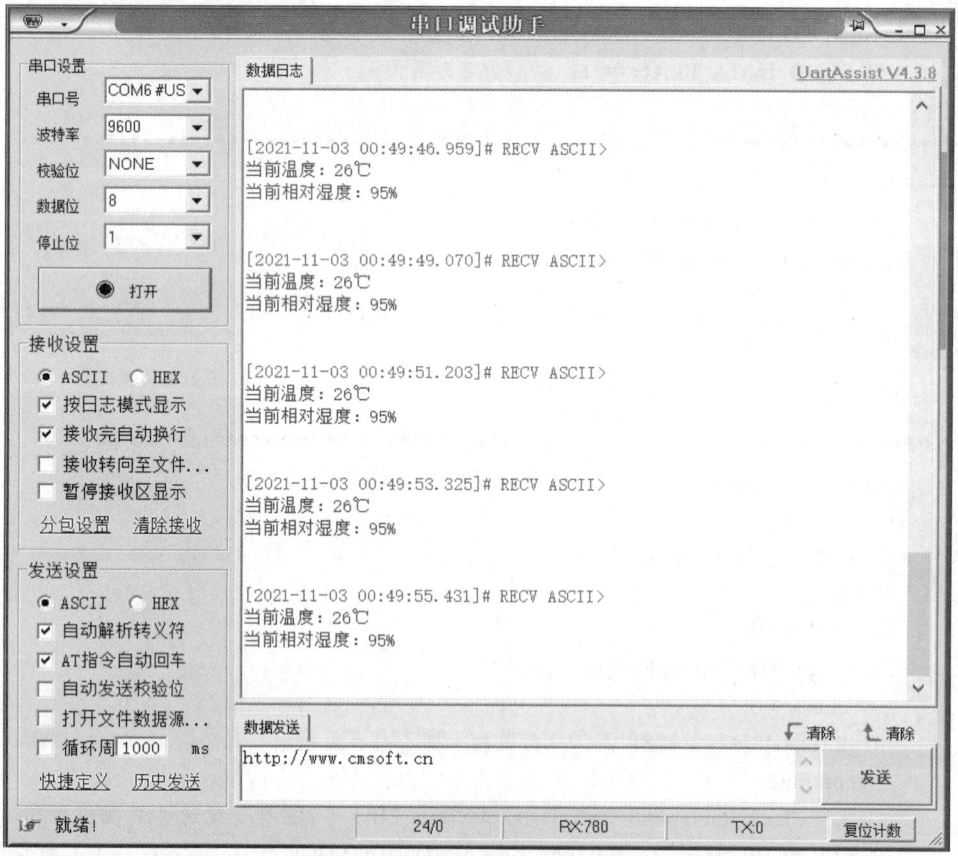

图 6.2.5　网关节点所接收温湿度数据串口打印图示

（2）编程实现网关节点与子节点的通信，要求子节点每隔 2 s 上报人体红外传感器与火焰传感器的数值，网关节点接收数据后在串口处打印出当前是否有火警及是否需要组织人员撤离的报警信息，若是，则亮起网关节点的 LED 灯示警。

提示：该任务要求采集的是两个传感器的数据，因此要特别注意传感器接口，并合理规划通信协议，才能准确的完成数据上报。

```
子节点:slaver.c
/*************************************************************************/
/***********                    硬件说明                  ****************/
/***********          人体: 5 V, P0_4   0——无人; 1——有人        ***************/
/***********光敏: 3 V, D0——P0_5; A0——P0_6   0——有光; 1——无光 ******************/
/*************************************************************************/
#include "hal_defs.h"
#include "hal_cc8051.h"
#include “ioCC2530.h”
#include "hal_int.h"
#include "hal_mcu.h"
#include "hal_board.h"
#include "hal_led.h"
#include "hal_adc.h"
#include "hal_rf.h"
#include "basic_rf.h"
#include "hal_uart.h"
#include "TIMER.h"
#include "get_adc.h"
#include "sh10.h"
#include "UART_PRINT.h"
#include "util.h"
#include "stdlib.h"
#include "string.h"
#include "stdio.h"
#include "math.h"
#include "DHT11.h"
#include "UART.H"
/*****点对点通信地址设置*****/
#define RF_CHANNEL 24           //频道 11~26
#define PAN_ID 0x8004           //网络 ID
#define MY_ADDR 0x2222          //本机模块地址
#define SEND_ADDR 0x1111        //发送地址

/***** 自定义消息格式 *****/
#define SENSOR_PEOPLE 0x01      //人体
#define SENSOR_LIGHT 0x02       //光照
#define LED1 P1_0
#define PL P0_4
#define LT P0_5
uint8 APP_SEND_DATA_FLAG;
#define MAX_SEND_BUF_LEN 128                    //无线数据最大发送长度
static uint8 pTxData[MAX_SEND_BUF_LEN];         //定义无线发送缓冲区的大小
static basicRfCfg_t basicRfConfig;              //无线 RF 初始化
```

```
/*****无线初始化函数******/
void ConfigRf_Init()
{
  basicRfConfig.panId = PAN_ID;              //Zigbee 的 ID 号设置
  basicRfConfig.channel = RF_CHANNEL;     //Zigbee 的频道设置
  basicRfConfig.myAddr = MY_ADDR;          //设置本机地址
  basicRfConfig.ackRequest = TRUE;          //应答信号
  while(basicRfInit(&basicRfConfig) == FAILED);      //检测 Zigbee 参数是否配置成功
  basicRfReceiveOn();           //打开 RF
}

/********校验和函数******/
uint8 CheckSum(uint8 *buf, uint8 len)
{
  uint8 temp = 0;
  while(len--)
  {
    temp += *buf;
    buf++;
  }
  return (uint8)temp;
}

void main()
{
  halBoardInit();           //模块相关资源的初始化
  ConfigRf_Init();          //无线收发参数的配置初始化
  Timer4_Init();            //定时器初始化
  Timer4_On();              //打开定时器
  P1SEL&=~0x01;
  P1DIR|=0x01;
  Delay_ms(1000);
  while(1)
  {
    APP_SEND_DATA_FLAG = GetSendDataFlag();
    if(APP_SEND_DATA_FLAG == 1) //定时时间到
    {
 /***********            数据封装            *************/
        LED1=0;//指示灯亮起
        memset(pTxData, '\0', MAX_SEND_BUF_LEN);
        pTxData[0]=0x01;      //帧头
        pTxData[1]=1;          //命令
        pTxData[2]=8;          //长度
        pTxData[3]=2;           //2 组传感数据
        pTxData[4]=SENSOR_PEOPLE;    //传感类型
        pTxData[5]= PL;
        pTxData[6]=SENSOR_LIGHT;      //传感类型
        pTxData[7]= LT;
        pTxData[8]=CheckSum((uint8 *)pTxData, pTxData[2]);
 /***********            数据发送           *************/
        basicRfSendPacket((unsigned short)SEND_ADDR,(unsigned char*)pTxData, pTxData[2]+1);
        LED1=1;         //发送结束，指示灯熄灭
```

```
            Timer4_On();    //打开定时
        } /*【传感器采集、处理】结束*/
    }
}
```

网关节点:master.c

```
#include "hal_defs.h"
#include "hal_cc8051.h"
#include "hal_int.h"
#include "hal_mcu.h"
#include "hal_board.h"
#include "hal_led.h"
#include "hal_rf.h"
#include "basic_rf.h"
#include "hal_uart.h"
#include "hal_pwm.h"
#include "UART_PRINT.h"
#include "stdlib.h"
#include "string.h"
#include "stdio.h"
#include "DHT11.h"
#include "UART.H"

/*****点对点通信地址设置******/
#define RF_CHANNEL 24           //频道 11~26
#define PAN_ID 0x8004           //网络 ID
#define MY_ADDR 0x1111          //本机模块地址
#define SEND_ADDR 0x2222        //发送地址

/* 自定义消息格式 */
#define SENSOR_PEOPLE 0x01      //温度
#define SENSOR_LIGHT 0x02       //湿度
#define LED1 P1_0
/********无线数据缓存********/
#define MAX_RECV_BUF_LEN 128
static uint8 pRxData[MAX_RECV_BUF_LEN];       //定义无线接收缓冲区的大小
static basicRfCfg_t basicRfConfig;

/*****无线初始化函数******/
void ConfigRf_Init()
{
    basicRfConfig.panId = PAN_ID;                   //Zigbee 的 ID 号设置
    basicRfConfig.channel = RF_CHANNEL;             //Zigbee 的频道设置
    basicRfConfig.myAddr = MY_ADDR;                 //设置本机地址
    basicRfConfig.ackRequest = TRUE;                //应答信号
    while(basicRfInit(&basicRfConfig) == FAILED);   //检测 Zigbee 的参数是否配置成功
    basicRfReceiveOn();      //打开 RF
}

/********校验和函数******/
uint8 CheckSum(uint8 *buf, uint8 len)
{
    uint8 temp = 0;
```

```
  while(len--)
  {
    temp += *buf;
    buf++;
  }
  return (uint8)temp;
}

void main( )
{
  halBoardInit();          //模块相关资源的初始化
  ConfigRf_Init();       //无线收发参数的配置初始化
  P1SEL&=~0x01;
  P1DIR|=0x01;//LED1 初始化
  while(1)
  {
/************************无线数据接收处理进程*****************/
    if(basicRfPacketIsReady())       //查询是否收到新数据
    {
        LED1=0;
        Delay_ms(100);
        LED1=1;            //无线接收指示, LED1 亮 100 ms
//接收无线数据
        uint8 len=0;
        len = basicRfReceive(pRxData, 128, NULL);
        int8 check = 0;
        if((pRxData[2]+1) > 128)     //检验数据长度不符合规则
            continue;
        check=CheckSum((uint8 *)pRxData, pRxData[2]);
        if((pRxData[0] == 0x01) && (check == pRxData[pRxData[2]]))  //帧头正确且校验通过
          {
            if(pRxData[4] == SENSOR_PEOPLE)
            {
              if(pRxData[6] == SENSOR_LIGHT)
              {
                  if(pRxData[5]==0)      //无人
                  {
                    if(pRxData[7]==0)       //有灯
                      uart_printf("无人,请关灯!\n");       //打印到串口
                    else             //无灯
                      uart_printf("夜深了,晚安~\n");
                  }
                  if(pRxData[5]==1)      //有人
                  {
                    if(pRxData[7]==0)        //有灯
                      uart_printf("工作中, 勿扰!\n");      //打印到串口
                    else//无灯
                      uart_printf("工作了, 请开灯~\n");   //打印到串口
                  }
              }
            }
            else
```

```
                {
                    continue;
                }
            }
        }
    }
}
```

串口打印数据如图 6.2.6 所示。

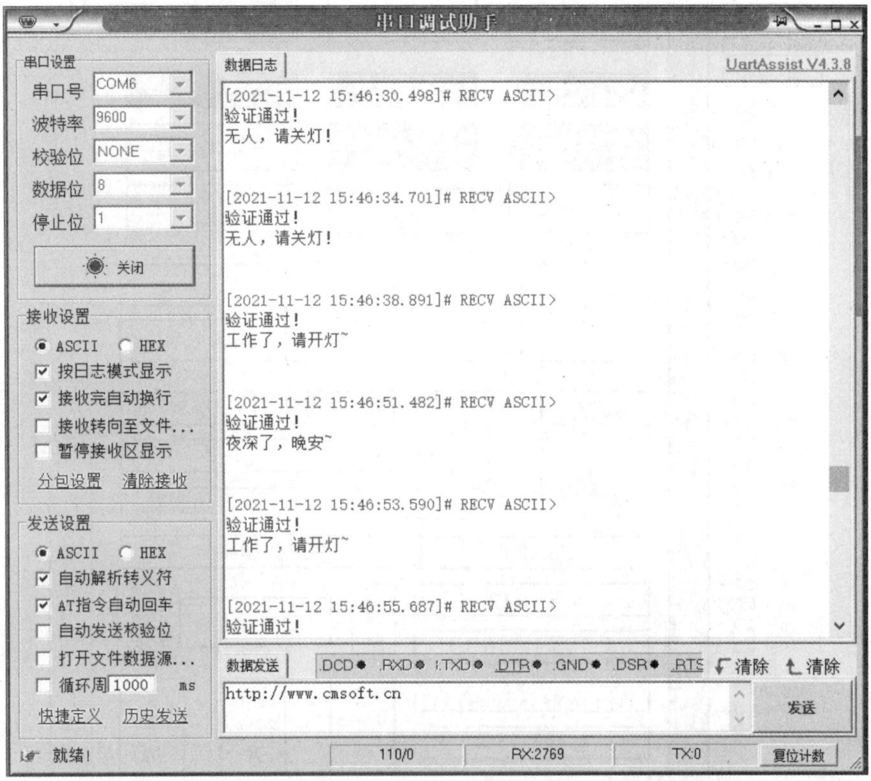

图 6.2.6　网关节点所接收环境数据串口打印图示

七、启发与思考

当使用 Basic RF 进行复杂数据通信时，通信双方必须遵照同一通信协议。因此对于协议的格式、数据等内容应当做全盘考虑。同时，由于信道个数的有限性，网关节点可能会收到其他节点发送的数据信息，此时，帧头的校验就显得非常重要了。

附录一　CC2530 结构介绍

一、CC2530 单片机内部结构框图

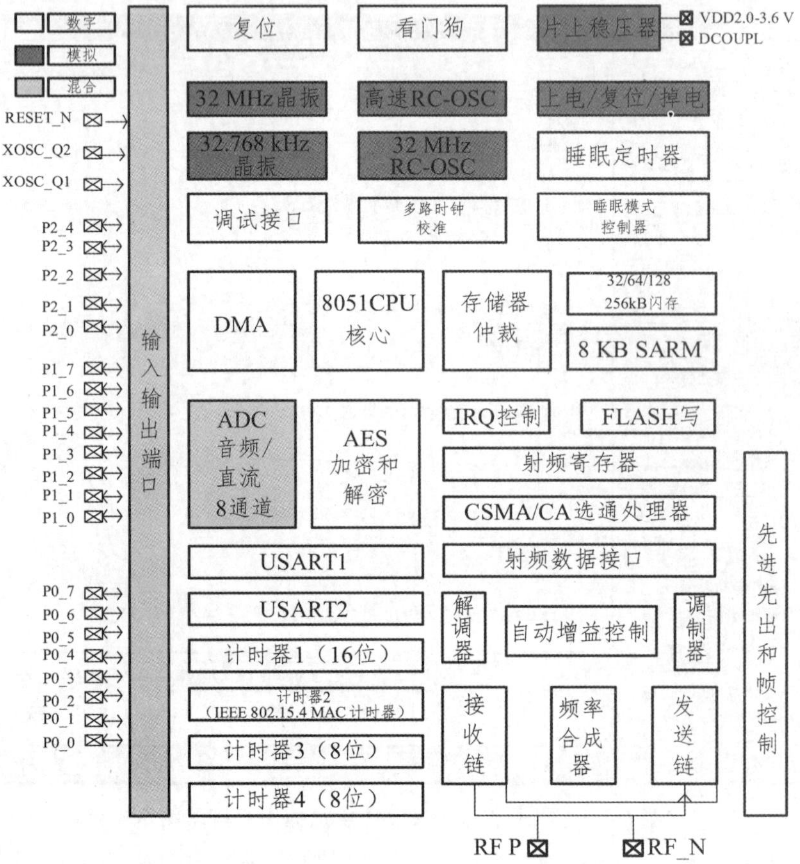

附图 1.1　CC2530 单片机内部结构框图

二、CC2530 引脚描述

附表 1.1　CC2530 引脚类别及描述

引脚序号	引脚名称	类型	引脚描述
1	GND	电源 GND	连接到电源 GND
2	GND	电源 GND	连接到电源 GND
3	GND	电源 GND	连接到电源 GND
4	GND	电源 GND	连接到电源 GND
5	P1_5	数字 I/0	端口 1_5
6	P1_4	数字 I/0	端口 1_4

续附表

引脚序号	引脚名称	类型	引脚描述
7	P1_3	数字 I/0	端口 1_3
8	P1_2	数字 I/0	端口 1_2
9	P1_1	数字 I/0	端口 1_1
10	DVDD2	电源（数字）	2～3.6 V 数字电源连接
11	P1_0	数字 I/0	端口 1_0～20 mA 驱动能力
12	P0_7	数字 I/0	端口 0_7
13	P0_6	数字 I/0	端口 0_6
14	P0_5	数字 I/0	端口 0_5
15	P0_4	数字 I/0	端口 0_4
16	P0_3	数字 I/0	端口 0_3
17	P0_2	数字 I/0	端口 0_2
18	P0_1	数字 I/0	端口 0_1
19	P0_0	数字 I/0	端口 0_0
20	RESET_N	数字输入	复位，低电平有效
21	AVDD5	电源（模拟）	2～3.6 V 模拟电源连接
22	XOSC—Q1	模拟 I/O	32 MHz 晶振引脚 1 或外部时钟输入
23	XOSC—Q2	模拟 I/O	32 MHz 晶振引脚 2
24	AVDD3	电源（模拟）	2～3.6 V 模拟电源连接
25	RF_P	I/O	RX 期间负 RF 输入信号到 LNA
26	RF_N	I/O	RX 期间正 RF 输入信号到 LNA
27	AVDD2	电源（模拟）	2～3.6 V 模拟电源连接
28	AVDD1	电源（模拟）	2～3.6 V 模拟电源连接
29	AVDD4	电源（模拟）	2～3.6 V 模拟电源连接
30	RBIAS	模拟 I/O	参考电流的外部精密偏置电阻
31	AVDD6	电源（模拟）	2～3.6 V 模拟电源连接
32	P2_4	数字 I/O	端口 2_4
33	P2_3	数字 I/O	端口 2_3
34	P2_2	数字 I/O	端口 2_2
35	P2_1	数字 I/O	端口 2_1
36	P2_0	数字 I/O	端口 2_0
37	P1_7	数字 I/O	端口 1_7
38	P1_6	数字 I/O	端口 1_6
39	DVDD1	电源（数字）	2～3.6 V 数字电源连接
40	DCOUPL	电源（数字）	1.8 V 数字电源去耦

三、CC2530 外设 I/O 引脚映射

附表 1.2　CC2530 外设 I/O 口引脚映射一览表

外设/功能	P0								P1								P2				
	7	6	5	4	3	2	1	0	7	6	5	4	3	2	1	0	4	3	2	1	0
ADC	A7	A6	A5	A4	A3	A2	A1	A0													
USART0_SPI At2（备选位置）			C	SS	MO	MI															
											MO	MI	C	SS							
USART0_UART At2			RT	CT	TX	RX															
											TX	RX	RT	CT							
USART1_SPI AIt2			MI	MO	C	SS															
									MI	MO	C	SS									
USART1_UART AIt2			RX	TX	RT	CT															
									RX	TX	RT	CT									
TIMER1 Alt2		4	3	2	1	0															
	3	4												0	1	2					
TIMER3 Alt2												1	0								
									1	0											
TIMER4 At2															1	0					
																					0
32 kHzX OSC																	Q1	12			
DEBUG																			DC	DD	

附录二　程序工程塔建与调试技巧

一、程序编写

微课 7.1 IAR 软件安装

IAR Systems 是全球领先的嵌入式系统开发工具和服务供应商，其 IAR Embedded Workbench IDE 开发环境适用于大量 8 位、16 位以及 32 位的微处理器和微控制器。TI 官方 CC2530 DEMO 和 ZStack 默认使用 IAR Embedded Workbench IDE（简称 IAR）工程。IAR 软件安装界面如附图 2.1 所示。

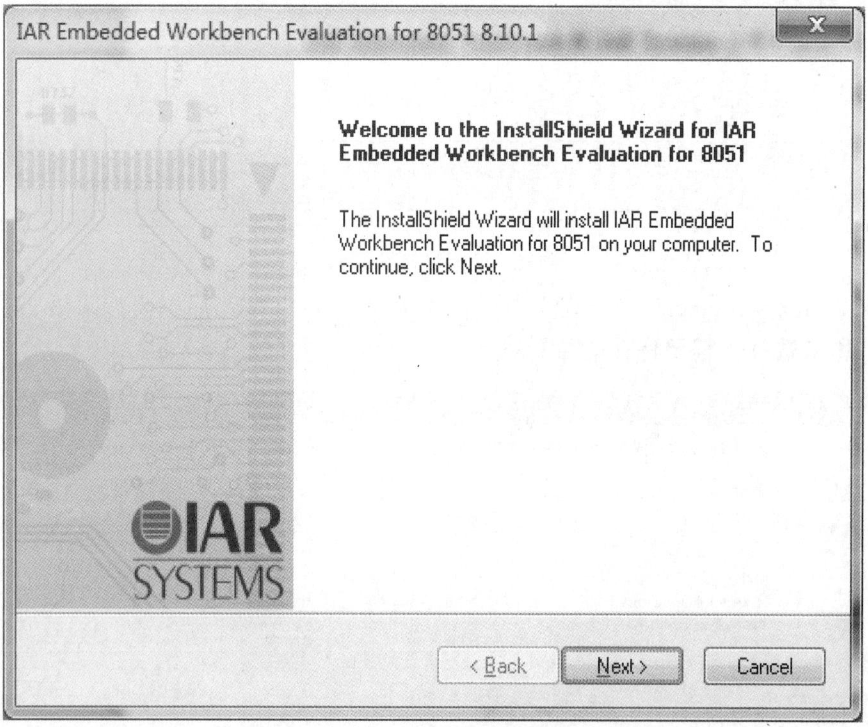

附图 2.1　IAR 软件安装界面

（一）创建 IAR 工作区

IAR 使用工作区（Workspace）来管理工程项目，一个工作区中可以包含多个为不同应用创建的工程项目。IAR 启动的时候已自动新建了一个工作区，也可以执行 File→New→Workspace 命令或 File→Open→Workspace…命令来新建工作区或打开已存在的工作区。

（二）创建 IAR 工程

IAR 使用工程来管理一个具体的应用开发项目，工程主要包括了开发项目所需的各种代码文件。执行 Project→Create New Project…来创建一个新的工程，此时弹出如附图

2.2 所示的对话框。

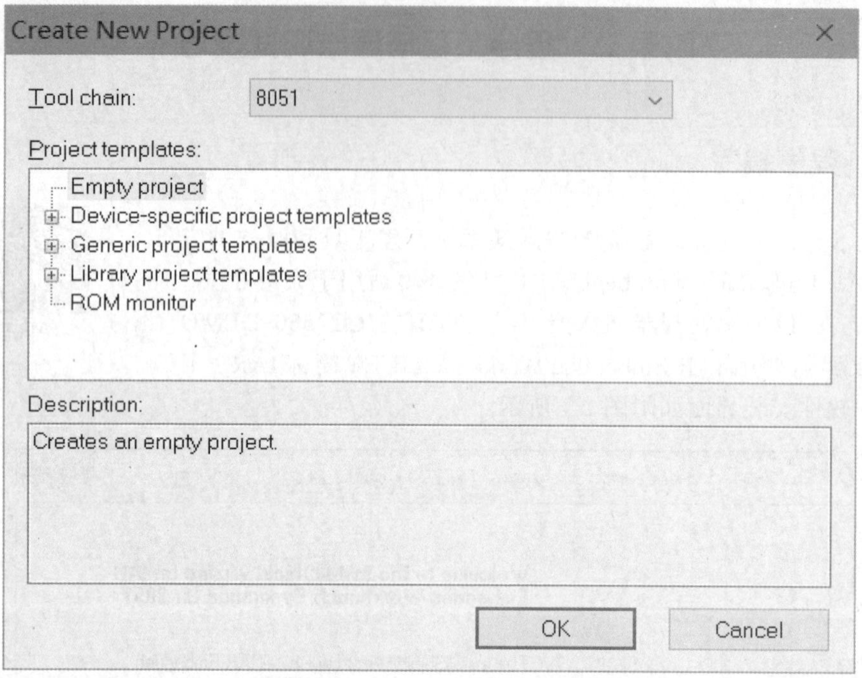

附图 2.2　建立新工程

选择“Empty project”来建立空白工程，单击“OK”按钮后弹出如附图 2.3 所示的对话框，用来选择工程要保存的位置。

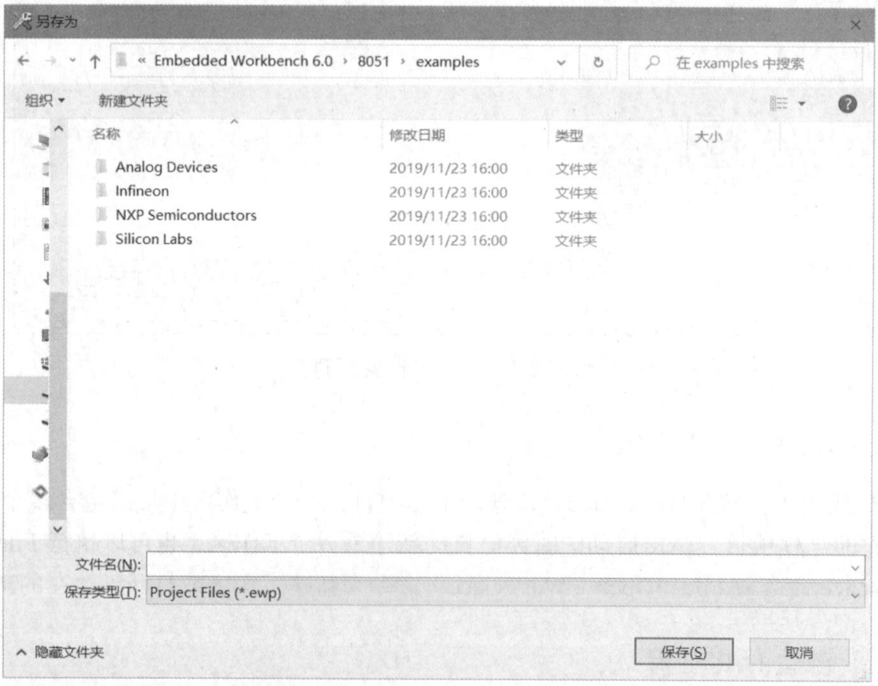

附图 2.3　保存工程

在“文件名”后的文本框中为工程命名后保存工程，之后会在 IAR 的“Workspace”

中看到已建立的工程，如附图 2.4 所示。

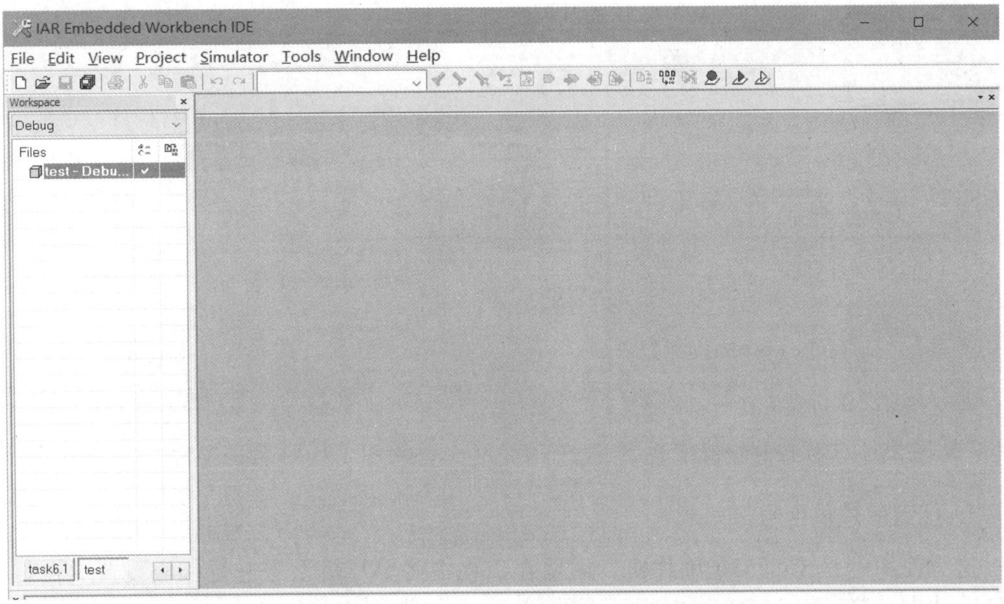

附图 2.4　Workspace 中建立好的工程

最后通过执行 File→Save Workspace 命令为工作区选择保存位置并命名保存，如附图 2.5 所示。

附图 2.5　保存工作区

（三）配置工程选项

工程创建好后，为使工程支持 CC2530 单片机和生成.hex 文件等，还需要对工程的选项进行一些配置。在“Workspace”中列出的项目上单击鼠标右键弹出如附图 2.6 所示的对话框，选择其中的“Options…”命令弹出如附图 2.7 所示的选项配置窗口。

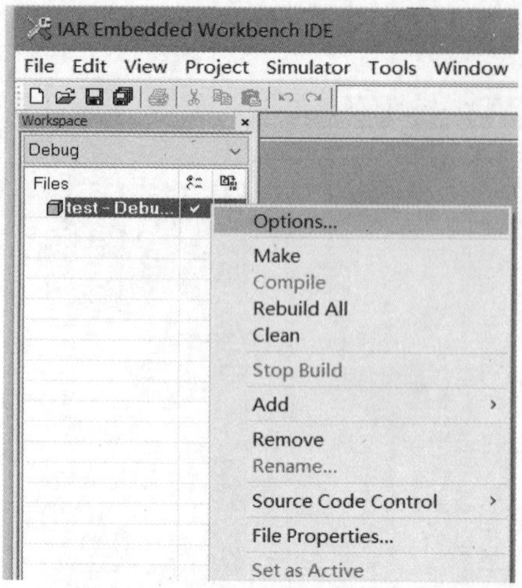

附图 2.6　工程控制快捷菜单

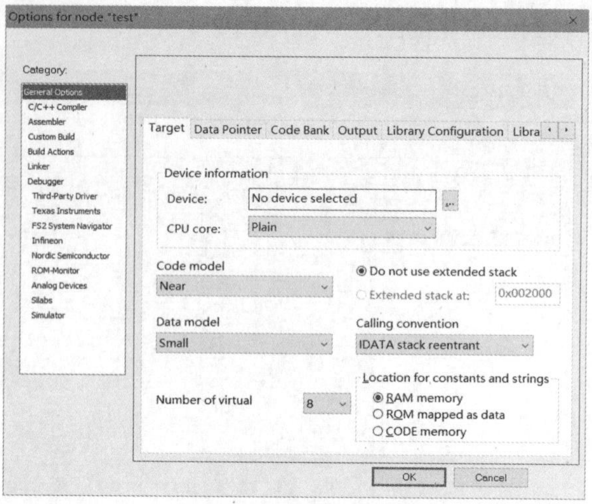

附图 2.7　工程选项窗体

1. 配置单片机型号

这里使用的是 CC2530 单片机，需要在工程中将单片机型号进行相应设置。在工程选项窗体中选择“General Options”下的“Target”选项卡，在“Device information”里单击“Device”最右侧的按钮，然后从“Texas Instruments”文件夹中选择“CC2530P256.i51”文件并打开，最终在“Device”后面的文本框中显示“CC2530P256”。

2. 配置输出.hex 文件

在工程选项窗体中选择“Linker”下的“Output”选项卡，在“Format”里选择"Allow C-SPY-specific extra output file”复选框，如附图 2.8 所示。

在工程选项窗体中选择“Linker”下的“Extra Output”选项卡，选择“Generateextra output file”复选框，再选择“Output file”中的“Override default”复选框并在下面的文本框中输入要生成的.hex 文件的全名，最后在“Format”中将"Output format”设置为“intel-extended”。整体设置如附图 2.9 所示。

所有内容配置完毕后，单击“OK”按钮关闭配置窗口。

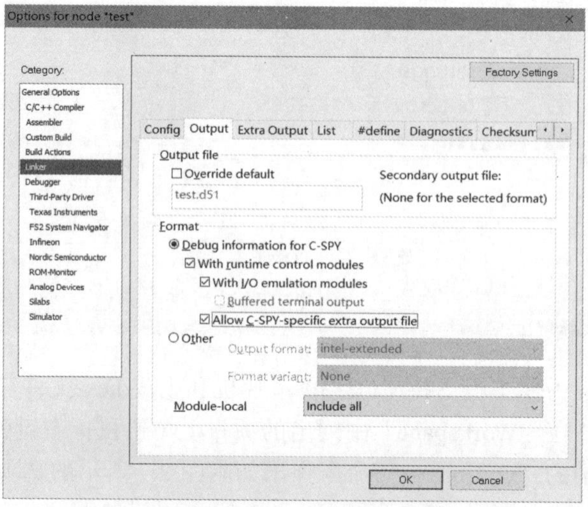

附图 2.8　点击 Output 界面

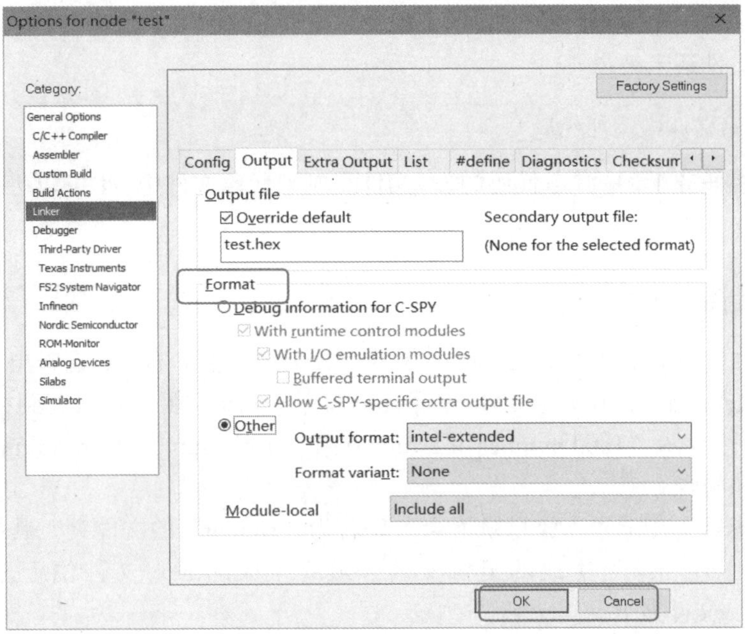

附图 2.9　设置 Output 内容

（四）添加程序文件

1. 创建代码文件

找到工程的存储目录，在目录中新建一个名为“source”的文件夹，以方便管理编写的代码。执行 File→New→File 命令可在 IAR 中创建一个空白文件，接着通过执行 File→Save 命令将该文件进行保存，将文件命名为“code.c”并将其保存到刚才创建的“source”文件夹下。

2. 将代码文件添加到工程中

在“Workspace”中的工程上单击鼠标右键，在弹出的快捷菜单中选择 Add→AddFile…命令，找到刚刚创建的“code.c”文档并打开，此时可以看到“Workspace”中的工程下出现了代码文件，如附图 2.10 所示。

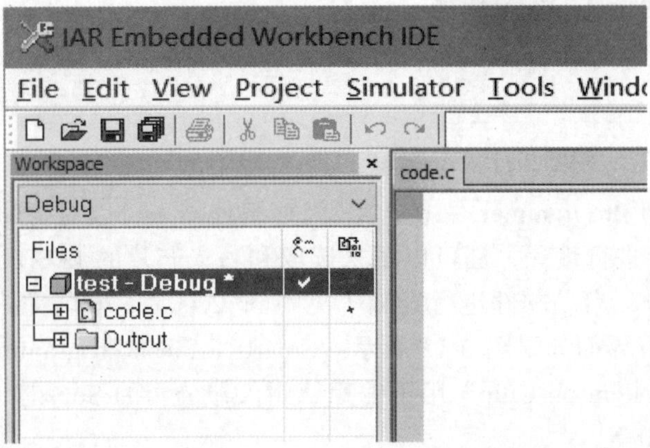

附图 2.10　已添加代码文件

工程名字右上角的黑色“*”表示工程发生改变还未保存，代码文件右侧的红色“*”表示该代码文件还未编译。

3. 向代码文件中添加代码

可直接将任务 1.1 中参考代码的 txt 文件复制到代码文件中，也可以手工录入到代码文件中。

（五）编译和下载

代码添加完毕后，在“Workspace”中的工程上单击鼠标右键，在弹出的快捷菜单中选择 Add→Rebuild All 命令使 IAR 编译代码并生成.hex 文件。可以看到在 IAR 下方的"Build”窗口中显示“Total number of errors: 0"和“Total number of warning:0”，表示没有出现错误和警告。

编译完毕后，在工程存放目录下会出现名为“Debug”的文件夹，其中存放了编译过程的中间文件和最终生成的镜像文件。最终生成的.hex 文件位于工程目录下的“\Debug\Exe”文件夹下。

二、代码烧写

（一）安装 SmartRF Flash Programmer 烧写工具

附图 2.11　SmartRF Flash Programmer 烧写工具

SmartRF Flash Programmer（SmartRF 闪存编程器）可以对德州仪器公司低功率射频片上系统的闪存进行编程，还可以用来读取和写入芯片的 IEEB/MAC 地址。软件的安装过程十分简单，启动软件进行安装（见附图 2.11），安装完毕后 SmartRF Flash Programmer 的运行界面如附图 2.12 所示。SmartRF Flash Programmer 有多个选项卡可供选择，其中“System-on-Chip”用于编程德州仪器公司的 SoC 芯片，例如，CC1110、CC2430 和 CC2530 等。

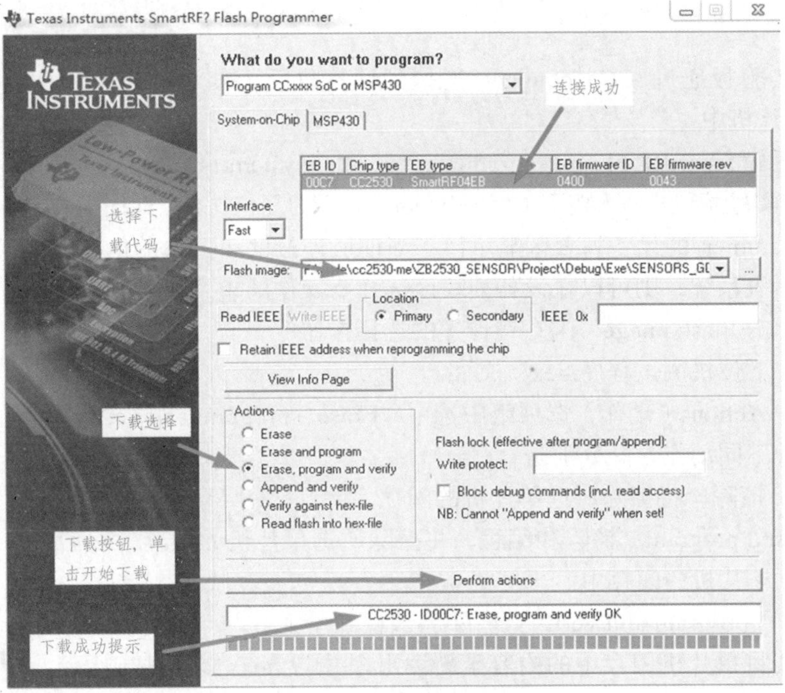

附图 2.12　程序下载

（二）安装烧写器驱动程序

1. 准备工作

要进行烧写程序的工作，必须将 CC2530 单片机与计算机连接起来，这里需要使用 CC Debugger 设备。该设备除了可为 CC2530 单片机烧写程序，还可以进行程序的在线调试。

如附图 2.13 所示，CC Debugger 使用 USB 数据线与计算机相连，使用 I/O 线的排线与目标设备（CC2530 实验板）的调试接口相连。在与目标设备连接时，一定注意要排线的 1 脚对应实验板上调试接口的 1 脚，即排线上的三角箭头要与实验板上的白色三角箭头对齐。

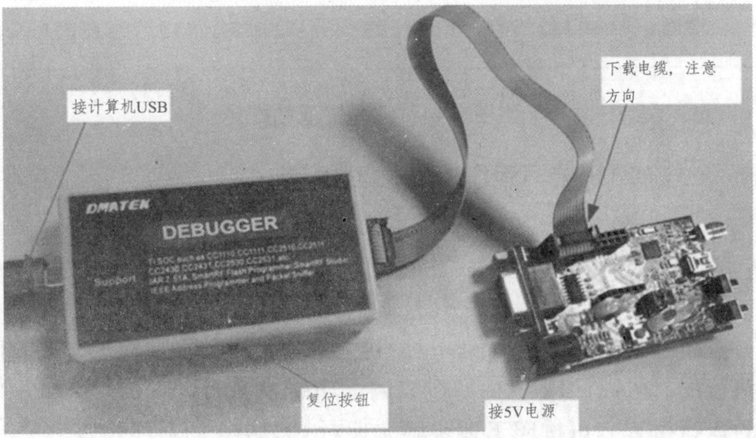

附图 2.13　硬件调试图

2. 烧写程序

在将实验板通过 CC Debugger 连接到计算机后，便可按以下步骤将程序烧写到CC2530单片机中。

（1）运行 SmartRF Flash Programmer，选择“System-on-Chip”选项卡。

（2）为实验板供电后，按下 CC Debugger 上面的复位按钮，此时可以看到在 SmartRF Flash Programmer 的设备列表区显示出了当前所连接的单片机的信息，如果计算机连接了多片单片机系统，则可以在设备列表区选择要操作的单片机。

（3）单击 Flash image（闪存镜像）的选择按钮“…”，选择要烧写的下位机程序文件，选择“下位机测试程序.hex”文件。

（4）在 Actions（动作）选项组中选中“Erase，program and verify”单选按钮，动作区域的6种不同动作含义分别是：

Erase：擦除，将擦除所选单片机的闪存。

Erase and program：擦除和编程，将擦除所选单片机的闪存，然后将.hex 文件中的内容写入到单片机的闪存中。

Erase， program and verify：擦除、编程和验证，与“Erase and Program”一样，但编程后会将单片机闪存中的内容重新读出来并与.hex 文件进行比较。使用这种动作可以检测编程中的错误或因闪存损坏导致的错误，所以建议使用这种动作来对单片机进行编程。

Append and verify：追加和验证，不擦除单片机的闪存，从已有数据的最后位置开始将.hex 文件中的内容写入进去，完成后进行验证。

Verify against hex-file：验证.hex 文件，从单片机闪存中读取内容与.hex 文件中的内容进行对比。

Read flash into hex-file：读闪存到.hex 文件，从单片机闪存中读出内容并写入到.hex 文件中。

（5）单击下方的“Perform actions”按钮，开始对CC2530进行编程，动作执行过程中会有执行进度条显示，并在执行完毕后给出如附图2.14所示的提示。

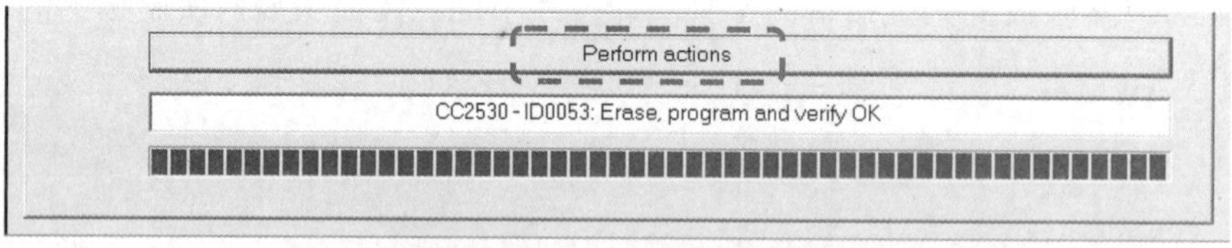

附图 2.14　烧写完成的提示

至此，完成了为CC2530烧写程序的全过程。

三、在线调试

程序烧写进单片机后只能观看到单片机执行程序的效果，但无法了解程序究竟是怎样一步一步执行的。可以使用IAR的在线调试功能，手动控制单片机单步执行程序，以便分析代码的运行过程。可按照下述步骤实现对CC2530的在线仿真。

（一）连接实验板

如附图 2.13 所示，使用 CC Debugger 将实验板与计算机进行连接。

微课 7.2 基于 IAR 在线调试技术

（二）在 IAR 工程中设置硬件仿真

进入工程选项配置窗口，选择“Debugger”下的“Setup”选项卡，将其中的"Driver”内容选择为“Texas Instruments”，如附图 2.15 所示。然后单击“OK”按钮关闭配置窗口。

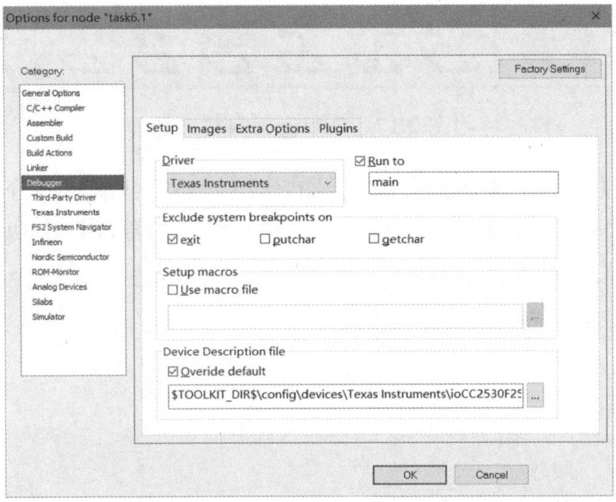

附图 2.15　配置 Debugger

（三）开始仿真

执行 Project→Download and Debug 命令，IAR 首先会直接通过 CC Debugger 将程序代码下载到 CC2530 中，然后启动调试窗体界面，如附图 2.16 所示。

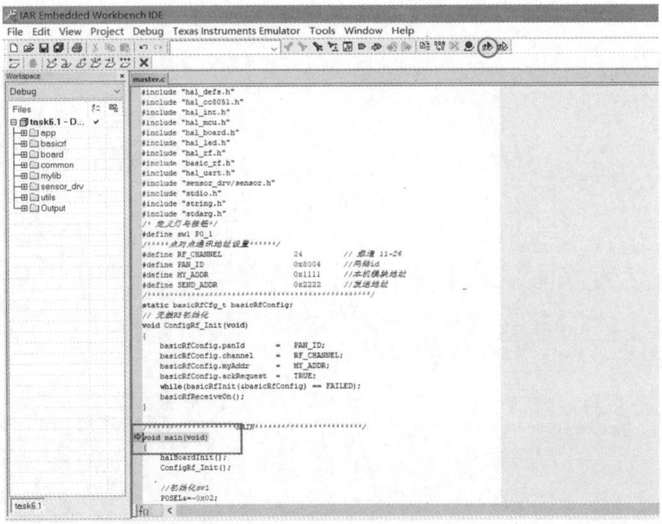

附图 2.16　在线调试状态

可以看到，在屏幕中有一个绿色箭头指向代码中主函数中的第一条指令，同时该部分代码以绿色背景显示（见框线处）。这表示 CC2530 单片机准备要执行绿色部分的指令，但是还没有执行。

接[F10]键，CC2530 就会执行绿色箭头当前指向的代码，然后绿色箭头会移动到下一条待执行的代码位置。按[F10]键单步运行本程序，同时观察实验板上各发光二极管的亮灭状态。

在调试状态下，可以通过如附图 2.17 所示的工具栏上的几个按钮控制程序的执行。从左到右这些按钮的功能依次是：复位、停止执行、单步执行（会跳过函数体）、跳入函数体中、从函数体中跳出、下一个状态、运行到光标所在行、正常运行和退出调试。

附图 2.17 Debug 工具栏按钮

使用在线调试功能除了能起到下载代码的作用，还能帮助我们分析代码的执行过程等，有利于进行代码设计和分析等工作。有关在线调试的更深层次功能可自行查找 IAR 在线仿真调试的相关资料进行学习。

参考文献

[1] 杨瑞，董昌春，邓立. CC2530 单片机技术与应用[M]. 2 版. 北京：机械工业出版社，2021.

[2] 谢金龙. CC2530 单片机技术与应用[M]. 1 版. 北京：人民邮电出版社，2018.

[3] 黄元峰，刘晓静，高玉良，等. 电工电子[M]. 2 版. 北京：人民邮电出版社，2011.

[4] 王小强，欧阳骏，黄宁淋. ZigBee 无线传感器网络设计与实现[M]. 北京：化学工业出版社，2012.

[5] 高守玮. ZigBee 技术实践教程[M]. 北京：北京航空航天大学出版社，2009.

[6] 姜仲，刘丹. ZigBee 技术与实训教程：基于 CC2530 的无线传感网技术[M]. 北京：清华大学出版社，2014.